"博学而笃志，切问而近思。"

(《论语》)

博晓古今，可立一家之说；
学贯中西，或成经国之才。

作者简介

戴星翼，复旦大学环境科学与工程系教授，博士生导师。主要研究方向为可持续发展、环境经济学、公共管理之环境管理、环境政策分析、社区发展。主要成果包括出版《走向绿色的发展》、《城市环境管理导论》、《新农村环境建设》、《环境经济学教程》等专著和译著30余部，主持过多项国家级和省部级科研项目，发表论文百余篇。

董骁，资源与环境经济学博士，复旦大学环境科学与工程系讲师。主要研究方向为环境公共政策、可持续发展、生态文明、循环经济等。主要成果包括出版《论循环经济》、《“五位一体”推进生态文明建设》、《城市水务产业发展战略研究》、《政策分析——理论与实践》等专著和译著，主持过10余项课题，学术成果获得1项省部级二等奖与1项省部级三等奖。

环境管理

Environmental Management

戴星翼　董骁　◎编著

复旦博学·环境科学与工程

Environmental Science and Engineering

复旦大学出版社

总结·传承·变革·创新

编写背景

1999年，戴星翼教授为复旦大学环境科学与工程专业的本科生首次开设“环境管理”课程，并逐步组建由戴星翼、包存宽、董骁、陈红敏、刘平养等教师组成的课程建设团队。在过去的20多年中，诸位教师协力在教学实践中不断探索：重新设计了环境管理“新三篇”的教材架构，尝试将分版块教学与阶段性讨论相结合的教学形式创新，引入并整合各类课程资源，并将思政教育有效融入课程教学。《环境管理》一书的出版，既是对复旦大学环境科学与工程专业20多年课程建设成果的总结与传承，也孕育了变革与创新的种子。

内容提要

本书包括环发关系、环境治理、绿色经济共3篇，认为从以上3个方面入手完善环境保护的制度建设，可以兼顾末端与源头环境治理；有助于平衡环境保护与经济发展的关系；形成有利于政府、社会和市场结成伙伴关系，共同应对环境挑战的格局，最终推动环境形势的不断改善。在环发关系篇中，梳理了发展经济学思想的脉络，探讨了将增长与发展混淆会导致的问题；从经济学立场出发，研究自然资源和生态服务的供给和稀缺问题；在此基础上指出发展观的偏差导致的环境后果，以及处理好环境与发展关系的出路是走可持续发展的道路。环境治理篇讨论一般架构、税费补贴工具、产权工具、社会机制4个方面的制度，以及它们的局限和互补关系。绿色经济篇研究城镇化进程与生态环境保护的问题，探讨如何让绿色经济与市场经济融合。本书能够帮助读者获得观察、思考和分析我国环境问题的理论和方法。

前　言

“环境管理”教程针对环境科学与工程专业的本科学生而设。1999年，复旦大学开设了这门课程。经过不断调整，当前其架构似乎已趋于成熟，到了着手成书的时候。之所以如此修正充实，主要的原因还是中国环境问题的复杂性，使笔者战战兢兢、如履薄冰，不得不诉诸更多的思考。

最初，本课程采用的是与国内环境管理类教材相似的结构，以我国环境保护8项基本制度为主干展开。这一结构随之暴露出重要的缺陷，主要是以下3个问题。

其一，架构过于局限于末端治理。8项基本制度的目标是污染控制，但多数制度乃针对排污行为而设。即使某些制度着眼于源头防治，也只限于项目层面，如环境评价和三同时制度。在现实中中国环境污染的最主要源头，乃是发展理念、发展战略和经济运行制度中的缺陷。生态环境的其他领域也是如此。以土地保护为例，死守土地红线固然必要，但导致耕地大量流失的根本原因若不消除，终不能改变末端防控的被动局面。因此，环境的管理，需要更广阔的视野。

其二，架构缺乏必要的理论厚度。严格地说，环境管理不存在自身的核心理论体系，它是一门应用性学科。除必要的理工科知识外，其理论扎根于经济学、社会学和管理学等领域。虽然没有必要让环境学科的学生系统掌握所有这些学科的理论，但使之学会使用与环境保护紧密相关的理论，在其逻辑体系中分析问题，还是必要的。一个明显的例子就是排污权市场的应用。近十几年，我国各地二氧化硫、COD和碳排放市场纷纷兴起，但几无成功的个案。其中原因是人们对科斯定理的理解出现失误，忽视了其中交易成本的重要性。

其三，综合性大学的环境管理教材，不应该仅仅是将一些具体的条文规定填鸭式地灌输给学生，也不应该仅仅满足于一些相关知识的传授。更主要的是应该拓宽学生的视野，引导学生去观察现实、发现问题、分析问题，让他们养成善于思考的习惯。他们的未来，也许只有少数人会拥有一张环保局的办公桌。我们指望的是，无论其位居何处，能够在一定程度上，自觉或不自觉地运用从这门课中学到的思想、理论和分析逻辑，思考其能够触及的环境问题，分析并寻求解决之道。

什么是环境管理？这里需要简单提及管理的本义：为了实现某个目标，一群人以某种方式联合起来，于是就有了组织；这个组织中存在某些实现目标的资源，将这些资源结合起来，也包括人在内，并指导它们实现规定的目标，这就是管理。为了实现管理，大致需要计划、组织、领导、控制等方面的内容。为了保证管理的实施，通常我们遇到最多的是机构、规则，两者推动过程朝着设定的目标运行。

需要强调的是，管理是一门相当完善和严密的科学，肯定需要各种规定和制度，但理解管理最重要的就是不能视之为僵化、死板的东西。在现实中，管理很容易通过科层制和包罗万象的规章制度，走向保守、封闭，扼杀人的积极性和创新精神。所以，强调变革、创新，是管理学发展的永恒主题。更确切地说，通过不断地变革、创新，不断地将被实践证明是有效的创新成果以规章制度的形式加以强化和固化，这两个过程是并行不悖且不可或缺的，如飞鸟之两翼。

比较早的时候，大概是20世纪初之前，属于现代管理的初级阶段。这个时期的管理取决于是否存在一个英明的老板，也许可以将该阶段称为老板阶段。其最大特点是企业经营的成败取决于企业主个人的能力，政府治理的好坏也取决于政府首长的能力。这种管理方式与当时的生产力水平有着密切关系，毕竟该阶段企业规模不大、内部组织不复杂、家族企业较多，这些都影响到企业治理结构。

第二阶段可称为官僚主义阶段。首先要说明的是，应该将"官僚主义"理解为一种中性的概念，或者更确切地称之为"技术官僚主义"。它的积极意义和消极作用都同样显著。20世纪初，大致以西奥多·罗斯福的后一总统任期为分界，企业经营逐步进入这一阶段。其历史的必然性是当时的资本主义迅速转向大生产方式，企业拥有庞大的员工队伍和复杂的内部分工。在这种情况下，原先的模式显然已不能适应，官僚主义管理模式得以迅速产生、发展和完善。

官僚主义管理方式，意味着等级森严的科层体制、金字塔式的公司结构、自上而下的工作推动方式、企业运转大小环节上严格仔细的条文规章、复杂细致的内部分工。在这一体制下，企业强调程序化的决策过程、内部运作符合政策和规定、注重长期规划的制定和执行、追求每个环节的运转效率。我们不难发现，这一管理模式是一种巨大的进步，因为它显然更能够维持一个巨大生产系统的正常运行，更能够防止决策失误，更能够在一个确定的方向下实现效率的最大化。正因为如此，官僚主义方式是高度适应"大烟囱工业"的。美国的钢铁公司、福特、通用，日本的松下、丰田，以及许多其他企业巨人的成功，很大程度上也是官僚主义管理方式的成功。

在其影响下，政府也迅速转向官僚主义。因为政府的职能、公共服务的性质也要求它采纳这样的管理体系。比如说济贫救困，我们碰到天灾，出现大量的灾民，该怎么办？在官僚主义体系出现之前，很有可能取决于政府首长的态度。但是在官僚主义体制下，首长的态度是由法律和规章决定的。照章办事，符合某一种条件，人们会自动地获得政府的公共援助。养老保障、医疗保障都是标准化的，采用一种类似大工业生产的制度。我们可以把这样一种体制称为现代管理体制。

当然,这一管理方式也存在诸多重大乃至致命性的缺陷,这已经是众所周知的事实。在官僚主义体制下,人的潜能会受到压制,管理层会逐步转变为以维护自身利益为目标的利益集团,组织结构严重缺乏弹性,缺乏适应变化的机制等。以20世纪70年代中东石油危机为界限,此后这一管理方式的落后已显露无遗,改革已势在必行。因此,企业经营逐步进入一个新的时期。也许,我们可以称之为后工业化方式。

要理解这一模式的特点,首先要理解为什么在这一时期官僚主义方式变得不能适应了。原因虽然很多,但最重要的是经济的全球化,以及信息产业和技术进步的加速。这两者都加剧了竞争,都要求企业在应对竞争方面更为灵活和迅速,其组织结构和运行机制更能够适应变化。所以,从1970年代痛苦的经济低潮开始,美国的企业展开了新一轮改革。其主要内容包括打破原先等级森严的官僚主义体系,使公司治理结构变得较为扁平、分权,注意让分公司总裁开始的各级经理人员拥有与其责任相对应的决策权,从而使决策过程更加简洁明快;认识到人力资源是企业最重要的资源,高度重视人力资本投资和推动人的发展,用各种与公司经营特点相适应的方式激励员工的创新和改革热情,创造有利于发挥员工潜力并使之全身心投入的制度环境;与传统的公司相比,企业变得更为开放,其边界变得较为模糊,一个大公司往往与众多的小企业,尤其是咨询公司、供货商和经销商结成利益共同体,使企业的经营方式具有高度的弹性。

相应地,政府变革的方向是小而有效、"企业化"政府、公私伙伴关系、从统治转向治理。在企业改革成功的鼓舞下,许多已经被官僚主义弄得走投无路的地方政府也兴起了改革,这一改革发端于撒切尔和里根时代,直到现在。美国甚至提出了"企业化政府"的观念,其含义当然不是提倡政府如企业那般做生意,而是要求政府向企业学习,致力于提高公共资源的配置效率。

所谓"烟囱工业时代的官僚主义",其实是将政府组装为一部精密的力学机器。它的宗旨是使所有的机构严格按照条文化的规则运行,它的功能高度适应大批量生产的标准产品。越一刀切的事情,它解决得越有效。但是,现代社会的基本趋势是个性化和多样化,它不能解决的问题也就越来越多。

官僚机构追求效率,其发展趋势就是追求所有安排的精密。但是,当局部效率提高的同时,它也就越来越不能应付全局性的问题,甚至会丧失使命感和总体目标。同时,官僚机构的效率是以排除竞争为代价的。事实上,一部机器的效率是有限的,唯有竞争的效率才是无限的,原因是竞争能够充分激发人的潜能。官僚机构的另一大特点是对专门技术的无限崇拜,并因此以条块分割的方式建立无数专业化的职能部门来解决各种问题。最终,导致将上至整个社会,小至具体问题,分割成碎片,反而摧毁了整体解决问题的能力。

“企业化政府”的基本改革内容，从内部看，是强调制度的灵活性、决策的分散化、机构的扁平、提高开放度等。其更主要的改革，是提高政府利用市场机制的能力，强调政府与社会和企业的合作。“政府掌舵，社会划桨”，意味着承担了公共责任，但可以通过制度创新，吸引社会各方力量进入，共同应对挑战。时至今日，当时推动管理改革的动力正变得越来越强大。我们面对的是一个经济深度全球化的时代，一个传感器布满全球的时代，一个电子通讯网络影响着人们的思维和情感的时代。这种变化使管理时时处处面对挑战，肩负着创新的压力。

站在管理学的立场看环境管理，首先当然要确定目标，然后为了实现这些目标，要考虑如何有效动员可能的资源。本教程涵盖的范围较广，涉及污染控制、节能减排、国土资源和生态保护。在正式涉及后面的内容之前，我们要提一些问题。

问题是关于雾霾的。中央在经历了 2013 年那么多天的雾霾以后，坦然承认对空气污染越来越恶化的形势估计不足。但是，为什么会估计不足？雾霾是怎么形成的，它为什么在我们国家如此严重？本教程考虑的是雾霾恶化的政策原因和经济原因。人类不是因为痛恨环境，才去糟蹋环境，从根本上讲，环境恶化是由于人类的经济活动引起的。虽然我们总是强调，我国是社会主义国家，我们不走资本主义国家先污染后治理的老路。事实上，我国造成的环境污染和生态破坏却可能走得更远。同时又应该看到，至少在发展中国家，我国的环境保护法律是最完整和严格的，投入是最大的。既然如此，形势又何以恶化？

当北京及其周围，乃至整个华北大平原笼罩在一片白茫茫的烟雾当中，这是怎么来的？我们首先看河北有多少钢铁厂，有何道理一个省的钢铁产量超过了美国？还有天津，连续多年依靠重化工业而经济增长速度名列前茅。从诸如此类的问题可以发现，雾霾的治理不是依靠上马治理工程或环保部门加强监管能够解决的，而是涉及发展理念、发展战略和经济运行制度多个层面的事情。

多少年的事实已告诉我们，仅仅依靠环保部门这样的政府职能部门，仅仅依靠末端防治，不足以推动我国的环境形势实现根本好转。因此，环境管理的视野应该更为宏观地将目光聚焦于那些引起我国环境退化的根本原因。据此，本教程在内容上分为 3 个板块。

第一篇，环发关系篇。为什么要把这个板块放到直接的环境治理之前？处理不好环境和发展的关系，中国的环境保护是没有希望的。我国环境恶化的根本是在发展上。我们的发展模式，整个经济的运行机制，存在滥用资源和加剧污染的因素。现行发展模式是我们将经济增长速度等同于发展，增长速度快就是发展快，自然越快越好。非但政界主体是这样以为，即便主流经济学界，基本上也是坚定的增长主义者。于是，本教程需要从理论上将发展与增长区别开来，并探讨速度至上会导致的资源环境危机。我们可以看到，经济运行质量过低而速度过快，这一问题直接导致更为庞大的资源消耗和更为严重的环境污染。

中国的发展制度究竟应该怎么治理？怎么走一条环境友好道路？回答这些问题是本篇的任务。我们需要讨论一些关键的发展理念，如“以人为本的发展”、“人口、经济与环境的协调发展”和可持续发展的内涵，以及这些理念之间的联系。本篇的前两章是基础性的：第一章梳理了发展经济学思想的脉络，特别探讨了将增长与发展混淆会导致的问题；第二章则从经济学立场出发，研究自然资源和生态服务的供给和稀缺问题。在此基础上，第三章着重指出，发展观的偏差导致的环境后果。第四章进一步指出处理好环境与发展关系的出路，就是走可持续发展的道路。我们会看到，可持续发展并非只是口号，无论理论还是实践，都有着清晰的脉络和扎实的基础。就理论而言，人力资本理论和“以人为本”是第二章中资源和环境要素稀缺性得以缓解的根本，进而成为可持续发展得以成立的基石。总之，这 4 章之间存在着内在的逻辑联系。

第二篇，环境治理篇。在市场经济条件下，政府应该如何推动环境保护？总的来说，无论污染控制、生态保护还是土地的集约节约利用，大致是四个方面的制度：其一，政府的直接管制；其二，以税收补贴手段调节市场主体的行为；其三，通过明确市场主体的权益和责任边界，并为相关权益和责任的让渡创造市场或准市场条件；最后，为公众创造表达其环境诉求，以及依法维护自身环境权益的制度空间。本篇讨论这四个方面的制度及其各自的局限和它们之间的互补关系。

第三篇，绿色经济篇。我国整体经济应该怎样转向绿色？这些年来，我们提出了很多东西，如低碳经济、循环经济、生态经济。应该承认这些模式或理念的先进性和环境友好性，但实践表明，其普及无不困难重重，更多地局限于政府的试点和示范。本篇探讨的就是如何让绿色经济与市场经济相融合。

笔者以为，从以上 3 个方面入手完善环境保护的制度建设，可以有 3 个方面的效果：兼顾末端与源头环境治理；有助于平衡环境保护与经济发展的关系；形成有利于政府、社会和市场结成伙伴关系，共同应对环境挑战的格局，最终推动环境形势的不断改善。我们更期望学生通过本教程的学习，能够获得一些观察、思考和分析我国环境问题的新的理论和方法。

目　录

第二篇 环境治理

第三篇 绿 色 经 济

第一篇

环发关系

第一章 发展涵义的演进

作为环境保护类的教程，第一章却是在讨论发展的涵义。这看似矛盾，但有其必然性。环境质量的江河日下，根源来自发展的偏差。在环发关系中，环境其实是被动的一方。所以，我们的视野首先应该关注发展。

前些年中央提出了"科学发展观"，其实是看到了"不科学的发展观"，也说明人们对发展的理解有着重大差异。本章的意图是通过梳理发展的理论内涵演进的历史轨迹，辨别我国在发展理念上存在的问题。当然，本教程没有必要系统地对发展理论进行梳理，在与环境相关的部分中，核心是"两个脱钩"：一是发展与增长的脱钩，二是发展与资源消耗和环境污染的脱钩。

一、早期的发展思想

发展，更确切地说是经济发展，其内涵的演变大致经过 3 个阶段。作为一门学科，发展经济学产生于 20 世纪 40 年代末 50 年代初。第一个阶段从 20 世纪 40 年代末至 60 年代中期，其主流思路强调物质资本积累、工业化和计划化。工业化是目标，资本积累是源泉，计划是手段。

这一时期的发展涵义较为简单。第二次世界大战结束后，由于原殖民地体系的崩溃，一大批新兴国家出现。对于那些战后刚刚摆脱殖民统治走上民族独立的发展中国家而言，通过各自的切身体会，它们都认为，民族危机源于军事上的弱势，而军事落后的根源在于经济落后，其核心又是工业的落后。在这种认知下，将"发展"简单等同于工业化是很自然的。而日本和欧洲的参战国，无论胜败，都打得精疲力竭，家园一片废墟。为了生存和改善生活质量而拼经济，GDP 的增长几乎等同于生活的改善。在事实上，这一时期的经济增长与发展确实也是难以区分的。

1. 刘易斯的二元结构模型

强调资本积累重要性的发展经济学家有刘易斯、纳克斯、罗森斯坦-罗丹等。其中，刘易斯(Lewis，1954)在《曼彻斯特大学学报》上发表的论文"劳动无限供给条件下的经济发展"，首次提出了完整的针对发展中国家的二元经济发展模型。该模型认为，不发达经济由传统部门和现代部门构成。前者采用手工为主的生产技术。后者使用的是以大机器设备为主的资本集约型生产技术，主要来自先进国家。传统部门经济的货币化程度很低，生产的目的主要是维持全体共同体成员的生存，就是所谓的自给自足。因种种原因，该部门中存在大量剩余劳动力。而现代化部门的市场化程度高，企业通行的是利润最大化原则，企业家以边际劳动生产率等于工资的原则决定雇佣规模，因此不存在剩余劳动力。发展现代生产部门能吸收剩余劳动力，并使全体人民的生活水平持续提高。于是，经济发展的一个最显著的标志就是劳动力从传统部门向现代部门的转移。

纳克斯(Nurkse, 1953)认为，发展中国家在宏观经济中存在着供给和需求两个恶性循环。从供给方面看，低收入意味着低储蓄，进而引起资本形成不足，资本形成不足使生产率难以提高，低生产率又造成低收入，如此周而复始地循环。从需求方面看，低收入意味着低购买力，进而引起投资动力不足，使生产率难以提高，于是，又造成低收入，如此周而复始地循环。两个循环互相影响，使经济状况无法好转。

2. 一些初期增长模型

哈罗德(Harrod, 1939)和多马(Domar, 1946)把静态的凯恩斯投资理论推演成为动态的增长模式，并且被认为可以适用于发展中国家。其模型把储蓄率和增长率直接联系起来，在固定生产系数的前提下，把资本视为增长的约束条件，而其他生产因素只在吸收资本过程中起着辅助作用，这样，资本积累对经济发展的重要性从理论上也得到了说明。此后，钱纳利、布鲁诺和斯特劳特等人(Chenery 和 Bruno, 1962; Chenery 和 Strout, 1966)提出了“双缺口模型”，从引入资本的角度进一步强化了重视资本积累的理论。

强调计划重要性的发展经济学家有廷伯根，此外，刘易斯、罗森斯坦-罗丹和钱纳里也持有类似的观点。纳尔逊(Nelson, 1956)提出发展中国家存在着“低水平均衡陷阱”。在此条件下，市场作用不能适应发展的需要。利本斯坦(Leibenstein, 1957)提出的“最小临界努力”、罗森斯坦-罗丹(Rosenstein-Rodan, 1961)提出的“大推进”、罗斯托(Rostow, 1956)提出的“起飞”理论或赫尔希曼(Hirschman, 1958)提出的“不平衡增长”理论，都认同必须通过大规模的资本形成，才能从这种陷阱中解脱出来，而这样的投资措施和产业发展政策执行，是要在计划的安排中才能得以实现。

纳克斯、罗森斯坦-罗丹和刘易斯等人非常强调工业化对经济发展的巨大作用。普雷维什和拉美经济委员会其他成员也认为发展中国家必须工业化。他们侧重的理由是，如果发展中国家不改变只生产初级产品的地位，则由于初级产品的收入弹性比制造品的收入弹性要低，加上发达国家对市场控制力量强大，其贸易条件必然恶化。许多发展中国家采取了进口替代的工业化发展战略。理论依据是传统的保护幼年工业论、贸易条件恶化论、依附论和“中心”剥削“外围”论。

需要注意的是，这一时期正处于战后复兴阶段。无论发达国家还是许多新兴国家，都保持着较高的经济增长速度。廉价石油使经济增长的“锅炉”动力十足。资本和工业化成了这一时期的主基调。在很大程度上，人们并不区别发展与增长。这也是早期发展经济学的时代特征。

二、对 GDP 导向发展观的反思

进入 20 世纪 60 年代，以 GDP 为主要目标的发展观已经暴露出诸多弊病。许多经济学家注意到，20 世纪 50 年代和 60 年代许多第三世界国家实现了经济增长的目标，但其大部分国民的贫困状况却依然如旧。于是，许多经济学家和政策制定者呼吁“把国民生产总值赶下台”。例如，达德里・西尔斯(Seers，1969)的发展理念是：“对一个国家提出的问题是：贫困问题已经并正在发生哪些变化？失业发生哪些变化？不平等又发生哪些变化？如果所有这 3 个方面都从过去的高水平降下来了，对于这个国家而言，这无疑是个发展时期。如果这些中心问题的一个或两个方面的状况继续恶化，特别是在 3 个方面都越来越糟的话，即使人均收入倍增，把它叫做‘发展’也是不可思议的。”于是，发展经济学也相应进入了第二个阶段，时间划分大致从 20 世纪 60 年代中期到 80 年代中期。

我国的一些经济学家将这一时期视为新古典主义的复兴阶段。确实，当时的许多发展经济学家认为，计划失败和不适当的政府干预是导致资源配置无效率和经济增长缓慢的根本原因。他们相信市场机制不仅对发达国家是有效率的，对发展中国家同样是有效率的。同时，许多经济学家反对进口替代的内向型发展战略，而主张实行出口鼓励的外向型发展战略。这些主张都具有新古典主义的色彩。

但是，发端于 20 世纪 60 年代后期的，首先是整个社会对发展观的反思，而不是学派之争。在抛弃了 GDP 主义后，发展的内涵得到了充实。在增长之外，还强调增加就业、减轻贫困、分配公平和乡村发展等。

迈克尔・托达罗总结道，所有社会的发展至少必须具备下述 3 个目标：增加能够得到的基本生活必需品的数量；提高生活水平，即不断增加物质上的福利，而且能给个人与国家带来更大程度的自尊；扩大个人与国家在经济和社会方面选择的范围(迈克尔・P・托罗达，1999)。国际劳工组织在 1976 年日内瓦世界就业大会上提出了“基本需求发展战略”。它的出现标志着发展观的转变，即把发展的根本内涵从“经济增长第一”转到了人的全面发展。1983 年联合国推出《新发展观》一书，提出了“整体的”、“综合的”、“内生的”新发展理论，在此基础上逐步形成了综合发展观，把发展看作是以民族、历史、文化、环境、资源等内在条件为基础，包括经济增长、政治民主、科技水平、文化观念、社会转型、自然协调、生态平衡等各种因素在内的综合过程(François P，1983)。

金德尔伯格和赫里克1977年版的《经济发展》在这种反思上颇具有代表性。书中给出的发展定义是“物质福利的改善，尤其是对那些收入最低的人们而言；根除民众的贫困，以及与此相关联的文盲、疾病和过早死亡；改变投入与产出的构成，包括把生产的基础结构从农业转向工业活动；以生产性就业普及于劳动适龄人口、而不是只及于少数具有特权者的方式来组织经济活动；以及相应地使有着广大基础的集团更多地参与经济方面和其他方面的决定，从而增进自己的福利”(金德尔伯格，赫里克，1986)。

这样的定义与初期发展经济学家们的模型中蕴含的、以增长为唯一目标的定义已有了本质的区别。虽然该定义描述的是经济，却是以大众，尤其是穷人的福利改善为目标。也就是说，如果偏离了这一目标，就不是真正的发展。虽然该定义也强调工业化，却将普遍就业和大众的参与视为对工业化正当与否的标准，这也与传统上对工业化的理解有了本质的区别。

三、发展涵义的完善

1. 人力资本理论

特别要指出的是，在这一反思的年代，已经出现了若干对后来影响极为重大的理论。其中重要的有人力资本理论和环境与经济相协调的观点。

在现代人力资本理论出现之前，相关概念已存在了很长时间。1766年，亚当·斯密给人力资本下了较为完整的定义，认为一个国家全体居民所有后天获得的有用能力是资本的重要组成部分，提出“在社会的固定资本中，可提供收入或利润的项目，除了物质资本外.还包括社会上一切人学得的有用才能。这种优越的技能可以和职业上缩减劳动的机器工具相提并论”(亚当·斯密，2012)。在1841年出版的《政治经济学的国民体系》一书中，李斯特进一步发展了这一观点。他在抨击古典学派将体力劳动看作唯一生产力的观点时，提出“物质资本”与“精神资本”的概念。他认为由物质财富的积累形成的资本是“物质资本”，由人类智力成果积累而成的资本是“精神资本”。李斯特特别强调，青少年和成年的教师、作曲家、音乐家、医师和行政官都应当被列入生产者之列，而且他们的生产性要比单纯的体力劳动者的生产性要大得多(弗里德里希·李斯特，2009)。

1958年，美国经济学家明瑟尔发表了《人力资本投资与个人收入分配》一文，首次进行了建立个人收入分配与其接受培训量之间关系的经济数学模型的尝试。

这是现代人力资本理论的早期工作(Mincer, 1958)。公认的人力资本理论创始人是美国的两位著名经济学家舒尔茨和贝克尔。西奥多·舒尔茨在1960年出任美国经济学会会长时发表就职演说《人力资本投资》,为推动这一领域的研究做出了重大贡献,以至使他成为西方公认的人力资本理论之父(Schultz, 1961)。

舒尔茨发现,单纯从自然资源、实物资本和劳动力的角度,不能解释生产力提高的全部原因。因为第二次世界大战以来的统计数字表明,国民收入的增长一直比国家投入资源的增长快得多,而且一些在战争中实物资本遭到巨大破坏的国家(如西德和日本),都奇迹般地迅速恢复和发展起来。这两个国家的经济大约只用了15年左右实现了恢复。进入20世纪60年代以后,它们继续以强大的发展势头赶超美苏,并最终经济实力上升为世界第二和第三。其中的原因让许多人迷惑不解,因为仅仅从物质资本角度看,这种奇迹是很难发生的。另一些资源条件很差的国家(如丹麦、瑞士和亚洲四小龙等)也同样能在经济起飞方面取得很大成功。

另一个问题是,依据传统的经济增长模型,国民财富的增长与土地、资本等要素的耗费应该是对应的,但统计资料显示,“二战”以后,国民财富增长速度远远大于那些要素的耗费速度,这又是一个难解之谜。舒尔茨认为,这些现象说明,除了我们已知的要素外,一定还有重要的生产要素被“遗漏”掉了,这个要素就是人力资本。

舒尔茨指出,人力是社会进步的决定性原因,但是人力的取得不是无代价的。人力的取得需要消耗稀缺资源,也就是说,需要消耗资本投资。人力,包括人的知识和人的技能的形成是投资的结果。只有通过一定方式的投资,掌握了知识和技能的人力资源才是一切生产资源中最重要的资源。因此,人力,人的知识和技能,是资本的一种形态。我们把它称之为人力资本。

在经济发展观上,舒尔茨是乐观主义者。他对于西方经济学和发展理论中流行的悲观主义论调持强烈的批评态度。他反对“自然资源决定论”和“人口决定论”等观点。他指出,人类有能力和智慧减少对土地和其他自然资源的依赖,也有能力和智慧控制自身的发展。“我们发明了耕地的替代物,这是李嘉图无法预期的;由于收入增加了,父母表现出愿意少生孩子,孩子的质量代替了孩子的数量,这是马尔萨斯无法预见的。……人类的未来没有尽头。人类的未来并不取决于空间、能源和耕地,而将取决于人类智力的开发。”

贝克尔对人力资本理论的贡献在于他对人力资源的微观分析。他于1964年出版的专著《人力资本》被西方学术界认为是“经济思想中人力资本投资革命的起点”。贝克尔对家庭生育行为进行了经典的经济分析,提出了孩子的直接成本和间接成本、家庭时间价值和时间配置、家庭中市场活动和非市场活动的概念,都具有开创性的意义。他在人力资本形成方面,对正规教育、在职培训和其他人力资本投资的支出和收益,以及年龄-收入曲线等问题展开分析,强调教育与培训的重要作用。贝克尔的研究方法和研究成果颇具开创性,为人力资本理论的发展奠定了厚实的基础。

贝克尔从全新的角度揭示了经济发展的重要原因,发展了经济增长理论。他认为人力资本状况的改善是“二战”后发达国家经济发展过程中所产生的“余增长率”的根本原因,改善贫困的决定性因素是人口质量的改善和知识的增进。他反对古典经济学家的“自然资源决定论”和马尔萨斯的“人口决定论”,认为决定人类前途的并不是空间、土地、自然资源,而是人的智慧与能力(贝克尔,2016)。

人力资本理论还打破了传统的消费理论。根据贝克尔的定义,一般地,消费活动不影响将来的生产力。任何一项开支,只要能影响未来的收益,就是投资。这样,传统消费观念认定是消费的活动(如教育、卫生保健、在职训练、劳动力迁移等),由于能影响未来生产力,都应当被认为是投资。但在现实生活中,企业与个人甚至国家,过分侧重于有形资本的投资问题,对人力资本这一极重要的无形资本,则很少有详细的计划安排。

从本教程的立场出发,我们更为关心的是人力资本与自然资源之间的关系:为什么人力资本在经济发展中的作用更为重要?根本的原因在于,人类拥有的自然资源种类和数量从来都是其自身对自然的认识不断深化的结果。随着科学技术的进步,人类会拥有更多种类的资源,会不断提高资源的利用效率,会有能力开发那些品位更低、区位更差、难度更大的资源。如此,人力资本推动了自然资源的发展。

如油气领域,早在 1997 年美国《商业周刊》就刊文指出,世界石油业“利用新技术已经取得的进步是人们难以想象的”。2003 年美国《油气杂志》的 15 位资深编辑对世界石油工业的展望发表了特别文章,指出世界油气勘探领域出现了两个重要动向:一是从 20 世纪 90 年代起,世界油气勘探范围不断扩大。二是世界油气勘探的新理论、技术、方法不断涌现,主要表现为引入新型热释技术、遥感地球化学技术和地表化探技术取得新突破,成藏动力学系统研究走向深入,国际泥盆系亚阶研究进入新阶段,地震勘探技术和测井技术得到进一步提升,钻井技术快速发展,等等(胡秋平,2004)。近年来全球范围内油气勘探不仅仅局限在常规的出油气地点,还实现了从储油气层到生油气层,从浅海到深海,从中深层到深层、超深层等区域的转变,油气勘探范围朝着全方位、宽领域发展(喻言,2016)。

技术进步为降低石油勘探和开采成本做出了巨大贡献。1996—2006 年,北海石油的开采成本从每桶 16 美元以上降到平均每桶 4 美元;英国威奇法姆(Wytch Farm)油田是西欧最大的陆上油田,有一半的可采储量延伸至海上,1999 年 7 月 BP 公司利用打大位移井(斯伦贝谢公司施工,水平跨幅达创历史纪录的 11 278 米)取代人工岛,节约开发费用 1.5 亿美元(原计划投资约 2.6 亿美元),成本下降一半，并将油田投产时间提前3年；随着深水盐下钻完井技术的进步，2016年巴西超深水海域的盐下油田石油开采成本已经降低到每桶8美元。此外，技术进步还使得开采非常规油气资源的成本显著下降。例如，页岩气井低密度支撑剂压裂技术、页岩气井二次压裂技术、油页岩干馏技术、油砂干馏工艺等技术进步，促进了页岩油成本从2014年80美元/桶大幅下降至2017年的35美元/桶；稠油开采的技术进步也非常迅速，2017年美国油田技术公司（Petroteq Energy Inc.）成功试验了二叠纪盆地浅层稠油开采技术，把每口油井的开采成本从50美元/桶降至16.5美元/桶。该技术在威奇法姆油田一处原油极难开采的区块进行实验，一口井的产量从每天只有几加仑增加到十几桶，产量增加了近14倍。

所有这一切，本质上都是人力资本带来的。由于技术进步，人类现在拥有的油气资源非但没有减少，反而比历史上的任何时期更多。其实，更为典型的是硅。这种地球上第二丰富的元素，由于人类的技术进步，几乎使我们的生活发生了天翻地覆的变化。高纯的单晶硅是重要的半导体材料。与此有关的，包括太阳能电池、二极管、三极管、晶闸管和各种集成电路，都是以硅为原材料。将陶瓷和金属混合烧结，制成金属陶瓷复合材料，它耐高温，富韧性，可以切割，既继承了金属和陶瓷各自的优点，又弥补了两者的先天缺陷，可应用于军事武器的制造。用纯二氧化硅可以拉制出高透明度的玻璃纤维。激光可以在玻璃纤维的通路里发生无数次全反射而向前传输，于是光纤代替了笨重的电缆。光纤通信容量高，一根头发丝细的玻璃纤维可以同时传输256路电话，并且还不受电、磁的干扰，不怕窃听，具有高度的保密性。所有这些构成了所谓“沙子的奇迹”。其实，真正的奇迹来自人类自身的进步，否则沙子将永远是沙子，不可能成为关键性资源。

承认人力资本在发展中的决定作用，看到人力资本推动自然资本的发展，为此我们有理由对人类的未来持乐观态度，但是，这并不意味着不会发生资源危机。事实上，人类文明史从来伴随着此类危机。于是，问题回到了人力资本：这是一种资本，是通过私人和国家不断地投入而形成的。如果缺乏保障对人力资本投入的制度，就不可能实现自然资源本身的发展，也不可能有效克服资源危机。

在生态和环境保护领域，人力资本的作用同样是决定性的。人力资本决定了一个社会的经济运行效率，而高效率使得人类在创造社会福利的过程中消耗较少的资源。城市和工业较少地利用土地，由此可以将更多的空间还给大自然。能源各类物质资源的消费过程更为合理和精细，其本身意味着较少的排放。更为重要的是，如果一个国家的人均人力资本水平较高，则意味着这个社会的人口主体普遍接受了较好的教育，其收入水平和对较高环境质量的要求也较高。在这样的社会，环境保护较为容易成为共识和一致行动。

2. 人口、经济与资源环境协调发展

自“二战”后至20世纪60年代，包括发达国家在内的世界经济的增长方式是较为粗放的。其中一个重要原因是廉价的石油。1948年原油价格为2.5美元/桶，1957年为3美元/桶。如果以2004年的美元币值衡量，原油价格大致在15美元/桶至17美元/桶徘徊。长期的低油价将世界经济这台“锅炉”烧得动力十足。

化石燃料消费的剧烈增长，以及消耗大量化学物质的经济体系，使环境污染开始显现。典型的环境污染事件有伦敦烟雾事件，日本的水俣病、骨痛病、四日市气喘病，美国的洛杉矶光化学烟雾事件等。1973年10月5日，叙利亚与埃及携手对以色列发动突然袭击，这就是所谓的“赎罪日战争”。以美国为首的西方国家站在了以色列一边。为了报复，阿拉伯国家联手对这些支持以色列的西方国家施行石油禁运。当时，阿拉伯国家每日减产原油500万桶，但由于其他国家提高日产量100万桶，全球日石油供应净损失400万桶。禁运一直延续到1974年3月，期间油价翻了两番，超过12美元/桶。廉价石油的时代就此终结。同时，人们也意识到了资源的有限性。

此外，“二战”后相对和平的国际环境和较快的经济增长速度导致了世界范围内较高的生育率。由于医疗的发展尤其是抗生素的大规模使用，使婴儿死亡率大幅度下降。这两方面因素造成了所谓“人口爆炸”，引起了广泛的关注。尤其是撒哈拉以南非洲的饥荒，以及这些国家快速的人口增长，成为研究者热衷的选题。

所有这些问题合起来，构成当时的所谓“四大危机”，即人口危机、环境危机、能源危机和粮食危机。人口、资源和环境因素进入发展经济学的研究范畴。

1962年美国女科学家蕾切尔·卡森出版的《寂静的春天》，提出了人类如何同自然和谐相处的问题。1972年，罗马俱乐部发表了其研究报告《增长的极限》。这个报告提出了全球性的生态、人口、环境、资源问题。

《增长的极限》是一本充满争议而影响力很大的研究报告。在作者梅多斯小组看来，增长是存在极限的，这主要是由于地球的有限性造成的。报告指出，全球系统中的5个因子是按照不同的方式发展的，其中的人口和经济是按照指数方式发展的，属于无限制的系统；人口、经济所依赖的粮食、资源和环境却是按照算术方式发展的，属于有限制的系统。因此，人口爆炸、经济失控必然会引发和加剧粮食短缺、资源枯竭和环境污染，由此反过来就会进一步限制人口和经济的发展。在作者看来，全球性环发问题是由5个因子之间存在的反馈环路决定的。这是一个闭环的线路，一个因素的增长，将通过刺激和反馈，使最初变化的因素增长得更快。全球系统无节制地发展，最终将不可避免地陷于恶性循环。人口的增长要求更多的工业品，消耗更多的不可再生性资源，造成更多的环境污染。工业增长使环境负荷

加重，死亡率将由于污染和粮食缺乏而上升。人口增加后，人均粮食消耗量下降，粮食生产已经达到极限。随着人口和资本的指数增长，最终将是经济社会的全面崩溃(德内拉·梅多斯等，2013)。

报告进一步指出，人口和资本的发展不仅已经达到了它的极限，而且已经暂时超过了地球能够承受的极限。对此，有很多问题并没有技术上的解决办法，因此，在政治制度和社会制度层面采取均衡状态是仅有的解决方法，即通过人口的出生与社会自由的动力学平衡，使人口、经济和社会发展维持在 20 世纪 70 年代初的水平并使之均衡运动，以保证人类的生存环境不再恶化。对此，人们称之为“零增长”的对策。

必须看到，报告提出的“地球已经不堪重荷”的观点是不容忽视的。由于资源环境问题的挑战，人类确实应该建立一种新的经济和社会发展模式及生活方式，唯有如此，我们的世界才既能满足目前几代人需要，而又不破坏子孙后代发展所必需的资源环境基础。这份报告引起的争议在于 3 个方面。

一是报告对科学技术发展的作用可能是低估的。报告曾预言，全球资源的枯竭将很快到来，但至 20 世纪末，实际情况是世界金属和矿石的平均价格相比 70 年代下降了 40%。此外，全球污染物的排放也并未如报告预言的那样，继续呈指数增长态势。许多国家经过努力，环境反而取得了显著的改善。所以，是否所有的经济发展，人类最终都会穷途末路？虽然人类总会面临诸多问题和困难，但是否最终都会走向末日式的崩溃？

二是在市场经济制度下，没有经济增长就会有经济危机，“零增长”意味着经济停滞，由此给人类社会造成的麻烦同样重大。“零增长”的对策意味着投资没有机会，就业难以增加，需求无法提振。企业如果缺乏投资机会或扩大其利润的机会，就会对技术进步失去兴趣。一个国家以及这个国家的民众是否愿意接受这样的对策？这是一个至今尚未解决的难题：经济规模的扩张源自市场经济的本质吗？与“零增长”之间的矛盾可以调和吗？

三是“零增长”目标忽视了发展中国家的发展需求，以及这种需求的正当性。发达国家在已经获得财富后，却要求发展中国家维持现状，阻止它们走经济增长和财富积累的道路，这是极不公正的。对于人口占主体的发展中国家来说，其出路究竟在哪里？如果“零增长”是必由之路，要么我们指望发展中国家忍受贫困，要么发达国家在资源消费上做减法，结合技术进步的作用，帮助发展中国家富裕起来。对这两条路，前者发展中国家不答应，后者发达国家不答应。因此，这一问题近乎无解。

“零增长”这样的目标不能成为选项，一些学者的思路转向发展内涵的优化，从而使发展与环境变得更能够互相包容。萨缪尔森在 20 世纪 70 年代初就提出过净经济福利概念。净经济福利和 GDP 的差别在于前者要把对人民福利增加没有用的东西扣除，如污染、烟草和军火。绿色 GDP 也是在这个时期提出的。

3. 以人为本的发展

20 世纪 80 年代中期以后，发展经济学理论体系得到进一步的完善。其主要进展体现在以下方面。首先是发展的制度因素得到强调。许多发展经济学家认识到要推进发展中国家的经济发展，除应关注资本积累、技术引进和创新、产业结构的转变、人口控制、人力资本投资、出口鼓励等因素外，更应该重视基本制度因素对经济发展的促进或阻碍作用。新古典经济学把制度看成是经济机制的外生变量，这种分析是脱离实际的。在现实经济中制度的存在和变迁深刻地影响着增长和发展。美国经济学家曼瑟·奥尔森认为，对兴盛的市场经济最为重要的是那些能保障个人权利的制度。在市场经济中，人们必须有签订各种公平的、可实施的契约的权利，它是发达国家经济发展的前提，对发展中国家经济转型至关重要(曼瑟·奥尔森，2014)。

特别一提的是，1998 年诺贝尔经济学奖得主美国教授阿马蒂亚·森认为，狭隘的发展观仅仅把发展等同于产值增长、收入提高、工业化升级、技术进步等，是非常不完整的。发展只有加上人的自由的价值内容，即以人为中心的发展，才是符合人类本性的发展。他为人本发展开列了一份清单，其中包括物质生活的一般指标，也包括社会参与、政治参与、平等法权、社会机会、人身自由和就业自由等方面的内容(Sen，2001)。他阐述的发展思想和发展理念，已经被国际社会广泛接受。联合国从 1990 年以来每年发布的《人类发展报告》，很大程度上就是依据森提出的发展思想。

综上所述，发展经济学自 20 世纪 60 年代后发生的改变，可以概括为“以人为本的发展”。“以人为本”及其类似的提法虽然已有很长的历史，但被纳入发展经济学的范畴是有其特别内涵的，不能泛泛而论，大致包含以下内容。

首先，经济发展需要以人民的福利增进为终极目标。大量对 GDP 导向的传统发展的批评集中在这一点。GDP 中含有的与污染、军火、生态退化、烟草和豆腐渣工程，以及消除其消极影响的相关开支，都应该从 GDP 中扣除，这一点已经成为共识。发展的结果，应该让所有社会成员享有接受更好的教育和医疗卫生服务；应该消除贫困，以及与此相关的饥饿和疾病；完善社会保障体系；使人们享受充分的就业。诸如此类，是社会正义对发展的要求。当然，如果这些目标具体化，可以制定得非常详细。

其中可能存在与环境保护之间的矛盾。尤其是发展中国家，会存在发展还是保护的矛盾，其中涉及一些十分严肃的问题。一是“贫困陷阱”。不能认为发展是环境污染和生态退化的根本原因，事实上，如果不发展，则一个社会的人口增长、环境过载与贫困和社会动荡之间会形成恶性循环。这是许多不发达国家面临的最大困境。唯有通过经济发展，人民生活水平普遍提高、教育普及之后，社会才能最终挣脱这一陷阱的困扰。二是发展权与环境权之间的矛盾。这种矛盾肯定是存在的，否则就不会出现南北国家在这一问题上的长期对立。但这一矛盾在一定程度上又是可以调和的。于是，派生出第三个问题：如何以最小的环境生态代价，换取最大程度的发展和人民福利水平的提高。

其次，以人为发展动力，意味着需要充分发挥人的积极性和能力。森认为，发展是一个与“个人自由和社会承诺”紧密联系的过程，也是一种扩大人们所真正享有的经济自由和各种权利的过程。这种新的发展观强调每个经济主体不只是经济福利的接受者，而且是能动地获取机会、争取权利进而享有充分经济自由的人。个人选择和采取经济行为的权利及其可持续性，是发展的主要引擎。如果用我们熟悉的话语，那就是让群众掌握自己的发展权。只有这样，一个国家才能获得无穷的发展动力。

最后，一个国家可持续的、健康的发展路径，是人力资本的不断积累。这个世界上有自然资源丰富的欠发达国家，有自然资源贫乏的发达国家。但是，没有一个发达国家是人力资本贫乏的，也没有一个欠发达国家是人力资本强大的。这一事实足以指出，一个国家的富强之路是什么。

关于“以人为本”，国内有一个常见的误区，也就是局限于将“以人为本”理解为“为人民办好事、办实事”，又进一步理解为让群众在某些方面得到某种好处。这些考虑本身没错，但如果仅限于此，忽视了人力资本的积累和人的经济机会，忽视了人发展的动力，那么，“以人为本”其实就成为“当官不为民作主，不如回家卖红薯”的现代版了。将群众看作发展的被动受体，其理念是封建的，其后果是有害的。

另一个误区是将生态与“以人为本”对立。有人指责“以人为本”是不对的，是片面的，应该“以自然为本”。这种说法其实是误读了“以人为本”。因为节约资源、保护生态、治理环境，任何方面都依赖人的努力。

这种对“以人为本”的误解并不是可以忽视的。我国生态与资源形势之所以严峻，说到底，原因是发展的模式出了偏差。解铃还须系铃人，必须从发展模式纠偏着手，才能最终实现发展与生态改善的双重目标。环境与生态保护目标之所以在落实上遇到重大困难，是计划的制订者默认了当前的发展模式，试图在现有发展架构下推进生态目标。须知这是不可能的，因为当前的发展不是人本发展，而是剥夺自然的发展。

4. 脱钩

从资源与环境的立场看，发展内涵的充实会全方位地有利于环境保护。这些影响可以简单地归结为“脱钩”。所谓脱钩，简单地说，就是一种事物与原先相关联的另一事物之间的联系松动乃至脱离。如果进一步区分,还可以细分为“相对脱钩”和“绝对脱钩”。顾名思义,前者意味着原有的联系依然存在,只是变得不那么紧密;后者则不再出现因果关系。

因发展内涵的充实和完善导致的脱钩是多重的。其一,是发展与增长的脱钩。发展,是市场机制的发育、人力资本的积累、生产方式的工业化、社会保障的完善、人民生活质量的提高等,其含义是综合的、丰富的。而增长只是GDP的扩张。两者的脱钩,意味着一个社会已经认识到经济增长给人民带来的福利改进可能较多、可能较少,需要追求福利改进较多的增长。更意味着需要认识到,即使在增长率较低的情形下,社会也可能实现显著的福利改进和各方面的进步。

其二,是经济增长与能源消费、其他资源消耗和污染物排放之间的脱钩。可能是绝对脱钩,也可能是相对脱钩。一些发达国家实现了增长与能耗和二氧化碳排放的绝对脱钩,也就是说,在实现经济增长的同时出现了能源消费和二氧化碳排放的下降。如过去一些年,美国在经济增长的同时实现了人均能耗的下降,而丹麦等北欧国家由于可再生能源的迅速发展,实现了经济与碳排放的绝对脱钩。

脱钩的动力来自多个方面,如技术进步。任何技术进步都有资源节约和环境友好的方面,因为只要一种技术进步是真实的,就必然会导致效率的提升,由此至少会产生相对脱钩现象,以较低的资源消耗增长率换取较高的经济增长。类似的因素是投资,其背后依然是技术进步在发挥作用。换言之,新的投资通常会带来新的技术,于是导致资源利用效率的上升。又如产业结构的变动。整体而言,制造业的能耗大于服务业,而制造业内部重化工业的能耗大于轻工业。所以,当重化工业比重上升时,能耗与经济增长的关系会趋于密切。我国21世纪初有几年经济增长的能源消费弹性系数达到甚至超过1,就是重化工业大发展带来的。反之,制造业趋于轻型化,服务业的比重上升,能耗以及相关的资源消耗和排放就会与经济增长脱钩。最后,消费者和生产者对产品和服务质量的追求、品牌价值的实现等,也会推动脱钩过程。原因是所有这一切都会导致同样的能源和资源消耗产生更高的价值。

需要注意的是,绝对脱钩与相对脱钩之间的区别不是绝对的。两者其实是一个连续的谱系,不存在截然的“楚河汉界”。决定脱钩程度的主要是经济增长速度。速度越快,越趋于相对脱钩。所以,发达国家由于经济增长速度缓慢,其脱钩形态更为明显,甚至出现绝对脱钩;发展中国家则很难出现绝对脱钩现象。

可以认为,只要技术和人类生产体系的组织管理在进步,脱钩进程就会延续。另一方面,一个社会也可以并应该主动地推进脱钩进程。本质上,主动地推动脱钩就是这些年来我国致力于实现的“发展方式转型”。传统的、粗放的经济增长方式,无非就是利用了过多的生产要素,包括自然资源与环境,生产了较少的价值。所以,衡量我国发展方式转型的成就,脱钩是非常合适的指标。

推荐阅读材料

[1] 任保平.经济增长理论史[M].科学出版社,2014.
[2] 迈克尔·P·托达罗,斯蒂芬·C·史密斯等.发展经济学[M].机械工业出版社,2014.
[3] 郭熙保.论发展观的演变[J].学术月刊,2001(9):47-52.
[4] 黛安娜·科伊尔.极简 GDP 史[M].浙江人民出版社,2017.
[5] 洛伦佐·费尔拉蒙蒂.GDP 究竟是个什么玩意儿:GDP 的历史及其背后的政治利益[M].台海出版社,2015.
[6] 蕾切尔·卡森等.寂静的春天[M].中国青年出版社,2015.
[7] 德内拉·梅多斯,乔根·兰德斯,丹尼.增长的极限[M].机械工业出版社,2013.
[8] 舒尔茨.对人进行投资[M].商务印书馆,2017.
[9] 贝克尔.人力资本(第 3 版)[M].机械工业出版社,2016.

思考与讨论

1. 结合发展经济学家达德里·西尔斯在 20 世纪 60 年代末提出的关于发展的 3 个基本问题,思考中国自改革开放以来发展的成就及不足。
2. 中东地区的一些国家拥有丰富的石油资源,人均国民生产总值也处于较高水平,但并不被国际上认定为发达国家。请结合发展的内涵,去思考这些国家与真正的发达国家的差距在哪些地方?
3. 以你家乡所在的省、市、自治区为例,比较分析该地区制定的“十三五”规划目标与前几轮五年规划目标有什么异同之处,其变化趋势是否更加合乎发展本义?
4. 关于增长是否存在极限,你持有怎样观点?请说明理由。

第二章 作为发展要素的资源与环境

一、自然产品与生态服务

本章讨论的“资源”指的是自然资源。《辞海》对自然资源的定义为“天然存在并有利用价值的自然物”，联合国环境署的定义为“在一定的时间和技术条件下，能够产生经济价值，提高人类当前和未来福利的自然环境因素的总称”。“环境”严格地说，是一种操作定义，指的是围绕我们所关注的主体的一切因素的集合。

1. 稀缺性是资源的必要条件

从经济学的立场看，资源的含义必须考虑到稀缺性，只有发生稀缺的事物，才是真正意义上的资源。所谓稀缺性，意味着在特定时空里，特定资源的有限性无法满足所有人的任意取用。也就是说，那些有用但无限供给的自然物或自然现象不属于经济学含义的资源范畴。“惟江上之清风，与山间之明月，耳得之而为声，目遇之而成色，取之无禁，用之不竭”，清风明月虽给人以舒适，但由于不稀缺，故不属于经济学意义上的资源。我们还可以想象，当一条河边居民极少，河水对人们而言也“取之无禁，用之不竭”时，水也不能算作资源。但随着人们经济活动的增加，该水系满足不了人们的随意取用，对于该流域的人们而言，水就成为资源了。马克思曾认为河流里的水是没有价值的，这导致了后来的生态学家的批评。其实，马克思是正确的，因为当时河流的水不具有稀缺性。现在河流里的水有价值了，这一观点也是对的，因为河水已经具有了稀缺性。

产生稀缺性之后，人类有能力从多方面缓解这种稀缺，可以投入于资源的发展和有效利用。例如，投入于水利建设，可以增加社会可利用的水资源量；投入于节水技术，可以提高水资源的利用效率；投入于矿床勘探，可以增加人类拥有的矿产探明储量；投入于替代资源的研究，可以缓解资源直接承受的压力。在一个制度完备的市场中，稀缺性的上升会引起竞争的加剧，进而导致价格的上升，由此又引起消费者和生产者的节约，以及对新资源和替代资源的资本投入，从而缓解这种稀缺。但是，也会存在市场失灵的情况，在后面的章节会不断遇到由此引起的问题。

2. 包容资源的环境要素分类

由资源和环境的定义不难发现，两者其实是可以互相包容的。所谓环境污染，本质是环境质量的下降，这意味着“好的”环境变得稀缺了；或环境容量被突破，或自净能力变得不足了，这也意味着环境容量变得稀缺了。于是，环境可以纳入资源范畴。反过来，自然资源存在于环境，当然属于环境范畴。

这里将两者统一于“环境”范畴，我们将环境要素区分为 4 个部分，或将环境的作用区分为 4 种角色。

环境的第一个角色是资源的提供者，也就是能源和物质。生产部门从环境抽取能源和物质资源，并将它们转变为产出，包括物品和服务。很明显，环境的这一角色是最基础的，也是最传统的。

传统上，自然资源可以区分为可耗竭的和不可耗竭的两类。其中，不可耗竭资源的本源来自宇宙，典型的如太阳能、风能和潮汐，分别来自太阳的燃烧、地球自身的运动和月球的牵引。我们的星球和太阳系尚有数十亿年的寿命，可以视为“不可耗竭”。可耗竭资源又分为可再生和不可再生两类。可再生资源主要包括各种生物资源和水资源，不可再生资源主要包括各种矿产和化石能源。土地兼有可再生和不可再生两种属性。

“可耗竭”的含义是人类利用能力之内的有限性，但不能因此等同于“用掉一点少一点”，从而视之为“一块固定的蛋糕”。从第一章关于人力资本的讨论可见，可耗竭资源也具有发展性。对于可再生资源，合理利用的条件是不破坏其再生能力。

环境的第二个角色则是纳污者。废物可以来自生产，也来自消费。当人们丢弃垃圾或驱车前行时，都会增加废物。在某些情况下，废物会被环境以生物或化学的方式处理。例如，酒厂排入河口湾的有机物可由自然过程分解，通过微生物的作用，这些废物被分解为无机物。其结果是否对河口湾产生有害影响，取决于许多因素，包括相对于河口水体容量的废物量、水温、流速。也就是说，河口具有一种有限的净化废物的能力。推而广之，其他生态系统也有类似的能力。

对于同化能力、自净能力和纳污能力的概念，有些环境主义者是持反对态度的。他们的主要理由是，这些概念意味着上至某一固定的排放水平之前不会发生有害的冲击。严格地说，这种情况在绝大多数场合下不会发生。真实情况是这种冲击会逐步地增加，由于所谓“阈值”效应，其影响至某一水平后会显示突然的上升。无论如何，这一概念是有用的，它意味着污染上升至某一水平之前，其影响是不重要的。无论从经济学还是自然科学理性地讲，否认纳污能力都是不科学的。设想如果彻底否认自净能力，则无论多轻微的污染，人类似乎都有治理的必要，必须用资本加以替代。这在经济上是行不通的，同时也是违反热力学第二定律的。原因是环境中污染物浓度越低，进一步削减所需要的能量投入就越大。我们必须承认纳污功能，也承认阈值的存在。这是一种极为宝贵的经济资源。

环境的第三个角色是舒适的提供者，以及教育和精神价值。工作、居住、休闲、旅游，好的环境能够使人们更为满足。我们需要形成正确的观念，使这类价值能被经济学家计量。在这里需要考虑的是在新古典经济学教义中应怎样构成其经济价值。新古典经济学是依靠社会福利判断经济价值的，而社会福利似乎依赖于个人福利的总和。个人福利由效用测度。于是，社会福利就是个人效用的总和。这样就不存在其他“合作”的物品，个人从消费物品和服务中获得效用，也从自然环境的状态中获得效用，因为自然环境的存在而变得更为愉快。

环境的第四个角色是地球生命支持服务，诸如维持大气的构成以适合生命的生存，维持温度和气候，维持水和营养物的循环等。毫无疑问，这是环境最重要的功能，重要得已经无法包含在人类的经济体系之中。也许这是一个不恰当的比喻，我们或许可以把人类及其经济体系比作胎儿，而生命支持系统就是母体。对于胎儿来说，母体的价值是不可测度的；对于人类而言，生命支持系统的价值是不可估量的。

以上列出的环境 4 种角色，如果套用经济学的概念，可以将第一种功能称之为“产品”，将其余的 3 种角色称之为“服务”。后者也就是我们所说的生态服务，不言而喻，其范围是极为广泛的。

二、经济学理论中的资源环境

1. 土地与矿产在增长模型中的地位变化

早期经济学家很关注和研究自然资源，认为自然资源是国家繁荣、权力和财富的象征。他们关心的资源形态是土地、农田与矿山。作为最早期的经济学思想，重商主义所看重的财富是货币，也就是金银。在他们看来，衡量一个国家富裕和发展程度的标准就是看它拥有的货币量。但是，他们并不认为国家的财富取决于物质生产的发展，虽然他们并不否认工农业产品和自然资源也是财富，但将财富获得的直接源泉归结为流通领域。因此，在重商主义者看来，国民财富增长的唯一途径就是开展对外贸易，并从国际贸易中获得顺差。

随后的古典政治经济学认为农业是国民经济的基础，强调财富的源泉是生产领域而非流通领域。古典政治经济学的奠基者威廉·配弟在《赋税论》中宣称，“物品都是由两种自然单位——即土地和劳动——来评定价值”。这里他把价值的源泉归结为土地和劳动。18 世纪中期的法国重农学派，则是继承了法国古典政治经济学的传统——把农业提到首位，并试图根据自然法则解释经济，把农业和“地球母亲”看成是所有净价值的来源(汤在新，颜鹏飞，2002)。

对于古典经济学家而言，自然资源与环境问题是他们所关注的基本问题。伴随着工业革命的开始以及人口持续增长，人们开始大规模利用自然资源并导致环境的恶化。在工业革命之前，欧洲人相对生活在一个稳定的社会中(Fusefled,

1982)。然而在18世纪,工业革命的启动给英国和随后的欧洲大陆带来了巨大的变革。蒸汽机和气体照明的广泛使用,煤就成为主要的能量来源(Lombroso, 1931)。

究竟是什么决定了生活水平和经济增长?这一直是古典经济学家饶有兴趣研究的问题。自然资源通常被看作国家财富及其增长的决定性因素。经济受到土地供应的制约和支配,关系到生活水平的长期发展前景,这一线索贯穿整个古典政治经济学。土地及其承载的自然资源的可获得性被认为是受限制的。当假定土地是生产必不可少的投入并表现出报酬递减时,早期的古典经济学家就得出结论,经济增长是短暂的历史特征,最终不可避免地将进入稳定状态,而大多数人的生活前景堪忧。

阿伦·克尼斯(Allen, 1988)认为托马斯·马尔萨斯(Thomas Malthus)是第一位真正意义上的自然资源经济学家。在其1798年出版的《人口原理》一书中,马尔萨斯清楚有力地论述了报酬递减规律对自然资源稀缺性的影响。他还认为农业土地是稀缺性资源。所以,在土地供给不变时,人口持续正增长趋势以及农业上的报酬递减假设,意味着每单位资本的产出将长期呈现下降趋势。对于马尔萨斯的观点,罗杰·珀曼是这样论述的:"马尔萨斯认为人口趋向于以几何级数增长,而粮食生产仅以算术级数增长,由于食物供给的增长赶不上人口的增长,必然存在一种使人们的生活下降到只能维持生计的最低水平的长期趋势。在维持生计的最低工资水平上,现状只能容许人口的再生产维持一个不变的水平,经济达到稳定状态。"(罗杰·珀曼等,2002)

稳定状态的概念是由大卫·李嘉图(David Ricardo)提出并发展的,尤其是在他1817年出版的《政治经济与税收原则》一书中得到了具体论述。李嘉图在研究经济增长与资源环境的问题时吸收了马尔萨斯的理论,虽然土地包括所有自然资源,但李嘉图还是把农业土地放在了最为重要的位置。假定农业生产的报酬递减既定,并且缺乏技术进步,这时,经济会进入一种均衡状态,人口总量水平将维持在人均收入等于支出的生存水平。尽管这种均衡状态能够通过技术进步来打破,李嘉图仍然坚持认为技术进步的作用仅仅是暂时的。李嘉图的增长极限论是建立在生产力报酬递减这一静态规律基础上的。对此,罗杰·珀曼等人(2002)在《自然资源与环境经济学(第二版)》中也给出了评述:"李嘉图的整套理论也都是围绕农业土地展开的,李嘉图认为,农业能够通过扩大内延(在一块给定的土地上进行更加集约化的耕作)或外延(开垦更多的荒地应用于生产)的方法来增大产出。然而在任何一种情况下,土地投入的报酬都被认为是递减的。经济发展只能以这样一种方式进行,即'经济剩余'逐渐以地租和土地报酬的形式被占用。在该模式下,劳动者获得维持生存的工资,土地租金流向地主,由于投入的报酬递减,资本家最终会失去投入的能力，经济最终走向马尔萨斯所谓的稳定状态。”

在约翰·斯库尔特·穆勒(John Stuart Mill)的著作《政治经济学原理》(1848)中，可以看到处于顶峰状态的古典经济学的完整陈述。穆勒的著作虽然采用了报酬递减的观点，但同时更广义地承认知识增长和技术进步对农业及制造业的补偿作用。由于殖民开拓获得了新的土地，矿物燃料日益得到开发，以及革新使农业生产率飞速增长，从而减轻了对外延界限的制约，因此，他不太看重报酬递减的影响。但稳定状态的概念没有被抛弃，反而被认为是能够达到相对较高水平的物质繁荣的一种状态。

穆勒认为，“资本和人口的静止状态并不意味着人类改进的静态”。也就是说，即便增长停止，还可以实现没有增长的改进或发展。

此后，虽然报酬递减规律被很多人接受，但现实中报酬递减而带来的自然资源稀缺并不明显。巴奈特和莫尔斯在其经典著作《稀缺性和增长：资源稀缺经济学》(1963)中强调，技术进步和资源的替代可以克服自然资源的稀缺性。他们回顾了1870—1957年的美国采矿业，总体上讲，单位矿产品价格的趋势是在下降而不是上升。随后巴奈特进一步延长了相关时间序列，其结果也证明了这个结论(Barnett, Morse, 1963)。造成这一状况的原因是，越来越多的低品位矿产品得到利用，新的矿床不断发现，资源勘探、开采和加工技术不断进步。

由于自然资源的稀缺性并非如古典经济学家预计的那样不断加剧，在从19世纪末开始，以土地为代表的自然资源渐渐不再被看作是增长的限制因素，而规模经济、管理、生产要素质量的提高、劳动力、资本和技术变革则越来越受到重视。以后的凯恩斯经济学、新古典经济学以及剑桥经济学派等西方主流经济学的经济增长模型都不再考虑自然资源。大多数经济学家相信，自然资源和自然环境对经济的持续增长来说并不构成重要的限制。他们认为，在人类长期的经济活动中，制约人类的生产要素一直是处于短缺状态的资本与劳动力。相比之下，自然资源的供给似乎总是处于相对丰富的状态。

上述回顾揭示了自然资源在经济增长函数中的地位的变化。可以发现，在较早的经济学理论中，自然资源的地位非常重要。但越到后来，这种重要性不断下降，乃至后来经济学家不再将自然资源纳入模型。从表面看，这似乎反映了经济学家思想的变化。但不可否认，其本质是人类的技术进步、知识积累、劳动者技能水平的提高等因素导致自然资源的稀缺性对经济的制约不断松动。在很大程度上，经济学家思想的变化只是对这一趋势的总结。

2. 自然资源的开发

随着新古典经济学边际理论的兴起，人们将新古典经济增长模型引入自然资源的开发中，当时新古典经济学家第一次系统调查了资源的效率及最优消耗，提出并讨论自然资源开发的有效性和最优模型。

美国于1890—1920年代掀起一场自然资源保护运动，该运动强调现实生活中资源的稀缺性，即无论是地区还是全球范围内的资源利用，随着时间的发展都应存在一个给定的极限值(Kula，1998)。吉福德·平肖(Gifford Pinchot)提出了对林业等自然资源进行"聪明利用和科学管理"的功利主义环境保护思想。这一主张得到了西奥多·罗斯福总统的支持，并发起了资源保护主义(conservationism)运动。然而，在民间广为流传的是约翰·缪尔(John Muir)为代表的超功利的自然保护主义(preservationism)运动，与资源保护主义所强调的实用性和效率不同，自然保护主义秉持在精神层面的追求，试图将经济价值和审美价值结合起来。

既然自然资源是稀缺的，那么，就存在最优利用的问题。马歇尔(Mshehall)以后的经济学理论就试图用"优化"模型或"最大化原则"来描述人的经济行为。这就要求经济学家研究资源存量在一个历史时期中的最优消耗过程，也就是"动态优化"的问题。李嘉图时代虽然已有微积分、微分方程以及变分法的广泛应用，但变分法还没有引入经济学中。与古典经济学家相比，当代研究资源的经济学家在"现象形态"的研究方面享有无可比拟的优势。例如，他们可以使用最优控制理论及庞特里亚金极大值原理来计算石油价格的长期走向。

自从经济学开始运用数学工具分析自然资源的最优利用以来，其主要的研究领域主要包括：不可再生资源的有效使用、均衡价格、动态模型，可再生资源的有效利用、稳态均衡条件等。

不可再生资源包括岩石中的能源——石油、天然气、煤炭，以及非能源矿物(诸如铜、镍矿)等。一个关键问题就是：对任何不可再生资源，怎样才是其最优的开采方式？在早期的分析中，就一种单一种类的不可再生资源提出了最佳开采方案，也就是遵循霍特林法则。

在通常意义上，美国经济学家格雷被认为是最早研究自然资源最优利用的经济学家(Allen，1988)。他使用时间序列的图解法来描述自然资源的最优利用，指出可耗竭自然资源存量的有限性而不同于其他的商品(Gray，1913)。其主要思想就是一单位自然资源今天的使用价值不能低于明天的价值。换句话说，今天使用的成本不仅包括当期的开采成本，而且包括其他成本——未来的机会成本。这种机会成本被看作使用者的成本，那么，又该如何看待使用者成本的跨期变动呢？格雷认为关键的一点就是利率应等于其折旧率(Gray，1914)。

公认的不可再生资源最优利用模型是由经济学家霍特林(Harold Hotelling)1931年在美国《政治经济杂志》发表的"可耗尽资源经济学"一文中奠定的(Hotelling，1931)，该文已成为不可再生资源经济学的经典之一。

霍特林在其“可耗尽资源经济学”一文中，第一个提出完全竞争条件下矿产资源（或一般可耗尽资源）在开采成本不变时，租金随时间变动的方程，也称为“霍特林法则”（Hotelling Rule）。该方程表明，在开采成本不变时，租金的增长率等于利息率①：

$$R(t+1)-R(t)=rR(t)$$

这一结论的经济学解释如下：如果矿产主在本期（时间 t）出售一单位的矿产，他可以得到租金 $R(t)$，他再把 $R(t)$ 存入银行或者投资别处，可在下一期（时间 $t+1$）得到增加的收入 $rR(t)$，这里 r 指的是银行利率。另一方面，假设他不出售这一单位矿产，把它留到下一期出售，他将多得（或少得）租金 $rR(t)$［或 $R(t+1)-R(t)$］。在均衡条件下，这两种决策所带来的收益必须相等。

这里特别需要提及的是哈特维克准则（Hartwick，1977）。该准则说的是在人口零增长的条件下，要保持人均消费水平不下降，则必须保持真实储蓄不减少。为做到这一点，需要将开发可耗竭资源得到的收益，也就是收入超过边际开采成本的部分转化为生产性资产，在这一条件下，产出和消费水平在时间上将保持为常数。如果仅考虑自然财富与实物资本两种财富形式，那么，哈特维克准则包含以下内容：可耗竭资源与实物资本两种投入之间必须以特殊的方式相互替代，该条件要求随着不可再生资源的减少而积累实物资本存量；不可再生资源的开采租金必须储蓄起来，然后完全以资本的形式积累。所谓真实储蓄是指公共部门与私人部门的储蓄，减去公共部门与私人部门的资产折旧，加上用于教育的投资，减去可耗竭与可再生资源的损耗，减去污染损耗。

相关研究的重要性在于为后来的可持续发展理论打下了坚实的基础。其中，哈特维克准则构成了可持续利用不可再生性资源的基本理论。而关于可再生资源的可持续利用理论，在林业、牧业和海洋渔业诸领域已经得到了广泛的认同和应用。

3. 能源环境因素与经济增长

将环境与生态因素引入经济增长模型的分析较晚。Mäler（1974）首次从环境质量角度研究了最优经济增长问题。与以往研究的不同之处在于：其效用目标函数由 $U(c)$（其中 c 为消费函数）扩展为 $U(c, Y)$（其中 Y 为环境质量）。这一改造无疑丰富了可持续经济增长的内容，为以后的研究拓宽了思路。20 世纪 70 年代

---

① 租（rent）在资源经济学中常表现为资源价格与变价（或平均）开采成本的差。见 Hartwick J. M., Olewiler N. D. *The Economics of Natural Resource Use*[M]. New York: Haeper and Row, 1986.它还有许多不同名称，如“产权使用费”（royalty）、“资源使用者成本”（user cost）、“资源净价格”（net price）、“边际利润”（marginal profit）等。

石油危机后，许多经济学家开始关注能源在经济增长中的作用。Cleveland(1984)通过实证发现，能源使用与GNP之间存在着非常强的相关关系，而且能源与GNP之比的变化，在很大程度上受能源结构变化的直接或间接影响。

到了20世纪90年代，经济学家开始对经济增长与环境的关系进行实证研究(顾春林，2003)。率先开展该领域系统性实证研究的是Grossman和Krueger(1991，1995)，他们发现，大气中的二氧化硫浓度和烟尘浓度与经济增长、人均GDP之间的关系并非简单的互补或互递关系，而是呈现出倒U形特征：污染在低收入水平上随人均GDP增加而上升，在高收入水平上随GDP增长而下降。在经济增长与环境质量实证研究中最具有影响力的是Shafik和Bandyopadhyay(1992)。他们的研究结论表明，经济增长与环境的关系更为复杂。Panayotou(1993，1995)通过对54个国家的二氧化硫、氮氧化物和固体悬浮物的人均排放量与人均GDP的关系加以考察后发现，3种污染物与人均GDP的关系皆呈倒U形关系，他首次将这种环境质量与经济增长之间的关系称为“环境库兹涅兹曲线”[①]。也就是说，一个国家的环境污染程度一开始会随着经济发展和国民收入水平的增加而加剧，但当经济发展达到一定水平后，即到达某个临界点或称“拐点”以后，环境污染水平会随着国民收入水平的上升而下降，环境质量逐渐得到改善。

三、资源环境的市场与非市场物品

1. 西蒙之赌

1980年，美国经济学家朱利安·西蒙(Julian L. Simon)在《科学》杂志上的文章对人类的资源前景表达了高度乐观的态度。他认为，没有必要对人口快速增长表示担忧。更多的人会提供更多聪明的思想，人类的进步是无限的，因此，地球上的资源不是有限的。西蒙的文章招致一片反对声。其中就有斯坦福大学的生态学家保罗·埃尔里奇(Paul R. Ehrlich)。埃尔里奇给西蒙提供了一个简单的计算方法：地球的资源在每年以7 500万人的速度而增加的人口压力下，其需求超过了地球的“承载能力”。随着资源的更加短缺，商品一定会昂贵起来，这是不可避免的。西蒙以挑战的方式作出回答。他让埃尔里奇选出任何一种自然资源(谷类、石油、煤、木材、金属)，在任何一个未来的日期，如果随着世界人口的增长，资源将变得更加短缺，那么，其价格也会上涨。西蒙以打赌的方式认为这一切不会发生，他认为

---

① 库兹涅茨曲线是20世纪50年代诺贝尔奖获得者、经济学家库兹涅茨用来分析人均收入水平与分配公平程度之间关系的一种学说。其研究表明，收入不均现象随着经济增长先升后降，呈现倒U型曲线关系。

随着人类的进步,资源的价格反而会下降。

埃尔里奇接受了西蒙的挑战。他精心挑选了5种金属——铬、铜、镍、锡、钨。"赌博"的方法是,各自以假想的方式买入1 000美元的等量金属,每种金属各价值200美元。以1980年9月29日的各种金属价格为基准,假如到1990年9月29日,这5种金属的价格在剔除通货膨胀的因素后上升了,西蒙就要付给埃尔里奇这些金属的总差价。反之,假如这5种金属的价格下降了,埃尔里奇将把总差价支付给西蒙。

这场打赌的结局是1990年秋天埃尔里奇寄给了西蒙一张支票。从根本上讲,他不是输给西蒙,而是输给了市场。

2. 市场如何缓解资源的稀缺性

稀缺性是资源的经济学特征。当一种东西出现稀缺的时候,可能的应对思路无非开源、节流、替代。但无论哪一种方式,如果能够通过市场实现,其效率通常高于其他方式。当然这应该是一个正常的市场。完善的市场应该具有3个特征:一个完全竞争即不存在垄断的市场,产权清晰的市场,并且信息是完备的。这3个方面做得越好,且市场规模越大,其配置资源的功能也越强大。

在这样的市场中,如果生产和消费都是以私人方式进行的,在解决稀缺方面会相当有力。市场中的商品通过供求关系产生价格,通过价格的波动调节生产者和消费者的行为。当某种物品变得较为稀缺时,其价格会较高,这时消费者会减少这方面的消费,而转向其替代品,如肉与鸡蛋之间的关系。与此同时,生产者会将投资转向利润较高的方向,从而改善稀缺状况;生产者之间会竞争,导致价格下降,于是,吸引消费者进入相关商品的消费。如此周而复始,一种商品会围绕其长期趋势线波动。市场越成熟,信息越完备,这种波动的幅度会越小。当然,该过程的前提是清楚的,市场的运行是以交易方式进行的,交易需要有明确的卖方和买方,双方的权益是明确界定的,有关的物品称为私人物品。

这种看上去并不复杂的运动为什么会有效地应对稀缺?对此,需要研究资源在市场过程中显示的一些特点。

首先是弹性,相对于价格的弹性,对于所谓的正常物品或普通物品,需求随价格变动而产生反向变化,稀缺性上升时产生节俭。

其次是不同物品之间的可替代性,又分为直接替代和间接替代。所谓直接替代,指的是成本更为可接受的资源替代价格较高的资源。不同食品之间,不同材料之间,普遍存在可相互替代的关系。这种替代过程表现直观,容易理解。但要指出的是,间接替代在缓解资源稀缺性的过程中,其作用更为强大。

所谓间接替代,指的是资本、技术、人力资本对自然资源的替代。广义的科学技术进步、资源配置优化、管理机制完善和社会组织有效，能够让人类获得更多的资源，节约更多的资源。

这种替代作用首先表现在节约效应，通过科技进步、完善管理、优化生活方式和合理配置资源，等量的资源消耗能产生更多的财富。通过合理分配社会资源，可使等量的财富产生更多的福利。需要注意的是，这种节约并非价格弹性产品在价格上升时产生的节约，它并不改变人们的偏好或降低人们的消费效用，不会对经济产生抑制作用。

这方面一个突出的例子是 20 世纪 70 年代中东石油危机导致的冲击。在危机开始之际，发达国家的社会经济生活受到重大冲击。随即西方社会生产和消费全面向节能型转变，大量资本和技术涌向节能领域，其结果是各国经济的能效大大提高，日本更是实现以等量能源使 GDP 翻番的成就。这一节约过程，可以说就是人力资源的发展对自然资源的替代过程。

其次表现为人工资源对稀缺自然资源的替代。如各种再生性能源对化石能源的替代、塑料和陶瓷对木材和某些金属的替代。在某种意义上，储量丰富的资源对短缺资源的替代也包括在内，还应包括野生动植物资源的家化。随着更多自然资源和每种资源的作用更多地被人类认识，这种替代会更为普遍和有效。由于这种替代总是人类知识和技术进步的结果，其本质是人力资源的替代。最后，近些年来环境保护越来越成为社会的共识，导致相关的制度、规范和道德力量不断成长，成为可持续发展的社会基础。这一切也是人力资源发展的结果。

在现实生活中，可以观察到大量的间接替代现象。治理污染，其实是资本对环境自净能力的替代。高层建筑和地铁意味着资本对土地或空间资源的替代。我国耕地虽然紧缺，但农业的“三色革命”①能够使“谁来养活中国”的疑问得到了肯定的解答。我们观察那些至关重要的自然资源，可以发现间接替代都能够在应对其稀缺性问题上发挥重大乃至决定性的作用。

关于间接替代的讨论说明，经济学意义上的资源具有发展性：人类拥有的资源是可以发展的，发展的主要途径是发现和开发更多的资源，但更重要的是上述间接替代过程。在一定意义上可以说，在间接替代的背后，其实是人类的智慧和能力在发挥作用。相信人类的智慧，也就应该相信间接替代的潜力。

实现这种对自然资源的间接替代，雄厚的人力资本和人工资本是基础，而合理的市场制度和充分的竞争则构成其动力。规则合理的市场，能够激励企业通过研发、培训、工艺改良后升级等措施提升竞争力，都是某种意义上的人力资本对自然

---

① 所谓农业“三色革命”，即致力于农产品品种改良的“绿色革命”，发展使用地膜和大棚栽培技术的“白色革命”，以及促进水产养殖的集约化“蓝色革命”。

资源的替代。广义的技术进步，只要这种进步是真实的，都会具有资源节约、能效提升的效果，能够促进人类发现资源、开发资源和有效利用资源的能力进步。所以，规范而充分的市场竞争是资源发展的基本动力。如果政府过度介入、抑制竞争，对资源发展是不利的。

3. 承载市场和非市场多重价值的资源环境要素

如上所述，在缓解资源稀缺性的各种途径中，最有效的莫过于利用市场机制。但是，市场又确实不是万能的，存在所谓"市场失灵"问题。就自然资源的稀缺性而言，可以发现市场能够有效应对自然物品的稀缺，但在生态服务稀缺的问题上常常能力不足。对此，可以区分出这样几种情况。

最常见的是将环境用于一种可导致其服务于其他方面的能力下降，即在资源使用上存在矛盾。例如，使用山区作为矿产资源，意味着减少其景观价值；将河流用于排污，意味着水体质量的下降并且减少可获得的资源；砍伐森林会减少水库的发电能力和减少其宜人价值；保护湿地与耕地之间存在矛盾等。这些问题的本质是土地和水体属于复合功能的自然资源，并且其中的某些功能是相互独立乃至相互对立的。当人类对这些资源的开发利用强度较小并且用途比较单一时，这些矛盾并不明显。但是，随着拥挤现象的增加，问题就暴露出来了。

也就是说，人类对生态环境有许多相互矛盾的需求，我们将这种因相互矛盾的需求而导致的稀缺称为相对稀缺，原则上可计算出一套正确的影子价格。这种稀缺与绝对稀缺不同，后者意味着对所有环境服务的需求同时地增长。绝对稀缺的主要原因是人口与经济的增长，这导致对能源和原材料需求的增长、排放的增长，并由于对娱乐、教育和科研的投入增加，导致对环境质量需求的增长。所有这些需求同时增长造成的绝对稀缺也是容易观察到的。例如，中国在处理环发关系上的难度应该比美国、加拿大和澳大利亚这样的国家大，因为中国的人口压力导致绝对稀缺性较高。但是，绝对稀缺和相对稀缺并不能截然分开，在很大程度上，两者是互动的。

令人感兴趣的是，似乎存在这样的现象：市场在处理物品的稀缺性上比较有效，而在应对生态服务的稀缺性上较为无力。

一种可能是，某些生态服务的市场是不完善的或缺失的。既然没有这样的市场，当然就谈不上运用市场机制去解决相关问题。为此，需要简单地讨论一下生态服务。这个概念的首次使用可以追溯到 20 世纪 60 年代。在 1966 年金(R. T. King)的《野生生物与人》(*Wildlife and Man*)与 1969 年赫利维尔(D. R. Helliwell)的《野生生物资源的价值》(*Valuation of Wildlife Resources*)中，均提到了"野生生物的服务"(wildlife services)一词。

关于生态系统服务功能或环境服务功能的研究始于20世纪70年代,"关键环境问题研究小组"(SCEP, Study of Critical Environmental Problems)在《人类对全球环境的影响报告》中,首次使用"service"一词表示生态系统服务,并列出自然生态系统对人类的"环境服务"功能,包括害虫控制、昆虫传粉、渔业、土壤形成、水土保持、气候调节、洪水控制、物质循环与大气组成等方面。随后,豪尔德伦与艾利克(Holdren 和 Ehrlich, 1974)在研究生态系统对土壤肥力与基因库维持的作用时,首次使用了"生态系统服务"(ecosystem services)一词,并很快为许多生态学家所引用。他们系统地讨论了生物多样性的丧失将会怎样影响生态服务功能,以及能否用先进的科学技术来替代自然生态系统的服务功能等问题。他们认为,生态系统服务功能丧失的快慢取决于生物多样性丧失的速度,企图通过其他手段替代已丧失的生态服务功能的尝试是昂贵的,而且从长远看是失败的。同时期的威斯特曼(Westman, 1977)也提出了"自然的服务"(nature's services)及其价值评估的概念。1992年,戈登·艾伦(Gordon Irene)的《自然功能》(*Nature Function*)一书论述了不同生态系统对人类生产生活带来的影响,这是第一本系统地论述自然对人类服务的著作。这一阶段的研究主要集中在对生态系统服务功能类型的分析上。

自20世纪90年代以来,对生态系统服务功能,尤其是对其价值评估的研究发展迅猛、备受瞩目。国际科学联合会环境委员会于1991年组织了一次会议,主要讨论怎样开展生物多样性的定量研究,促进了生物多样性与生态系统服务功能关系的研究以及生态系统服务功能经济价值评估方法的发展。从1989年至今,英国著名经济学家皮尔斯(D. W. Pearce)与其他学者合作,先后出版了《生物多样性的经济价值(*The Economic Value of Biodiversity*)》和以《绿色经济蓝皮书》(*Blueprint for a Green Economy*)为代表的蓝图系列丛书等多部著作,揭示了生物多样性的巨大价值,并尝试为其定价以及如何利用市场来实现这个价值。具有里程碑意义的是1997年戴利(Daily)主编的《自然服务:社会有赖于自然生态系统》(*Nature's Service: Societal Dependence on Natural Ecosystems*)的出版和康斯坦兹(Costanza)联合其他13位学者的论文"世界生态系统服务与自然资本的价值"(The value of the world's ecosystem services and natural capital)。生态系统服务或生态服务的定义存在差别。有人认为,生态系统服务就是生态系统为人们提供的物品和服务的统称,它代表人类直接和间接从生态系统得到的利益(Costanza et. al., 1997);是自然生态系统与生态过程所形成及所维持的人类赖以生存的自然条件与效用(Daily, 1997);是对人类生存和生活质量有贡献的生态系统产品和生态系统功能(Cairns, 1997)。

然而,与多数学科存在的倾向一样,有关学者在定义上将生态服务泛化了。人类对于自然界提供的有形物品可以说尽可能物尽其用，然而，对其提供的无形服务，其重要性尚未认识清楚，当前学者强调的生态系统服务也多偏于无形服务。因此，本教程所研究的生态系统服务仅指人类得到的由生态系统直接或间接提供的服务，不包括生态系统提供的实物性产出。

当然，我们承认，自然的“服务”和“物品”有时是不容易区分的。把活立木砍下作为木材或燃料，你得到了物品；让它存在并享受其净化和美化功能，你获得了服务。你发现了山中的野果，如果为了果腹而吃了它，你得到了物品；如果你的肚子是饱的，而只是在那里观赏它，你得到了服务。所以，服务还是物品，在许多时候取决于人类的行为或利用方式。另一方面，自然的服务往往是人类获得物品的条件。你种了一片麦子并获得了丰收，这一事实的背后是土壤和气候向你提供了优质的服务。舟山之所以是大渔场，是因为气候、洋流和长江带来的丰富有机质。

因市场机制不完善而在配置上出现问题的生态服务是这里讨论的主要内容。前文已述，生态系统提供生态服务的方式极为复杂。不同生态服务之间互为联系；一种生态系统可以产生诸多复杂的功能以及相关的生态服务；多种生态系统可能协同提供一种生态服务。一种完全可能产生的状况是，我们获得了系统提供的某些东西，却损失了另外一些。这一问题对那些既具有物品提供功能、又具有生态服务功能的自然资源尤为突出。在这种情况下，可能部分功能被充分市场化了，而生态服务功能被排斥在市场之外。于是，这一资源就会被市场用途控制，如果这些功能是矛盾的，其结果就是某些生态服务功能的急剧衰退。

一种东西能够进入市场，需要具备某些条件。其一是稀缺性，存在竞争性使用。由于这种竞争通过市场进行，就会产生价格，这是竞争的结果、稀缺性的符号。其二是明晰的产权。如果一个东西产权不明确，交易便无法达成。

1997 年，康斯坦兹等(Costanza et. al., 1997)将地球生物圈分为海洋、公海、近海、海湾、海草/海藻床、珊瑚礁、大陆架、陆地、森林、热带、温带、草原/牧场/湿地、潮水沼泽、沼泽/泛洪区、湖河、沙漠、冻土、冰/岸石、耕地和城区，共计 20 种生态系统类型；并将生态系统服务功能分为 17 种，它们是大气调节、气候调节、扰动调节、水调节、水供应、侵蚀控制和保持沉积物、土壤形成、营养物质循环、废物处理、花粉传授、生物控制、提供栖息地、食物生产、原材料、遗传资源、娱乐和文化。类似地，戴利(Daily, 1997)将生态系统服务总结为 15 个类型。

两种分类其实大同小异，我们关心的是所有这些功能中有哪些符合上面两个条件，从而可以被市场包容。显然，食物和原材料这样的产品，是典型的市场物品。而大气调节、气候调节、扰动调节、侵蚀控制和保持沉积物、土壤形成、营养物质循环、花粉传授、生物控制、提供栖息地之类的服务，显然不是市场能够包容的。没有什么市场能够交易诸如大气中氧气和二氧化碳的比重或者台风的强度，也没有任何市场能够决定原始森林中的生物多样性。

在现实中，很多生态要素并非这种非此即彼的存在，更为常见的是生态系统包含了可以市场化的和不可市场化的产品和服务。常见的水体、湿地、森林和其他生态系统都是如此。矿山同时是森林，水源地同时是水体生态系统。水田提供的稻米是市场物品，但在涵养水源、维系生物多样性等方面，又具有湿地生态系统的功能。

水体、森林、湿地和农田这样的生态系统可以被视为同时拥有多种功能的复合系统。这些不同的功能之间可能是并存的，也可能是互相矛盾的。一条河流，可以用作水源，又可以用作排污，但这两种功能是严重冲突的。取水的用途可以是市政用水，也可以是农业用水，这两者是互相竞争的。流域人口经济活动对水资源的需求越大，这种竞争也越强烈。与人类取水相矛盾的，是河流生态系统自身对水的需求。除上述功能外，养殖、航运、发电、景观、娱乐和文化保存等也是重要的功能。

怎样才能同时保护所有这些功能？或至少避免某些功能受到严重损害？一个最基本的因素是流域的人口经济综合压力。流域内人口密度越高，经济越发达，水系承受的压力自然越大。另一种可能是，人类侧重于对水体少数功能的过度利用，从而损害了其他功能。

梳理生态功能受到损害的机理，最重要的是生态系统中可以被市场化的那部分功能得到开发，同时损害了那些不可市场化的功能。就河流而言，水电开发是市场化的，而鱼类洄游的通道与市场无关；取水和排污有市场价值，而维系水体的生物多样性则没有达成市场交易的可能。

更为典型的是土地。其本身具有商品性，同时又是各种生态服务的载体。可以把各类土地分为自然用地、农业用地和建设用地 3 类。自然用地如自然保护区、天然林、沼泽等。它们如果被法律确定为自然用地，则几无市场价值。如果为农业用地，其价值便由农产品市场确定。如果进入建设用地范畴，则由不动产市场决定。不难发现，这是一个此消彼长的过程，随着人类利用强度的增加，其生态服务功能则被削弱。然而一旦转变为建设用地，土地原本附着的生态服务功能灰飞烟灭。

这正是值得高度警惕的地方。市场给参与主体带来经济利益，但生态服务的主体并不经过市场。由于不能实现市场价值，在喧闹的市场中，生态服务永远是沉默的。承载着诸多生态服务的土地进入市场，其不具有市场价值的那些功能是注定不会引起关注的。“开发”的本质，就是最大化地发掘市场价值，而无视其他生态要素。

所以，市场是有边界的，“发展”或“开发”也应该有其边界。在边界之外就是保护。保护在经济学上的准确含义，就是部分或全面地禁止市场进入某些空间范围。

以自然保护区为例，其核心区禁止一切经济活动，其实验区允许某种程度的经济活动。从表面看，保护与市场是对立的。从运行机制看，保护的责任是由政府承担的，理论上政府也确实是这种责任的最适当的承担者。但是在更深层次，市场与保护依然有着不可分割的联系。这种联系的逻辑纽带是为了使更多的空间回归自然，必须使进入市场的空间资源变得更为有效。高效率的发展能够推动自然保护。如果发展的效率低下，人类就不得不侵入更多的自然区域，从而使保护成为一句空话。

在市场经济下保护承载于土地的生态服务能力，取决于两个基本条件。

首先是经济运行效率。如果是低效率的增长，为维持正常的社会经济生活，必须要求高的速度，高速度反过来进一步制约着效率的提高，两者之间很容易形成恶性循环。所谓"增长瘾"指的就是这种现象。低效率需要更多的资源输入，也意味着更多的污染输出。另一方面，低效率意味着有关环境保护措施，无论是技术的，还是经济的，实施的难度都会加大，企业更倾向于通过滥用环境来逃避成本。我国虽然在局部能够形成环境保护的某些亮点，但国民经济的低效率意味着难以取得环境质量的整体好转，其中最关键的是水土流失、沙漠化和草原退化，这是动摇国本的。就生态服务而言，其载体是各类土地系统，如山地、草原、水体、森林、农田等。低效率的经济增长意味着在同等情况下需要将更多的土地用于工业化和城市化，从而侵蚀了生态服务的基础。所以，更高的经济运行效率，更高的单位面积土地的产出，对于生态保护而言具有根本性的意义。

其次，明确清晰的发展与保护边界，以及政府生态保护的"守夜人"角色。生态服务主体上不属于市场物品范畴，保护的本质是不允许开发，其责任只能由政府承担。在市场经济条件下，政府的责任是充分发挥市场配置资源的潜力，并为之开展制度创新。同时，为保护社会和生态，政府又必须规范市场，防止市场主体侵害社会利益和自然生态。

尤其重要的是，政府既然承担了培育、监管和规范市场的责任，其自身就不能成为市场中的利益主体，否则将难以承担其社会和生态责任。但是，在现实中举国范围内没完没了地开发，大上资本密集型的大项目，无休止地占用土地，成为常见的现象。其最主要的原因是政府的利益主体化倾向。致力于 GDP、财政收入和政绩的地方政府与投资者的"合谋"，是我国生态破坏较为严重的根源。

推荐阅读材料

[1] 蒂坦伯格.环境与自然资源经济学(第 10 版)[M].中国人民大学出版社，2016.
[2] 约翰·C·伯格斯特罗姆，阿兰·兰多尔.资源经济学[M].中国人民大学出版社，2015.

[3] Hotelling H. The economics of exhaustible resources[J]. *Journal of Political Economy*, 1931, 39(2): 137-175.
[4] Hartwick J. M. Intergenerational equity and the investing of rents from exhaustible resources[J]. *The American Economic Review*, 1977, 67(5): 972-974.
[5] Solow R. M. The economics of resources or the resources of economics[J]. *Journal of Natural Resources Policy Research*, 2008, 1(1): 69-82.
[6] England R. W. Natural capital and the theory of economic growth[J]. *Ecological Economics*, 2000, 34(3): 425-431.
[7] Smith V. K., Krutilla J. V. Economic growth, resource availability, and environmental quality[J]. *American Economic Review*, 1984, 74(2): 226-230.
[8] Stern D. I., Common M. S., Barbier E. B. Economic growth and environmental degradation: the environmental Kuznets curve and sustainable development[J]. *World Development*, 1996, 24(7): 1151-1160.

思考与讨论

1. 为什么土地资源兼有可再生和不可再生两种属性？
2. 北宋欧阳修在《沧浪亭》一诗中有句“清风明月本无价，可惜只卖四万钱”，请问清风明月的“无价”指的是什么？既然无价，为什么又“只卖四万钱”呢？
3. 原油、煤炭、铜矿等不可再生资源的储量应该是有限的，而且近两三百年以来被开采的产量一直增长，但为什么常会出现此类资源探明储量增加了的报道？请解释这种看似矛盾的现象。
4. 在现实世界中，相对于不可再生资源，一些可再生资源如森林、野生渔业资源似乎反而变得越来越稀缺，这是为什么呢？
5. 在长江的开发利用上，可以发现各种用途之间的冲突，如上游（也包括各支流上游）大量开发水电导致生态系统改变、鱼类洄游路线被切断、下游流量下降乃至缺水等。我们可以尝试发现另一种利用导致的矛盾现象，如长江黄金水道的利用，究竟在经济和生态环境上导致了哪些冲突？
6. 市场价格为什么无法真实地反映许多自然资源和生态服务的稀缺性？

第三章 中国的环发矛盾及其原因

一、我国环境污染与生态退化的概况

改革开放以来，中国经济取得了举世瞩目的成就。但长期以来，以 GDP 增长为导向的粗放型经济增长方式，对我国资源环境造成的全面破坏尤为突出。虽然作为发展中大国，我国在资源节约、生态保护和环境治理上态度极为坚决，从中央到地方做了种种努力，出台了很多政策措施加以推进和保障。虽然我国坚称绝不走发达国家先污染、后治理的道路，但客观地说，我国的环境形势之严峻，与发达国家历史上环境问题高发的阶段相比，有过之而无不及。

1. 水污染

经过一些年来对水环境的大力度系统整治，我国主要河流水质的恶化趋势得到了有效遏制，甚至获得了一定程度的提升，国控重点湖泊和水库富营养化状况也有所改善。但是，全国整体地表水环境质量仍不容乐观。就列入重点流域整治的"三河三湖"而言，淮河流域与黄河流域一样存在干流水质好转、支流污染依旧的情况，海河和辽河仍有将近 50%的河段属于Ⅴ类和劣Ⅴ类水，太湖和巢湖水质略有提升，达到Ⅳ类水，而滇池经过数十年治理，水质依然属于重度污染，全湖区水质为劣Ⅴ类。

相比地表水水质的改善，地下水污染逐年加剧成为新的挑战。2012 年在全国 198 个城市 4 929 个地下水监测点位中，优良-良好-较好水质的监测点比例为 42.7%，较差-极差水质的监测点比例为 57.3%。到 2017 年，较差-极差水质监测点比重甚至达到 66.6%。由此可见，地下水质不仅在恶化，而且恶化的速度还相当快。

值得一提的是，在城市饮用水水源地保护方面，我国近年来取得了很大进步。2008 年环保专项行动的检查结果显示，全国 113 个重点监测城市饮用水源地水质未达标的占 35%。2017 年全年达标的城市则已经上升至 90.3%①。

① 资料来源：国家环境保护部，历年《中国环境状况公报》。

2. 大气污染

在大气污染治理方面，我国多年来已付出诸多努力，并且取得显著成就。《2012 中国环境状况公报》显示我国 340 个监测城市中，空气质量属于三级及劣三级的城市已经从 1999 年的 66.9%下降到 2012 年的 8.6%。但不可否认，我国的大气环境标准与国际通用的标准是有差距的，2012 年 74 个城市按照新发布的《环境空气质量标准》(GB 3095-2012)进行试点监测后，根据新标准对二氧化硫、二氧化氮和可吸入颗粒物的评价标准，地级以上城市达标比例下降 50.5%，环保重点城市达标比例下降 64.6%。此外，在逐步控制了二氧化硫和氮氧化物的污染的同时，可吸入颗粒物的污染又成为新的主要污染源。2013 年初，中国大范围地区遭遇雾霾袭击，呈现日数多、范围广、影响大的特点。仅 1 月京津冀共计发生 5 次强霾污染过程，全月只有 4 天晴好天气，北京成为国人心目中的新“雾都”。3 月全国雾霾日数为 3.3 天，比常年同期偏多 1.1 天，创 52 年来新高。据统计，2013 上半年受雾霾影响的人群达到 8 亿以上，人口密度高的城市群地区——京津冀、珠三角、长三角尤其严重，严重危害人体健康。“雾霾天”已然成为公众高度关注的敏感词，甚至引发恐慌情绪并蔓延。

由亚洲开发银行和交通大学联合发布的《迈向环境可持续的未来：中华人民共和国国家环境分析》报告指出，在中国最大的 500 个城市中，只有不到 1%达到了世界卫生组织推荐的空气质量标准；全球十大空气污染城市有 7 个在中国。世界卫生组织在 2011 年根据城市 PM10 浓度发布了全球 1 081 个城市空气质量排名，其中中国空气最好的海口市仅排在第 814 位，上海排在第 978 位，首都北京则是排到第 1 035 位①。2017 年，全国 338 个地级及以上城市中，仅有 99 个城市环境空气质量达标，有七成的城市环境空气质量超标②。

3. 土壤污染

就土壤环境而言，长期以来大量依赖农药、化肥、地膜的农业生产对土壤造成严重污染。中国土壤学会副理事长张维理多年的调研结果显示，我国污染土壤已占耕地面积的 1/5，污染最严重的耕地主要集中在耕地土壤生产性状最好、人口密集的城市周边地带和对土壤环境质量的要求应当更高的蔬菜、水果种植基地。我国农药使用量已达 130 万吨，是世界平均水平的 2.5 倍，每年大量使用的农药仅有 0.1%作用于目标病虫，99.9%则进入生态系统。地膜的使用也造成了相当严

---

① 资料来源：http://www.who.int/gho/phe/outdoor_air_pollution/en/index.html。

② 资料来源：生态环境部，《2017 中国生态环境状况公报》。

重的白色污染(孙英兰,2010)。

此外,受工业污染影响,当前出现了有毒化工和重金属污染由工业向农业转移、由城区向农村转移、由地表向地下转移、由上游向下游转移、由水土污染向食品链转移的趋势(孙彬等,2012)。王五一和杨林生(2009)的调查发现,华南地区部分城市有50%的耕地遭受镉、砷、汞等有毒重金属和石油类有机物污染;长江三角洲地区有的城市连片的农田受多种重金属污染,致使10%的土壤基本丧失生产力。

4. 生态退化

我国自然生态系统退化、生态承载力低的问题十分严峻。尽管国家长期以来坚持推进水土流失治理工程、生态圈保护,但未能从根本上遏制大规模的土地沙化与荒漠化、生物多样性减少的趋势。

我国成为世界上生态退化和水土流失最为严重的国家之一:约占国土面积1/4的天然草原中接近90%出现不同程度的退化,退化和沙化草原已成为中国主要的沙尘源;天然湿地大面积萎缩、消亡、退化;水土流失和荒漠化面积不断扩张。根据全国第二次遥感调查结果,全国由风蚀、水蚀造成的水土流失面积达356万平方公里,占国土面积的37%,年平均土壤侵蚀量高达45亿吨,损失耕地约100万亩(张庆华,2009)。有学者将冻融侵蚀计入水土流失总面积内,则全国水土流失总面积为485万平方公里,占国土总面积的51%(李智广,2009)。

在土地沙化与荒漠化方面,国家林业局2011年发布的《第四次中国荒漠化和沙化状况公报》显示,截至2009年底我国荒漠化土地总面积达到262.37万平方公里,占国土总面积的27.33%,且仍以每天400公顷、每年2 450平方公里的速度扩展。沙化面积达到173.11万平方公里,占国土总面积的18.03%,主要分布在新疆、内蒙古、宁夏等区域。

除了内陆生态系统的退化,近年来受大型围填海、过度捕捞与海水养殖和陆源排污的影响,海洋生态系统遭到严重破坏。由国家海洋局编写的《中国海洋发展报告(2011)》指出,中国海洋生态环境面临的严峻形势主要包括近岸海洋环境污染呈立体、复合污染新趋势,其中陆源污染物排海对海洋生态环境的影响严重,个别排污口及河口邻近海域出现"荒漠化"现象。2010年海洋局的监测结果表明,处于健康、亚健康和不健康状态的海洋生态监控区分别占14%、76%和10%。

"我国近海海洋综合调查与评价"专项调查结果显示,与20世纪50年代相比,我国滨海湿地面积累计丧失57%,红树林面积丧失73%,珊瑚礁面积减少80%,有2/3以上海岸遭受侵蚀,沙质海岸被侵蚀岸线已逾2 500公里,外来物种的入侵更使得我国海洋生物多样性和珍稀濒危物种日趋减少。随着环境质量的普遍下降,近年来我国重特大环境事件也处于高发、频发趋势。自2005年以来,环保部直接接报处置的事件共 927 起，重特大事件有 72 起，其中 2011 年重大事件比上年同期增长 120%，特别是重金属和危险化学品突发环境事件呈高发态势(张亮，2013)。

5. 环境与发展的矛盾凸显

与人民群众日常生活和身心健康密切相关的水源、大气、土壤污染等问题频频爆发，已经引起社会的普遍不满。生态环境的大幅度退化、耕地的严重流失和质量急剧下降，导致我国国土资源对社会经济的承载能力严重削弱，并意味着进一步发展的空间缩水而成本和风险增加。在国际方面，粗放式的经济增长引发对自然资源的过度需求，使我国陷入对国际市场的严重依赖，与发展中国家的资源贸易已经引起广泛争议；我国超越美国成为世界头号碳排放大国，面临国际社会的巨大压力。

简而言之，一方面我们必须承认国家在环境保护、资源合理利用和生态建设领域的巨大努力，这是举世公认的客观事实；另一方面，我国的生态环境形势确实在不断恶化。两者之间的矛盾是如此尖锐对立，使我们不得不思考其背后更为本质的原因。

长期以来，我国在生态环境领域的各种治理手段归纳起来有 3 个特点：一是专业化，由环保、国土、建设、林业、农业、海洋等相关专业管理部门，出台高度专业化的规制措施；二是工程技术导向，针对具体的生态环境问题，用工程技术措施予以应对；三是自上而下，目标、计划、政策皆通过行政体系推进。应该说由此产生的推动力是强大的。但在此条件下，生态环境形势继续恶化，基本原因就只可能是存在一些相反的作用力，不但抵消了国家生态环境保护的努力，而且足以导致环境质量的下滑。

这种更具有破坏性的力量来自何方？竟然能够压倒我国环境保护领域如此重大的努力？不言而喻，我们必须去审视那些更为重要的领域，如发展观、发展战略，甚至是社会经济运行制度中那些会对资源环境产生消极影响的因素。也就是说，生态环境问题只是表象，是果，而发展方式和制度的缺陷才是根本的原因。我们认为，之所以党的十八大报告提出“把生态文明建设放在突出地位，融入经济建设、政治建设、文化建设、社会建设各方面和全过程，努力建设美丽中国”，并要求“从源头上扭转生态环境恶化趋势”，在十九大关于生态文明的论述中，放在首位的是绿色发展，原因就在于此。

二、GDP 导向的发展理念扭曲

1. 投资驱动的高增长

中国模式的实质是在全球化背景下，中华民族在中国共产党领导下把科学社会主义原则与当代中国国情和时代特征相结合，走出一条后发国家的现代化之路。

引导一个拥有十几亿人口的国家走向现代化，其唯一性是必然的。我国难以搬用任何其他国家的经验，只能走自己的道路。在过去的30多年里，实践已证明中国的这条强国之路是正确的。但我们也应该承认，正因为其唯一性，同时又是一种相对较短时期内的赶超过程，中国模式中存在某些负面作用也是必然的。在资源环境问题上，这种负面作用表现得尤为突出。

自进入21世纪以来，我国继续保持高速经济增长，但其内容发生变化。其一，在经济起飞的初期，经济增长与公众福利有着更为密切的关系。发达国家“二战”后的重建、我国的改革开放都表明了这一点。在20世纪80年代，经济增长每年都会给人民生活带来明显感觉得到的变化：计划经济时期无所不在的各种票证不断消失，各种耐用消费品一浪接一浪地进入寻常百姓家。这一时期大致延续到90年代中后期，当时，绝大多数日用消费品都已经出现了市场饱和，经济增长速度随之下降。进入21世纪后，由于进入WTO产生的红利，以及人民对住房和汽车的需求进入迅速扩张期，政府对基础设施的大力投资，加上由此带来的重化工业的发展，使我国获得了新一轮经济起飞的强劲动力。而到2007年前后WTO红利趋于弱化。越到后来，维持增长越来越依靠大工程、大项目，由此导致能源消费的急剧上升。具体地说，各地轰轰烈烈的造城运动，遍地开花的“铁公基”之类的基础设施，成为拉动GDP的主要手段。对于许多城市，GDP增量的70%左右是由投资贡献的。

改革开放以来，我国全社会固定资产投资的平均年增幅是13.5%，1990—2004年，固定资产投资年平均增长速度约为20%①；2003—2011年，年均增长为25.6%，明显快于GDP、就业人员和消费的增长速度。在面对国内外动荡的经济、金融环境时，面对净出口的下降，各级政府更倾向于通过增加投资来保证经济的高速增长。自2005年起，我国的资本形成率（资本形成额占GDP的比重）已经持续稳定在40%以上，到2011年该比例达到48.3%，超过世界平均水平的两倍②。

最近10年来资本年形成总额对GDP的拉动作用高于最终消费支出。一直以来，由于投资对我国经济增长起主要作用，且较大一部分投资是由从中央到地方各级政府的直接和间接投资，现在投资已经被当作调节宏观经济的一种手段。为了保证GDP的高速持续增长，当经济增长速度下降时，政府相应地就会制定投资计划，增加投资，刺激经济增长，维持高GDP增速。这一做法在特定时期具有积极作用，但不能常态化。从消费和投资对我国GDP增加的贡献率的角度看，消费的贡献率相对较低。2001—2011年最终消费支出对我国GDP增长的贡献率平均为

---

① 数据来源：《中国统计年鉴2005》。

② 数据来源：《中国统计年鉴2012》。

43.7%，而资本形成总额所代表的投资对我国GDP增长的贡献率平均为52.4%①。

应该承认，较高的资本形成率是许多亚洲国家创造经济增长奇迹的共同特征。例如，1955—1970年是日本经济高速增长时期，实际GDP年均增长10%以上，资本形成率由23.62%上升到1970年峰值的39.2%；韩国在1960—1991年间GDP增速平均为9.5%，资本形成率持续处于上升阶段，并于1991年达到峰值39.85%；新加坡在1971—1985年的高速发展时期固定资产投资形成率超过40%；马来西亚在1990年代中期经济高速增长的时期，其固定资本形成率也超过40%。

根据这些国家的经验，作为世界上最大的发展中国家，又一直处于经济高速发展时期，我国的高投资率有一定的合理性。况且我国的储蓄率在世界上首屈一指，从而形成对高投资率的强力支撑。但是，即使是日本和韩国，在经历了20～30年的经济高速增长期之后，其资本形成率都开始呈现明显的总体下降趋势，其消费对经济的贡献率开始超过投资。1979—2008年，全球投资的贡献率仅为23.5%，而消费贡献率为77.4%。在发达国家中，美国、日本、德国和英国的消费贡献率更是分别高达89.7%、73.6%、69.2%、91.8%，发展中国家的巴西、印度、印度尼西亚和埃及的消费贡献率分别为82.6%、75.0%、70.3%、69.1%（刘进军，伏竹君，2009）。如同我国这样经历了高达30多年的经济高速增长时期，资本形成率、投资贡献率仍保持在50%水平的情况是绝无仅有的。

出于投资驱动型经济增长缺乏可持续性的考虑，从中央到各省都对我国现有投资驱动型经济发展模式进行反思，强调促进消费对经济发展的拉动。在经济已经比较发达的省份，经济发展思路已经开始转向更加注重消费驱动。例如，上海、广东、江苏这类经济发达省市，都提出诸如具体的“居民消费率”、“消费贡献率”等指标。也可以发现，在经济欠发达和正高速发展中的省市，投资驱动型发展模式仍然没有实质性转变。例如，湖南、陕西、贵州、云南这类经济相对落后的省份，对于消费类指标没有过多提及，而对于资本形成率和固定资产投资率这类指标都有明确的要求，许多省市追求的固定资产投资的年均增长率都在20%以上。

2. 建设投资对高耗能产业的拉动

规模越来越大的建设投资意味着对上游钢铁、水泥、塑料、电解铝和诸多化工产品的需求也越来越大。众所周知，这些都是高耗能产业，由此导致能源消费扶摇直上。又由于我国相对缺乏石油和天然气，能源结构以煤为主，对于一个拥有十多亿人口的大国而言，这一格局是难以改变的。煤的燃烧引起的污染在所有常规能

① 数据来源：《中国统计年鉴2012》。

源中是最重的。庞大的耗能规模，以煤为主的能源消费结构，是我国雾霾天气不断增加的最主要因素。

以北京为例，这些年其产业结构的调整成效显著，天然气对煤炭的替代也取得重大进展，但易受雾霾困扰的处境并未得到改善。对此，虽然有人认为是机动车数量增加的原因，这有一定的道理，但不足以解释整个华北平原被雾霾笼罩的事实。其根本原因还是地区能源尤其是煤炭消费总量的不断上升。北京的煤炭消费得到控制，但环北京的广大地区又是怎样的情景呢？仅河北省，钢铁产量就达到 2.5 亿吨，还存在大量水泥、化工、玻璃和电解铝等高耗能产业；天津依靠大量上马重化工业，GDP 增速连年位居全国前列；北京以西的山西和内蒙古，则是我国最大的产煤区，有着大量的焦化、煤化和坑口电站。也就是说，北京的南北东西，可能是当今世界最大的煤炭消费区。在这样一个区域内，其空气质量不好是理所当然的。

所以，治理雾霾的首要问题在于，我们有无必要燃烧这么多的煤？大致上，我国人民直接用于生活的能耗只占总能耗的 8%，而超过 70%的能源用于工业，其中的大部分用于重化工业。那么，我国有无必要生产 10 多亿吨钢铁？有无必要生产占世界产量 60%的水泥？进一步的问题是，我们真的需要那么多的“铁公基”？为了维持 GDP 的光鲜，修建了太多的空城、太多的门庭冷落的机场、人气稀薄的城市综合体。我国许多城市的人均商铺面积已经达到 3 平方米以上，有些城市甚至高达 5 平方米，远超国际上 1.2 平方米的水平。即便如此，所有的城市都还在大建商业设施。无论学术界还是政界，都无视了这样一个事实：投资驱动型的增长方式和对 GDP 的过度追求，才是导致雾霾增加的最大污染源。

雾霾天告诉我们，任何浪费、豪华和奢侈都是要付出环境代价的。豪华的大楼、星罗棋布的机场，凡是不能给老百姓带来实惠而只为推动 GDP 的工程，背后都是巨大的能源消费和污染排放。任何建设项目，甚至是被理解为“生态”的城市绿地，其建设和后续维护运营都需要大量的能源，并排放相应的废气。因为这些建设导致我国耕地的减少或质量下降，为维持农业产出需要投入更多的大棚、地膜、化肥和机械，又引起更多的排放。

可以认为，我国发展方式转型的迟缓，是雾霾趋于严重的根源。转型的要求，最早是在党的十四大提出的。但客观地说，其进程并不顺利，我国非但未能告别粗放的、投资驱动的增长方式，在很大程度上反而越来越依赖投资。而且随着经济存量的扩大，维持同样增长速度所需要的增量也越来越大。最终，地区经济对投资的依赖不是下降，反而不断增强，于是，形成我国特有的能耗为 GDP 而扩张，雾霾因 GDP 而蔓延。

3. 发展方式转型是根本的环境治理

据此可以获得的一个结论是，治理雾霾，摈弃 GDP 主义是最为重要的措施。特别要消除一些导致高耗能产业过度成长的制度问题：为什么淘汰落后产能的结果，是产能规模越来越大？为什么在宏观调控之下，重化工业反而四处扩散？为什么钢铁等高耗能行业在产能严重过剩、企业几无利润的情况下，各地还在继续上马新项目？中央的调控手段为什么失灵？由于高耗能产业的需求很大程度上是由各种建设拉动的，因此，要遏制这些产业的过热，还需要抑制建设泡沫：应该如何评价超前建设的合理性？某些获批的新城规划，其规模达到数百平方公里乃至上千平方公里，其合理性是如何评判的？怎样减少城市化进程中的空城现象？

第一章讨论了增长与发展脱钩的问题。2000 年以后我国的经历充分说明了这种脱钩的重要性，换言之，这一阶段环境遇到的挑战正是继续将增长等同于发展带来的。其中的逻辑是增长等同于发展，又由于“发展是第一要务”，因此，保增长就成为了第一要务；既然是第一要务，为保增长采取的诸多措施就都有了正当性。尤其是地方政府普遍过度举债大兴土木，在获得了表面的增长业绩的同时，既损害了发展的质量，更拉动了污染排放和资源消耗。

所以，从思想上认识到发展与增长的区别，将增长的轨迹扭转到以增进就业、促进人力资本积累、以科技创新为动力、以实质性地增进人民福利水平为目标的方向，不仅会使我国经济更具有可持续性，也是环境长治久安的基本条件。正因为如此，党的十九大全面淡化了发展的 GDP 目标，强调更为综合的发展内涵。对于我国环境保护而言，这一转变有着极为重大的战略价值。

三、投资驱动型增长的低效与低端经济的环境后果

1. 投资依赖症导致的效益下降

我国过度依赖投资驱动的高速经济增长模式，不可避免地暴露出增长的低效率与不可持续性。低效性首先体现为投资边际效益的递减。近年来，我国的固定资产投资效果系数、资本生产率、边际资本产出率等衡量投资效率的经济指标都呈现明显下降趋势。

以固定资产投资效果系数来考察我国固定资产投资效果，并据此判断投资效率的历年变化情况。该系数等于当年 GDP 增加额除以当年固定资产投资额，反映一定时期单位固定资产投资所新增的 GDP，可以形象地表达为“每投资一单位固定资产所产生的 GDP 增加值”，是衡量经济效果的重要指标。固定资产投资率是指固定资产投资规模占国内生产总值的比重。随着固定资产投资率的逐年提高，

我国固定资产投资效果系数波动下降的趋势明显。2009年，投资效果系数为14.0%，处于有历史数据的最低水平，即：每投资1亿元的固定资产，GDP只增加0.14亿元，比1996年减少0.50亿元。而且凡是大量增加投资的年份，投资效果系数就明显下降。这说明在投资规模增大的同时生产效率却在降低，高投入、低效益的问题较为突出。

同样呈现下降趋势的还有每单位资本存量投入所创造的产出下降，即：资本生产率逐年递减，已从1978年的2.4左右下降为2010年的1.3左右。尤其是20世纪初至今，经过十多年的固定资产与基础设施大量投资，我国单位投资收益已经开始下降，很多行业出现了产能过剩。由此导致我国资本回报率越来越低。2001—2010年，我国每增加一个单位资本，能增加0.13个单位产出，单位产出量低于20世纪90年代的0.17和80年代高点时的0.24。数据显示，固定资产交付使用率从1980年的1.41下降到2010年的0.63。资本回报越来越低，说明我国经济运行所需要的资金越来越多(仲武冠，2013)。

此外，在资本迅速深化的过程中，边际资本产出率(全社会固定资产投资增量/GDP增量)从1994年开始急剧上升，投资效益呈递减态势。张军(2002)考察了自改革开放以来中国的实际资本-产出比率的变动模式，发现20世纪80年代到90年代末，该比率从2左右上升到5左右。根据郭庆旺等人提供的基础数据，并对照《中国统计年鉴》数据计算，2000—2004年，我国的资本-产出比率已上升到5～7之间(郭庆旺，贾俊雪，2005)。2004—2008年，中国的边际资本产出率平均值达5.61，其中2008年更是高达7.58。

以上意味着在现有的高速增长模式下，同样的资本投入创造的经济增长增量越来越低，而要保持一定速率的增长，就必须给予更大的投入。一旦投资强度减弱或者投资停止，增长也就随即放缓甚至停止。

除此之外，资本投向偏差导致的资源错置及投资效率下降也应引起重视。在GDP至上的指挥棒引导下，一旦最终消费和净出口无法维持高速增长，地方政府就会转向对投资的过度依赖。为了保增长，地方政府纷纷上马各类公路、铁路、水路、机场、港口、电站、新城建设等大规模基建项目或房地产及相关行业项目，由此产生大量过度投资、重复投资、盲目投资的问题，资源错置导致投资低效。以机场建设为例，近年来各地大兴新建或扩建机场之风，重复建设、过度超前建设问题层出不穷。重复建设一是表现为相邻地区超需求的机场设施竞争性建设。例如，长三角地区平均每万平方公里的机场密度为0.8个，超过作为全球最大民航市场美国每万平方公里0.6个的水平，而运营的机场中能盈利的只是沪、杭、宁等枢纽机场，中小型支线机场大多处于亏损状态。同样的状况在珠三角、华北甚至中西部地区比比皆是。机场的重复建设还表现为与高速公路、铁路等其他交通基础设施的高度重复竞争性投资建设上。许多地区一边兴建机场，一边又加大投资以实现市市通高速、县县通高速的目标，再加上近年来铁路部门的改扩建与大提速，本地机场的航班起降架次较低，缺乏稳定的客货量，只能依赖政府财政补贴维持运营。此外，许多地区尤其是一些经济欠发达地区的机场过度超前建设更是加剧了此类投资的不经济性和资源闲置浪费。

有人将这种增长形象地称为“起吊机经济”，神州大地上到处是工地，到处是起吊机，通过“大干快上”修路、修桥、造房子的固定资产投资项目来迅速拉动 GDP。“起吊机经济”的盛行，往往与政府主导的大规模城市化建设泡沫密切相关。包括城市土地扩张速度超过了城市人口扩张速度、比重偏高的公共建筑、超前的交通基础设施、房地产的过度开发等在内的各种泡沫建设，造成了资源的大量浪费和对生态环境的大规模破坏。

根据中国城市建设统计年报，1991—2000 年，我国设市城市的建设用地平均每年增长 1 022 平方公里，平均每年征用土地 122 万亩。2000—2011 年，城市建成区面积、城市建设用地面积分别以年均 6.23%、5.96%的速度扩张，城市人口以年均 3.78%的速度增长，城市化率年均增速仅为 3.21%，相当于土地面积扩张速度的一半。土地的城镇化速度远高于人口的城镇化。

如果用城市扩张系数(即城市建成区的增长幅度除以城市人口的增长幅度)来表示，根据国际经验，城市扩张系数一般为 1.12(Chen et. al., 2008)。但在 1985—2000 的 15 年间，我国城市建成区面积增加了 139.1%，城镇人口增加了 82.9%，城市扩张系数为 1.68；在 2000—2011 年的 11 年间，建成区面积增加了 94.3%，城镇人口增加了 50.5%，城市扩张系数为 1.87。这意味着在我国城市的扩张过程中，土地利用效率不高，而且有进一步下降的趋势①。再比较一下建制镇的扩张系数：在 2000—2010 的 10 年间，建成区土地面积增加了 74.7%，人口增加了 13.0%，扩张系数达到 5.74，建制镇扩张中的土地浪费之严重由此可见一斑。

城市建设用地的迅速扩张不仅导致农用耕地的丧失，也造成土地的大量闲置、荒废、占用或挪作他用，从而导致使用效率的降低。

大规模城市化泡沫与超前基础设施建设进而拉动上游的钢铁、水泥、煤炭、建筑等高耗能、高耗材、高污染的相关行业投资。我国 2011 年全社会固定资产投资总额为 31.15 万亿元，比 2010 年增加了 23.8%。其中，第二产业的固定资产投资占总投资的 43%②。固定资产投资主要流向以重化工业为主的第二产业，尤其是制造业和建筑业，明显高于其他各行业。从 20 世纪 90 年代中后期至今，每每当我

① 资料来源：根据《中国统计年鉴 2012》的统计数据计算而得。

② 数据来源：《中国统计年鉴 2012》。

国全社会固定资产投资率上升时，水泥、粗钢的产量明显随之攀升。同样，快速增长的六大高耗能行业也大大拉动了煤炭等能源产品的生产与消费①。该时期煤炭产量与六大高耗能行业产值也呈显著的高度正相关关系（戴星翼，董骁，2014）。

可见为了维持经济的高速增长，大量投资于资本密集型、资源密集型和污染密集型行业，由此拉动了能源与其他自然资源大量快速消费，推动了大范围的、严重的环境污染与生态退化，对我国资源和环境形势产生了巨大压力。可以说投资驱动的经济增长方式，已经成为最重大的污染源。

在微观层面，产能过剩会从多方面对环境保护不利。其一，产能过剩意味着生产了超出社会有效需求的物品或服务，换言之，过度生产必须过度消耗和过度排放，由此产生对环境的直接损害。其二，产能过剩会导致地区之间和企业之间的过度竞争，严重削弱企业的利润水平。在企业长期陷入微利乃至亏损的情况下，其治理污染的动力会下降，而通过逃避治理以降低成本的动机会上升。其三，从源头治理的角度看，企业污染治理的最好路径是改善工艺、产品升级和更为广泛的技术进步。但在产能过剩的情形下，企业的营利水平不足以支持技术进步所需，从而这条路很难走通。

2. 低端经济的环境后果

低端经济在经济学上没有严格的定义，表现为在粗放型经济增长背景下，因整个市场资源配置的低端化，导致经济活动的技术水平、附加值和效率都处于相对较低的水平。我国制造业的低端经济大致是指以下两种相对普遍的现象：一是存在大量规模小、分布散、工艺技术水平落后的企业；二是以低端的加工贸易为主的制造业。由于核心技术、资本和市场大多掌握在发达国家手中，处于“微笑曲线”底部的低端制造业利润空间不断被压缩，只能通过低劳动力价格和资源环境价格来尽可能降低总成本。在很多时候，低端经济可以被视为一种经济发展策略。其特点是单位资本可以与更大规模的劳动和其他要素结合，在准入门槛较低的领域实现快速扩张。在其引导下，一个地区的经济能够以更快的速度增长。

我国低端经济的一个重要组成是加工贸易，其进出口总额从 1980 年的 16.7 亿美元上升到 2007 年的 9 860.5 亿美元。2007 年，加工贸易对我国出口的贡献率达到 60%以上。在此期间，中国加工贸易进出口额占中国外贸货物进出口

---

① 《2010 年国民经济和社会发展统计报告》将六大高耗能行业列为：有色金属冶炼及压延加工业、石油加工炼焦及核燃料加工业、化学原料及化学制品制造业、黑色金属冶炼及压延加工业、非金属矿物制品业、电力热力的生产和供应业。

总额的比重基本稳定在48%左右①。产品以服装、鞋帽、玩具等劳动密集型产品为主。但到后来,产品结构也逐步调整,机器及设备、电气及电子产品和高新技术产品等资本密集型或技术密集型的产品在加工贸易中的比重趋于增加。

我们可以借用"微笑曲线"对现有我国加工贸易经济进行分析。"微笑曲线"是由宏基电脑创办人施振荣首先提出,它起初被用于说明电脑行业不同环节与所实现的附加值之间的关系,后来被扩展到其他行业和经济领域,即在整个国际产业链中,形成"V"曲线:在曲线的左端(价值链上游),是以知识经济、知识产权为主导的技术研发等高附加值产业;在曲线的右端(价值链下游),是以品牌、综合服务要素为主导,附加值不断提升的末端品牌营销产业;而"微笑曲线"的弧底部分,则是以成品装配为主的加工业。由于劳动密集型的中间制造、加工、装配环节的技术含量低、利润空间小,成为整个价值链条中的利润最低环节。所以,我们可以把"微笑曲线"看作"附加价值曲线",它告诉我们,制造业只有向"微笑曲线"的两端渗透,才能创造更多的价值。于是,我们不难理解为什么那么多发达国家的跨国公司,一方面牢牢拽住"微笑曲线"的两端,另一方面将组装加工生产这些"微笑曲线"最底部的环节,尽可能委托给人工成本较低的外包供应商,或者直接将生产基地转移到劳动力价格相对较低的国家。与此同时,拥有大量廉价劳动力的中国,成为了"微笑曲线"底部的中流砥柱,成为了大进大出的"世界工厂"。

尽管我国的加工贸易经济发展很快,但总体而言,加工环节主要集中在最终产品的组装和低端零部件的配套生产,劳动密集度高,技术含量较低,在核心技术、产品设计、软件支持、关键零部件配套、关键设备和模具以及品牌等环节上,多数被跨国公司的母公司所控制,在全球价值链处于底端。从利润来看,我国大量的加工贸易经济活动在整个产业链中处于最低利润环节,加工产品增值系数低,近年来一直在1.2~1.5之间徘徊,而且有降低的趋势。2004年机械行业协会做过一项调查,表明曲线两端的利润率是20%~25%,而中间加工环节的附加价值低、利润低,利润率在5%以下。在中国贴牌生产的一个芭比娃娃,美国市场价格为10美元,在中国的离岸价格只有2美元。而这2美元中的1美元是管理费和运输费,0.65美元用于支付材料费,最后剩下0.35美元,才是中国生产企业的最终所得。苏州罗技鼠标生产厂商,每年出口2千万只鼠标,每只鼠标在美国的零售价为40美元,扣除付给美国公司14美元的零件成本和8美元的专利费,以及经销商的15美元,只剩下3美元给中国人支付工资、电费、仓储、运输。IPOD由苹果公司负责设计,美、日、韩等发达国家提供上游零件,由中国组装制造,最后由苹果公司选择专卖或其他代理商。每台IPOD的增加值约为145.5美元,组装加工、经销代理和苹果公

① 数据来源:《中国统计年鉴2008》。

司自身获取的比例分别是各环节所占增加值的比例，即分别为5.5%、20.6%和73.9%（江静，刘志彪，2007）。

即使是包括光伏、风电在内的新能源产业，本质上仍沿袭了两头在外的低端加工贸易套路。以晶体硅太阳能电池产业为例，尽管近年来受国家政策大力扶持，大量资金涌入，该产业规模扩张迅猛，国内企业在技术上也有不少进步，但大多还是引入国外生产线，或是在国外技术和装备的基础上进行集成和消化，真正具有国际市场竞争力的核心技术缺失严重。上游利润率最高的多晶硅生产环节技术密集特征明显，其核心技术主要掌握在美、日、德等国，与掌握核心技术的国外企业相比，国内多晶硅生产企业基本不具备市场竞争优势及话语权。相比之下，太阳能电池组件与封装属于典型的低端加工贸易环节，尽管其利润率是整个太阳能电池产业链中最低的，但由于其技术和投资门槛低、劳动密集特征明显，加上不少地方政府推动"大干快上"光伏项目，国内资本蜂拥而至，在形成大量落后产能后只能大打价格战，大批中小企业纷纷倒闭，产业整体经营状况陷入困境。

总体而言，在晶体硅太阳能电池整体产业链上，我国企业仍以加工为主，缺乏自主研发和创新体系，缺乏真正高附加值的产品和技术。而终端系统应用与产业链整合不力，导致国内市场狭小，并进一步阻碍了光伏技术的跨越式发展。由于原料依靠进口，产品以出口为主，始终无法摆脱"代工车间"的角色，无怪在历次国际多晶硅产业的贸易战中国内企业屡屡遭受打击。正因为此，日本经济学家关志雄用"丰收的贫困"描述中国制造业的现状。一个国家长期处于"微笑曲线"底部，必然在世界贸易格局中处于不利地位。

处于"微笑曲线"底部的资源环境意义主要是单位资源消耗和排放获得的价值太低。与发达国家相比，获取同样的经济增量，我们需要承受更大的资源环境代价。由于在国际贸易分工格局中，我国优质而廉价的劳动力确实具有较强的比较优势，从而吸引了大量加工企业进入，由此产生了所谓"世界工厂"现象，使全世界较大比重的能耗和排放集中在中国。对于"微笑曲线"底部问题，我们还是应该承认其积极作用，包括有助于充分吸纳我国农业内部的剩余劳动力，以及确实推动了一些地区的经济增长等。真正的问题是不应该长期滞留于"微笑曲线"底部。更不应该的是满足于这一现状，毕竟我国不是真正意义上的"世界工厂"，只是"世界加工厂"而已，需要正视由此产生的资源环境后果。

3. 落后产能

大量技术水平低下、分布散、规模小的"低散小"工业企业的存在，也是我国低端经济的表现之一。即便是一些具有明显规模经济效应的制造行业，行业集中度过低现象依然存在。

以化工行业为例，其主要耗能产品均为大宗产品，发达国家企业规模一般都比较大，便于合理利用能量和提高设备利用效率。而我国中、小企业较多，平均生产规模较小，与发达国家相差较大。例如，合成氨企业国内户均产能不足 10 万吨/年，而国外一般为 30 万吨/年；电石企业国内户均产能不足 5 万吨/年，日本为 22 万吨/年，美国为 17 万吨/年，德国为 20 万吨/年。这种企业规模的差距是国内化工主要耗能产品能耗相对较高的一个重要原因①。

据国家统计局和国家环保总局调查，目前我国有中小企业 2 900 多万家，占到了企业总数的 99%，其中 80%以上的工业生产存在污染问题，占我国污染源的 60%。中国国家环保总局政策研究中心所做的对中国污染负荷的估算也表明，40%～50%的污染负荷来自国内的中小企业，是中国环境污染的主导因素；其对生态环境的总体负面影响非常可观（文婧，熊贝妮，2005）。以全国百强县温岭市为例，在 2011 年全市 2.5 万家工业企业中，年产值 500 万元以上的约有 2 500 家，仅占总数的 1/10，但这些企业的产值却占全市工业产值的 70%左右。很多“低散小”企业高投入、高消耗、高排放，对全市的经济贡献却十分微小。据调查，每消耗 1 度电，温岭全市工业企业产出的平均税收约为 1.4 元，但很多“低散小”企业每用掉 1 度电，产生的税收却远远低于这个平均值，有的甚至在 0.2 元以下，此类企业带来的环境污染却非常严重，监管又十分困难（谢晨阳，江盈盈，2011）。可以说技术水平低下、环境监管困难是导致中小企业资源利用效率低下、污染水平严重的主要影响因素。

对于生态环境保护而言，“低散小”有着各自的负面影响。分布散导致的问题，一是导致政府监管的难度上升。如前面提到的温岭市，其环保局要对分布于城乡每个角落的数万企业进行有效监管，这几乎不可能。二是对污染的集中治理不利，而小企业甚至家庭作坊类的企业要自己处理其污染，成本上又是不可能的。分布散还降低了基础设施的效率，反过来又牵制了地方的基础设施建设。企业规模小的问题主要针对那些对生产规模有要求的行业，如化工，小化工如果要在成本上与大型化工企业对抗，只能在劳动成本、安全标准和环境保护标准上做文章，其结果可想而知。至于“低”，意味着工艺技术水平低，结果是产品单耗高、质量低、排放重。其中，南方山区许多无序开发的小型有色金属矿洞，是重金属污染的重要源头。

4. 应该怎样理解比较优势

必须承认，自改革开放以来，建立在低土地成本、低环境成本、低劳动成本基础

---

①　数据来源：国家石油和化学工业网调研报告：《化学工业主要耗能产品国内外能效水平比较研究》，http://www.cpcia.org.cn。

上的低端经济策略，不仅被各级地方政府普遍奉行，还得到我国理论界的强大支持。其理论根据是全球化背景下的比较利益，是农村剩余劳动力近乎无限供给的假设。比较利益结构的核心是一国产业的比较优势。各个国家按照比较利益原则加入国际分工，从而形成对外贸易的比较利益结构。在人们的观念中，发展中国家缺资本和技术，但有自然资源和劳动力资源丰富而便宜的优势。发达国家则具有资本和技术资源丰富的优势。因此，比较利益的贸易格局是：发达国家进口劳动密集型和自然资源密集型产品，出口资本和技术密集型产品；发展中国家则进口资本和技术密集型产品，出口劳动密集型产品。我国目前的进出口结构基本上是这种格局。

应该说出口劳动密集型产品可发挥我国劳动力资源丰富的优势。这也反映我国目前的经济发展水平。我国能够大批量进入国际市场的还是劳动密集型产品，进入国际市场相对成本较低的也是劳动密集型产品。现在需要研究的问题主要在于这种贸易结构能不能长期化。同时，这种贸易主导的国际分工能否成为国家经济发展战略的主体。

构成我国低端经济的基本要素是劳动、土地和环境的低价格。但是，我国真正丰裕的资源只有劳动，这里指的是简单劳动。那么，是否我们应该尽可能地压制工资的上升？有学者认为是，即所谓保持乃至“发展”我们的比较优势。

问题在于长期保持劳动力的廉价究竟得失如何？在GDP至上主义者看来，这当然是好事情，因为GDP会因此上去，国家会因此“发展”。

但是，我们的发展又是为了什么？作为一种普世公认的尺度，我们承认发展的终极目标是提高人民的福利。于是，矛盾就产生了：如果压制劳动者报酬的上升，就意味着压制其福利的提高，这岂不是直接违背了发展的目标？我们要这样的发展干什么？我们同样不能承认让一部分劳动者保持低收入是为了提高另一部分人的福利，因为这公然违背社会正义和公平原则。事实上，在经济高速发展过程中，廉价劳动力作为创造了大量社会财富的主体，他们的福利并没有以同等的速度在增长。

可以说得过去的一条理由是我国农村还有大量缺乏经济机会的劳动力。为了让这部分劳动者获得经济机会，需要继续保持很低的工资水平。通过这一路径加快我国的工业化和城市化进程，应该说这确实是值得考虑的一种策略。与此同时，庞大的劳动后备大军也压制着简单劳动力价格的提高，这是现实的重压。但是，是否低工资就是我国唯一的选择，至少是值得讨论的。且不说我国农村的剩余劳动力已出现枯竭的趋势，即“刘易斯拐点”的来临，即便该拐点尚未到来，廉价劳动力策略的严重副作用也是值得高度警惕的。

全球自由贸易肯定对占优势的国际生产者有利，几乎所有这些生产者都是在大市场中成长起来的。贸易中的比较优势来源于生产要素的相对丰足,但这对制造业中的竞争优势几乎没有任何作用。制造业中占压倒性主导地位优势的是市场份额。至少从短期来看,市场份额可以被认为是不亚于技术、劳动力或资源的要素禀赋,比较优势理论显然没有注意到这一点。

也就是说,美国之所以在出口大型商业飞机上具有优势,首先是因为其巨大的国内市场使之具有市场规模优势。欧洲的空中客车对美国优势进行了成功挑战,首先也是因为其同样巨大的内部市场,技术先进而国内市场相对狭小的日本就做不到这一点。类似地,中国大量出口低档纺织品,是因为拥有世界上最大的此类产品的市场。

事实已经证明,如果产品的市场份额掌握在别人手里,则掌握核心技术也就是一句空话。其原因再简单不过,研发是靠资本驱动的。如果利润的主体部分由别人获得,而自己只依靠所谓廉价劳动力的比较优势挣一点辛苦钱,那么,我们永远不可能掌握产业发展的主导权。

问题又回到了原点:如果我们为了保持所谓比较优势而保持低工资,仅靠少数先富起来的人们能够创造一个我们希望发展的那些产业的强大市场吗?不努力提高老百姓的收入,较高产品质量的市场会缺乏根基。

应该指出,廉价劳动力策略推动的工业化和城市化在一定程度上是虚假的。工业化和城市化过程,不是简单的土地性质更替、人口的聚居、空间结构功能的变化以及基础设施的增加,它还应该包括相应的社会结构、生活方式和人力资本构成发生根本性改变。然而在我国,对于多数从农村前往城市或在沿海城市的打工者来说,他们只是在出卖其一生中最好一段时期的体力和简单技能,在教育、医疗、保险、居住各个方面与真正意义的市民还有很大的差距①。他们没有机会接受良好的技能培训和教育,其微薄的收入也不可能帮助他们越过城乡二元结构壁垒进入城市,成为真正意义上的城市居民。一段时期以后,他们还得回到农村,还是名副其实的农民,维持原有的生活方式与生产方式。这样一味在空间上扩张、依靠廉价劳动力和滥用土地资源的城市化,对于社会经济的顺利转型,对于人民的福利增进,对于真正意义上的发展,究竟有多大贡献,至少是值得研究的。

廉价劳动力策略最大的问题,还是压制人的发展。这实际上意味着一个农村的年轻人劳碌一生之后,他还是一个简单劳动力。他无法获得必要的人力资本积累,更有甚者,也许其子女同样如此。这一问题之重大,其实关系国运。

“以人为本”的发展并非空洞的口号,而是对上述现象的深刻总结。它意味着一国的发展要以人的本身的发展为路径,以人的能力的提升为动力,以人的福利的

---

① 资料来源:《陆大道:“冒进式”城镇化后患无穷》,中国科学院网站,2006 年 12 月 30 日。

增加为目标。三者相辅相成。但是,在廉价劳动力策略下,占我国人口主体的农村人口和低收入阶层的发展实际上变得不可能,从而严厉制约我国国家竞争力的提高。如果说比较优势理论有什么陷阱的话,这才是最大的陷阱,也可以说是无底深渊。

严格地说,我国的资源禀赋优势主要集中在劳动力资源上。其他资源并不丰富,按联合国的分类,充其量只是"中等丰度国家"。但是,我国高度迷恋"比较优势"的经济学家和政府官员似乎相信,廉价的土地、水资源和环境质量也属于我国丰裕资源的清单之中。许多地方政府竞相出台招商引资的优惠政策。究其内容,无非是降低土地价格,或者是降低企业的环境保护要求。后者的本质其实是降低企业的环境使用成本。许多地区甚至推出"零地价"以吸引资本的进入。

世界公认我国是一个人多地少的国度,以世界7%的耕地养活了20%的人口。我国的水资源并不丰裕,人均拥有量大约只占世界平均水平的1/4。与土地和水体相关的环境自净能力也应该是高度稀缺的。我们也已经公认,水资源和环境自净能力是重要的生产要素。与土地、水体相关的其他因子,如自然景观、宜人性、生物多样性,也是高度稀缺的。

按照经济学的常识,某种生产要素的稀缺性上升应该导致价格上升。所以,我们的土地随着稀缺性的上升,其价格也应该上升。低地价,甚至零地价,是一种要素配置发生高度扭曲的现象。产生此一问题的原因很多。例如,地方政府的利益主体化趋势是一种很强的动力。被低地价转让的土地是农民的,而通过这一转让过程获得的经济和政治利益是政府的。保护农田和保护生态的价值由整个社会获得,缺乏某种让这种价值得以充分实现的市场;但是,招商引资获得的利益却是一个局部能够实在获得的。保护我们整个民族的长远利益,其动力更多地来自道德领域,而捕获眼前的经济利益则无须动员。所有这些,都是很容易被揭示的。

有一个原因很少被注意到。在廉价劳动力被确定为基本策略之后,整个资源配置的方式也就难以避免低端化。粗放的资源利用方式是与廉价的劳动力相匹配的。只有这样,才能产生我国主流经济学家期望的那种"低商务成本"。

综合上述讨论,我们的低成本"优势"是这样构成的。首先是低劳动成本。除了规模庞大的简单劳动力的低工资外,不完善的社会保障和较差的劳动条件构成了低成本的不容易被识别的部分。其代价如前所述,是遏制了我国的城市化进程,遏制了内需的成长,损害并遏制我国人力资本的积累,阻碍了人的发展。其次是过低的资源价格,特别是土地价格。其本质是利益的转移,从其真正的所有者那里转移到资本方面。从经济上讲,这种转移的消极后果与低工资是一致的。农村在这一过程中被进一步边缘化,农村人口的发展受到阻碍。从生态安全角度看,其直接危害是土地资源的大量损失,连带附着在土地上的生态系统、生物多样性和景观资源受到破坏。必须承认，我国严重的生态退化越来越与此有关。最后，低环境成本的本质其实是成本的转移，从污染者那里转向全社会。因此，是我们的人民、国土和社会为资本承担了成本。这些成本其实是无法逃避的，是真实存在的，无非是将来支付，还是今天支付；是少数人支付，还是多数人支付；是以账户上可以观察的方式出现，还是以弥散的经济、社会和生态问题的方式表现。

四、与可持续发展目标相背离的政绩考核与财税体制

1. 政绩考核的压力

以 GDP 为导向的政绩考核制度是地方政府谋求短期利益、不顾一切发展经济的重要根源。GDP 的高速增长在很大程度上依赖于资源的粗放利用和贴现未来获得，导致工业用地指标的不断突破，各地产业同构和基础设施重复建设现象严重，环境污染问题层出不穷。而现行财税体制又迫使每一级地方政府为了自身的生存发展而打拼，采取“土地财政”和“低商务成本”策略，大量出让土地，扩大投资占用土地，大力发展工业、房地产业以及建筑业，造成农用地和生态用地锐减、土地浪费严重、城市土地紧张、国土资源承载力下降的局面。

尽管中央政府从未明确提出将 GDP 作为政绩考核的主要指标，但纵观各种区域绩效考核体系、领导层绩效考核体系，甚至媒体和学术界等社会舆论对政绩的评判标准，GDP 在我国尤其是地方政府的政绩考核体系中始终是一个举足轻重的核心考量指标。

由政府进行的区域绩效评估现在集中在省以下地方政府，省对地级市、县（市）的考核，县对乡镇的考核，乃至乡镇对村的考核。一些地区甚至制定了较为具体的考核指标体系，涵盖了经济发展和社会发展领域多个目标。可以发现，越是下级地方政府，尤其是基层政府，政绩考核的 GDP 导向性越强。在许多地区，县级政府、乡镇政府几乎每季度都要对下级考核。此类考核体系不仅将 GDP 作为核心考核指标，还将税收、招商引资等情况纳入其中。有些地方甚至以签署承诺书的形式，将指标层层分解、层层下达，并落实到具体部门、具体人员负责推进。与区域绩效评估相应的，是地区领导层的绩效考核。尽管各地组织部在考察干部政绩时必然将干部的品德、廉政等个人素质考虑在内，但在考核实绩时，仍存在以所辖地区的经济增长为标尺的不成文考量机制，关注 GDP 总量及增长、人均财政收入及增长、城乡居民收入及增长、重大项目招商引资情况等。事实上，相对于经济不发达地区，那些经济快速发展地区的干部升迁较为迅速，高 GDP 增长率成为获得快速提拔的优势“资本”。

令人深思的是，包括媒体和学术界在内的社会舆论也助长了“GDP 考核”之

风。纵观改革开放以来诸多媒体和专家学者鼓吹的"成功"的地方发展模式,几乎全部以高GDP增长速度为标杆,各地政府再以此作为样品进行复制。评判各地政府是否干实事、官员是否有能力的标准,也必然围绕GDP做文章。从未有高速度而受到批评者,也从未有低速度而获得赞扬者。即使在近年来中央已淡化GDP的背景下,对于增速排名靠前的地区和城市,媒体依然一片赞扬之声。一个地区究竟依靠什么路径达到高增长目标、是否付出不合理的代价,却少有舆论去关注乃至反思、批评。

2. 财政创收压力下的行为短期化

如果说现有政绩考核体系如同一根指挥棒,引导地方政府将经济增长作为工作的重点。现行财税体制则迫使每一层级政府将经济建设作为首要职责,从根本利益上直接激励地方政府采取"土地财政"和"低商务成本"等策略,谋求短期利益、不顾一切发展经济的行为。

改革开放以来我国进行的多次财税体制改革,一以贯之的思路都是中央与地方、上级政府与下级政府的"分灶吃饭":为了调动地方发展经济的积极性,上级放权、"给政策"、重新界定财税分配结构。当中央感到地方权力过大、财力过大之时,体制变动的思路便反向运动。在其他方面,地方政府拥有了过大的、缺乏制约机制的权力。

从1994年开始实施分税制改革之后,出现了地方政府财权与事权不匹配的弊端。一方面,地方财政收入占财税总收入的比重从1993年的78%下降到2010年的48.9%。另一方面,地方政府在事权的划分上,与1994年之前并没有太大的改变,甚至有所上升。地方财政支出比重升高,由1993年的71.7%上升到2010年的82.2%①。中央、地方的财政收入和支出的变化对比呈现"反向剪刀状",地方政府的财政收支严重失衡(孔善广,2007),形成了"中央财政集中过多,省级财政基本满意,地级财政过得去,县级财政很困难,乡级财政基本上靠收费"的局面。由此加剧了地方政府利益主体化倾向,尤其是基层政府,想尽办法开辟自主支配收入来源以增加收入。每一级地方政府都需要掌握足够的财政收入,才有能力维持政府行政管理运行,才能够将更多的资源用于城乡基础设施建设以及教育、医疗、社保等民生领域,从而创造更耀眼的政绩。

3. 政绩与财政体制对环境的复杂影响

在现行政绩考核与财税体制的激励下,各级地方政府及官员将发展经济视为

---

① 数据来源:《中国财政年鉴2010》。

首要任务，于是，在对待国土资源的态度和利用方式上，容易出现急功近利、低效滥用的问题。

首先，不同层级的政府都需要通过招商引资、大量出让土地来换取政绩与财政可支配收入，在很大程度上，这就是低端经济过度膨胀的根源。对于我国各级数以万计的政府而言，有条件发展高科技或现代服务业的毕竟只是极少数。对于绝大多数政府而言，"饥不择食"是他们无法抗拒的选择。低质量的企业、落后产能或已经严重过剩的产能，或是与当地自然禀赋冲突的产业，也会源源不断地进入。这里特别要指出所谓的"落后产能"问题。落后产能大致是那些能耗和物耗较大、污染较重、技术水平落后、产品附加值较低的企业的总称。其构成较为复杂，但基层政府渴求经济增长和财政收入，因而降低投资、用地和环保门槛以吸引企业进入是最为重要的因素。典型的落后产能包括过去环保部门强调禁止的"五小"和"十五小"企业，以及近年来"蓝天保卫战"中重点淘汰的地条钢企业。经验证明，淘汰落后产能的真正难度在于此类产能很容易野蛮生长和死灰复燃。当环保的高压来临，"落后产能"们会偃旗息鼓，甚至真的退出。但一旦管制放松或市场需求上扬，它们又会在极短的时间内卷土重来。究其原因，一方面是基层政府对经济增长和税收的需求，另一方面，此类企业对劳动力、资本和技术工艺的要求很低，很容易蔓延滋长。

另外，产业分布过于分散，这几乎是现有财政制度的必然结果。由于每一级政府都要对自己的钱包负责，其上级政府就必须为之打造一个"饭碗"，这就造成了工业园区的遍地开花。尤其在东部，通常乡镇会拥有市县级园区，市区县拥有省级园区。到处是园区的事实本身已经决定了产业空间分布过于分散的格局，况且大部分工业企业还是在园区之外的。之所以如此，主要原因是存在大量村级企业。其中部分是依然生存的村办企业。还有一个重要因素是在许多地区，村一级基层组织实际上是被视为一级"政府组织"的，也要被考核经济增长业绩，也要招商引资。于是，村一级也会拥有工业用地。在此制度条件下，工业高度分散的格局是不可避免的。

近年来我国少数地区已经开始改变这一各级政府层层叠叠抓经济的体制。一些较为发达的县市依据规划定位，将下辖乡镇划分为诸如农业和城镇化地区。在此基础上，取消农业地区的财政、经济增长和招商引资责任。在此格局下，产业布局过于分散的状况有所改观。2015 年，上海全面取消了街镇一级的上述 3 项责任，将招商引资等经济发展工作集中于区县一级。与此同时，村一级又开展了大规模的环境整治，大量关闭污染企业和各种违规小作坊，使产业的集中度和先进性有了明显的改善。

4. 正确解读"以经济建设为中心"

"以经济建设为中心",是党的十一届三中全会拨乱反正、破除以阶级斗争为纲的口号提出的新时期党的工作重心。"文革"后百废待兴、生产力落后,必须将经济建设作为重中之重,才能为社会、政治、文化等方面的发展打好基础。正如邓小平同志所说,"离开了经济建设这个中心,就有丧失物质基础的危险。其他一切任务都要服从这个中心,围绕这个中心,决不能干扰它、冲击它"。事实也证明,30 多年来,在这一方针的指导下,中国经济发生了翻天覆地的变化,中国的经济规模已经跃居世界第二,经济实力不断增强,社会物质财富与人民生活水平也有了大幅提升。胡锦涛同志在 2011 年庆祝中国共产党成立 90 周年大会上强调:"以经济建设为中心是兴国之要,是我们党、我们国家兴旺发达、长治久安的根本要求。"从发展的角度看,以经济建设为中心是由我国的基本国情决定的。尽管经济规模很大,但我国人均 GDP 水平低,区域经济发展水平严重不均衡,社会贫富差距明显,医疗养老、失业救济等社会建设和公共服务水平与发达国家之间有着巨大差距。而要改变这一状况,就必须强调经济建设的重要性,只有经济不断发展,才能为政治建设、社会建设、文化建设、生态建设提供强大的物质基础,走上"五位一体"的发展道路。

但是,简单地将为了社会福利增进提供物质基础的经济建设与 GDP 的增长画等号,是对"以经济建设为中心"方针的一大曲解。GDP 是世界组织和各国官方普遍认可、广泛采用的重要经济指标,它反映的是一个社会市场经济活动的总规模,是各个国家和地区进行经济实力比较的重要指标。但 GDP 并不是一个用来衡量发展水平和质量的"好"指标,它既不能完全反映经济增长的社会成本,如自然资源的利用以及对环境的破坏和污染,也不能完全反映一个地区或者一个国家的社会福利水平,如收入分配或者收入差距问题,以及人们生活休闲的问题等。

追溯许多国家和地区的发展历程,可以发现在经济复苏或腾飞之初,GDP 的增长能直接拉动国民福利水平的大幅提升。而在经历了二三十年经济高速增长之后,无论是 20 世纪 60 和 70 年代的西方发达国家,还是 80 和 90 年代的东亚经济腾飞国家,大多拥有这样的感受:GDP 与人民福利水平、生活质量开始逐渐脱钩,反倒是与物质消耗、生态环境破坏密切挂钩。华裔经济学家黄有光在 20 世纪 90 年代提出了"快乐鸿沟"(happiness gap)理论,就是研究东亚地区"经济快速增长而人民快乐不足"这一现象的。国际上最有影响的关于"国民幸福"的研究——"世界价值观调查"(world values survey)也验证了这一脱钩现象。该调查涉及全球近百个国家和地区,学者 Inglehart 根据调查结果,把生存和福祉(survival and well-being)与人均 GDP 的关系划分为两个阶段:经济收益阶段(economic gains)和生活方式多样化阶段(life style)。在前一阶段,福祉提高对经济增长比较敏感,福祉随着经济增长明显提高;而到了后一阶段,经济增长对福祉提高的作用并不显著,即当人们的收入达到一定水平之后,"主观幸福"和 GDP 的增长就不呈现显著的正相关关系(周绍杰,胡鞍钢,2012)。

根据 Inglehart 的研究结论,5 000 美元(以 1995 年美元的购买力作为计量标准)是经济收益阶段和生活方式多样化阶段的分界点。1995 年的美元购买能力相当于 2009 年的 7 533 美元①,而按照 IMF 的估计,2012 年中国人均 GDP 水平(按照 PPP 计算)达到 9 172 美元,已经进入 Inglehart 所定义的第二阶段(即居民的幸福感提升对经济增长不敏感)。

换言之,中国这列高速驰骋了 30 多年的火车,已经开始面临 GDP 与国民福利水平、国民幸福感"脱钩"的问题。2012 年联合国发布了《全球幸福指数报告》,对 2005—2011 年全球 156 个国家在教育、健康、环境、管理、时间、文化多样性和包容性、社区活力、内心幸福感、生活水平这九大领域的表现进行调查评估。最终中国的排名仅为 112 位,而美国"盖洛普世界民意调查"在 2005—2009 年访问了来自 155 个国家及地区的数千名民众,让他们对自己的生活进行评价,研究者据此进行"幸福排名"。结果显示,中国大陆位列 125 位,只有 12%的中国人认为自己"生活美满",多达 71%的答问者称生活艰难(余丰慧,2010)。可见在全国范围内基本解决温饱、在许多地方实现了经济现代化和人民生活小康之后,经济增长对人们幸福感的提升实际上是边际效用递减的。单纯地追求 GDP 甚至还会伤害那些能够带给人们幸福感的其他社会要素,特别环境污染、健康受损、精神文化生活空虚,幸福感大大降低。

现实让我们反思:一旦将发展与增长画等号,将经济建设与推进 GDP 增长画等号,将政绩与 GDP 挂钩,"以经济建设为中心"就会等同于"以推进经济增长为各级政府的工作重心"。尤其是在前文提到的现有财税体制与政绩考核体制双重影响下,我国地方政府不分区域、不分层级,都要为经济增长负责,为财政收入操心,已然形成了速度至上的政治氛围。正是认识到由此产生的社会和环境弊端,十九大报告首次取消了对我国此后 GDP 前景的描绘,强调发展的质量而非速度。

当举国上下、各级政府都围绕经济建设忙得热火朝天,当经济持续高速增长,我国的资源环境危机加剧、社会贫富差距拉大等问题却不断凸显,各种矛盾不断激化。在这种情况下,我们需要正确解读"以经济建设为中心",令党和政府在新时期发展道路上好好把握这一方针。

首先,"以经济建设为中心"绝不等同于"以 GDP 为中心",而是要求我国党和

---

① 根据通胀率计算而得,http://www.usinflationcalculator.com。

政府凝聚全国人民，改革和完善社会经济制度，致力于提高经济的核心竞争力水平，让所有普通人以劳动创造富裕生活、以才智开拓锦绣前程。

发展是硬道理，发展包含着远远超越经济增长的使命。一个国家，尤其是像中国这样的发展中大国，经济总量的扩张是重要的，但不是唯一重要的。对于当今中国而言，发展更重要的是消除贫困；是让全体国民的福利水平、生活质量和知识技能水平不断提高，享受全面而良好的社会保障、公共服务和生态环境；是让社会整体地实现从传统农业社会向现代公民社会的转型。诚然，上述目标的实现需要依赖经济的增长，但是，经济的增长并不意味着上述目标的实现。

于是，经济建设的最终目标应与发展目标一致，即"国民福利的增加、人的发展"，因而围绕经济建设这个中心所做的一切工作，都是源源不断地提供增进人民福祉的物质条件和促进人的全面发展的社会条件。衡量经济建设是否成功的标尺，不应是GDP的总量与增速，而是经济的发展是否带来经济竞争力的提升，是否同步推动了人力资本的累积，是否明显改善了国民福利水平。也就是说，经济建设是否为经济富裕、政治民主、文化繁荣、社会公平、生态良好的发展格局，创造了必要条件。十九大将扶贫攻坚、乡村振兴和区域协调发展列入发展的战略目标，已体现出挥别GDP主义的根本转折。

其次，"以经济建设为中心"，不意味着各地区、各级党组织和政府都需要将经济建设视为自身工作重心，上下一般粗地承担经济增长的责任，甚至如公司那般作为以投身于经济活动，更不意味着人们能以此为挡箭牌，继续滥用自然资源和破坏生态环境。

如前文分析，在现有政绩考核体制与财税体制的不合理激励下，各地方政府会不惜一切代价发展经济，为了短期利益造成土地滥用、环境污染等问题。要扭转这种情况，就必须改变现有的财税体制与政绩考核制度：不同地域、不同层级的政府，其工作重心和职责应该有所区分。发展经济的责任不应层层分解，落在每一层级的政府身上，尤其是乡、镇、街道等一级的基层政府应明确从完成GDP指标的任务压力和利益漩涡中解脱出来，并将工作重心转移到更好地服务社会上来。

财税体制的改革重点从协调统一地方财权和事权、改变基层政府的财税收入来源这两方面入手。一些西方发达国家的经验能够给我们以启示。总的来说，西方发达国家的地方财权和事权较为统一，基层政府主要是提供公共服务、不承担经济发展功能。基层政府的财政收入主要来源于上级政府的转移支付，以及以不动产税为主的税收收入。以美国为例，个人所得税、公司所得税由联邦政府征收，与经济活动密切相关的一般销售税则由州政府征收，而地方政府征收的主要是财产税。在地方政府可支配收入中，税收收入与来自州政府的转移支付是主要支柱。这样的财税体制，从两方面对可持续发展与环境保护产生积极作用。

其一，基层财政收入与GDP脱钩，大大降低了基层政府为了创收而投身地方经济建设的冲动，并有利于统筹布局。与GDP挂钩的财政收入，如所得税、销售税等，由上级政府收取，更有利于上级政府在充分考虑经济效益、社会效益和环境效益的基础上，对整体产业布局统筹兼顾，合理安排工业聚集。那些水源保护地、居住聚集区、农业地区不再需要大搞工业开发和牺牲环境来换取GDP的增长，而是更注重就业和环境质量之类群众关心的问题。同时，工业开发区也因受到空间上的限制，将更注重提高单位土地等资源产出的不断提高。

其二，基层政府税收收入以财产税（不动产税）为主体，能够使政府致力于发展居民需要的区域性公共物品。换句话说，如果基层政府想获得更多的税收，就必须通过关心民意、提高环境和景观质量、增加社会安全、提供更多的就业机会和社会保障、减少贫富差距、提供更好的教育条件和文化氛围等诸多努力，来使本地区的不动产总价值最大化。同时，基层政府还会为了获得更多的转移支付，而加强政府间的配合与合作。此时，政府的利益与民众利益，以及地区的长期利益和短期利益能达到高度一致。

除了从以上两个方向作为我国财税体制改革的突破口，还必须改变现有的被GDP绑架的政绩考核体系。

首先，应弱化GDP的分量，甚至逐步取消省以下级别地区GDP的统计，转为更加关注经济在质上而非量上的增长，更多地关注人的福利和发展是否得到尊重，包括生态环境优化、公民权益保护、社会公平正义、公共物品供给等。

其次，与政府职责相对应，具体到对于不同地区、不同级别的政府，其考核的内容和标尺应该是有所差别的。越是低层级的政府，越是应强化其公共服务职能，淡化其经济发展职能。尤其是基层政府，其最大政绩应该是改善民生、提供地方性基本公共服务和重要公共产品、保护生态环境、维护社会安全稳定等。

第三，政绩考核应引入公共参与机制。一方面，指标的选取和指标体系的构建，应与百姓充分沟通后确定，并清晰易懂；另一方面，应引入反映百姓主观感受的指标，如环境满意度、安全感、对政府的信任感等。

[1] 戴星翼，董骁.五位一体推进生态文明建设[M].上海人民出版社，2014.
[2] 税尚楠.资本的傲慢：我们为何不幸福[M].中国发展出版社，2012.
[3] 戴星翼，唐松江，马涛.经济全球化与生态安全[M].北京：科学出版社，2005.
[4] 中国经济时报课题组.中国制造业大调查：走向中高端[M].中信出版社，2016.

[5] 迈克尔·P·托达罗,斯蒂芬·C·史密斯等.发展经济学[M].机械工业出版社,2014.
[6] 泰坦伯格.环境与自然资源经济学[M].经济科学出版社,2003.

思考与讨论

1. 结合中国国情,如何看待“先污染,后治理”?
2. 以 GDP 为导向的政绩考核体系,容易导致哪些对自然资源利用与环境保护不利的做法?
3. 我国工业企业总的来说具有技术水平和盈利水平低、分布散、规模小的特征,请问这种“低散小”对自然资源利用与环境治理会产生哪些不利影响?
4. “鬼城”现象是我国大规模城市化泡沫与国土资源不合理开发的产物,请结合现有的政绩考核体系与财税体制,分析“鬼城”现象产生的缘由。
5. 从 2003 年到 2014 年,尽管中央政府 5 次试图用政策手段压减钢铁过剩产能,但我国钢产量仍增长了 2.7 倍。2015 年粗钢产能利用率不足 67%,行业大面积亏损,且造成严重的空气污染。请分析我国钢铁行业去产能困难的根本原因,并讨论如何通过制度建设来促进钢铁行业去产能以及减少污染。
6. 查阅关于地条钢的报道,结合本章内容梳理自己的看法。

第四章 可持续发展及其测度

一、可持续发展:思想源流

1. 高速经济增长导致的资源环境压力

"二战"后至 20 世纪 60 年代,在经济重建动力的推动下,西方资本主义国家普遍接受了凯恩斯理论,以高速经济增长来摆脱各种社会经济矛盾。百废待兴的战争废墟、廉价的中东石油和"二战"中的军事技术向民用领域转移,从不同方面为这种高速增长创造了条件。

同时,一大批发展中国家于"二战"后宣告独立,这些国家普遍有一种从经济上赶上发达国家的愿望。实现这一目标需要有比发达国家更高的经济增长速度。由于发展中国家普遍缺乏资本和技术,这种高速度或者难以达到,或者是通过过度开采自然资源取得的。需要注意的是,传统经济增长理论,如哈罗德-多玛模型、柯布-道格拉斯生产函数等,或者只强调资本,或者强调资本和劳动力,环境与自然资源的作用在发展过程中的作用是被忽略的。这种理论的导向对高增长过程中的环境损失起到了推波助澜的作用。

进入 20 世纪 60 年代,高速经济增长带来的负面影响逐步凸显,主要是人口、环境和资源等方面出现的压力和危机。一些学者已开始从地球对人类的支持能力角度出发,考虑未来的发展问题。其中,颇具代表性的是美国经济学家鲍尔丁提出的"飞船经济"理论。该理论将地球视为人类赖以生存的唯一生态系统,将其比作"宇宙飞船",其系统能力是有限的,包括承载人口的能力、资源总量和接受消纳废弃物的能力。于是,无节制的经济增长和人口膨胀最终会导致系统的崩溃(Boulding, 1966)。其《未来地球宇宙飞船经济学》(The economics of the coming spaceship earth)一文引起巨大反响,结合现实中已经出现的人口、环境和资源问题,学术界开始注重环境与发展关系的研究。鲍尔丁的工作与戴利的稳态经济学等为代表的一些著作,被普遍认为是生态经济学的萌芽。他们强有力地对传统的无节制增长的观点提出挑战。

20 世纪 60、70 年代,随着环境污染的显现和加剧以及能源危机的冲击,人们开始关注自然资源和生态环境与经济增长间的相互关系。巨大的环境压力迫使人们反思人类进入文明以来所走过的道路以 Mishan(1967)、Georgescu-Roegen

(1976)以及以 Meadows(1972)为代表的一些学者在考察经济增长与环境问题时，认为这两者之间存在不可避免的矛盾与冲突，即：经济增长与环境的关系是一种此消彼长的矛盾关系，经济增长必然带来环境损害的加剧。其中，最具代表意义的是 Meadows 于 1970 年接受罗马俱乐部的委托，与他人合作，于 1972 年出版了《增长的极限》一书。由于《增长的极限》涉及的是人类前途问题，而结论又是那样的阴暗和耸人听闻，该书出版以后即引起西方学术界的激烈争论。

2. 环发关系上的南北对立

1972 年，联合国在斯德哥尔摩召开了人类环境大会，讨论日益突出的全球环境问题，并探讨相应的对策。其实质性结果是导致了联合国环境与规划署(UNEP)的产生。作为联合国的环境保护机构，它在以后的全球性环保进程中扮演了非常重要的角色。这次大会也推动各国成立了政府的环境保护机构，并极大地推动了民间环境保护组织的涌现和媒介对环境事务的关注。这次大会更引人注目的是激烈的南北争论。发达国家强调环境问题的紧迫性，要求全球一致地采取保护行动；发展中国家则在同意保护环境的同时，强调不能因此牺牲自身的发展。

人类环境大会的这种争论的意义在于让人们看清了发展与环保之间的矛盾是一种客观存在。因为争论引起了国际社会对环境与发展关系的重视，使许多原先孤立地看待环境问题的人认识到，如果不处理好环发关系，环境保护将一事无成。对此，一些经济学家，如 Goeller 和 Weinberg(1976)、Dasgupta 和 Heal(1979)、Simon 和 Kahn(1984)等人，开始认识到经济增长与环境质量的关系需要形成一种相互促进的和谐关系。他们认为，伴随着经济增长，当环境和自然资源处于稀缺状态时，价格机制将发挥作用，从而迫使生产者和消费者寻求缓解环境压力的替代物品，以促进经济增长。同时，技术进步将直接使自然资源的利用效率提高和污染物排放减少，资源的循环利用亦将缓解经济增长的环境压力。他们认为，Meadows 等人观点的缺陷在于忽视技术进步和价格机制这一“看不见的手”在配置自然资源中的作用。

应该承认市场机制和技术进步可以在环发关系的缓解中发挥巨大作用，这在前面的章节中已经得到阐述。但是，斯德哥尔摩会议上出现的问题在本质上是政治性的，是南北国家之间的对抗。面对环境危机，市场确实可以拿出源源不断的环境友好而资源节约的技术、产品和服务，但其拥有者一般都是发达国家。于是，发展中国家为了环境保护并推动经济的绿色转型，就不仅要承担由此产生的成本，同时不得不持久地向发达国家输送利益。反之，发达国家则可以利用其技术优势，不断地牵引环境友好技术的研发方向，以其自身利益为导向修订技术标准，从而保证自己的优势地位。也就是说，虽然环境保护是全人类共同的目标，但这并不足以阻止发达国家以此为契机，从发展中国家榨取最大利益。南北方因此而产生重大矛盾也就不足为怪了。

为了调和南北方在环发关系上出现的矛盾，进而推动人类社会在环境保护领域采取集体行动，国际社会也需要一种新的理念、一种能够兼容环境保护与经济发展的理念。

联合国环境开发署成立之后，很快委托国际自然保护联盟制定《世界自然保护大纲》，并于 1980 年发表。这份文件的起草过程有许多国家的政府和非政府组织参加，并在数以千计的学者和组织中广泛征求意见。文件提出了“可持续发展”这一重要概念，但其含义并不清晰，同时提及了“可持续增长”等说法。1981 年，世界自然保护联盟又发布了一份题为“保护地球”的文件，其中对可持续发展概念作了进一步阐述，并下了定义：“改进人类的生活质量，同时不要超过支持发展的生态系统的承载能力。”这是可持续发展最早的定义。

3. 我们共同的未来

1983 年联合国大会作出决议成立世界环境与发展委员会(WCED)，负责研究人类长远的环境与发展战略和国际社会应对环境问题的措施。该委员会由原挪威首相布伦特兰夫人担任主席。1987 年，该委员会提交了题为“我们共同的未来”(Our Common Future)的报告，该报告正式将可持续发展作为关键概念采用，并较为详细地讨论了其定义。在该报告中涉及可持续发展定义的陈述至少有 6 处，各定义之间并不一致。这种现象既说明它作为一种全新观念的不成熟性，也说明其内涵的丰富与复杂。

与斯德哥尔摩大会的原则宣言相比，布伦特兰的报告在一些重要方面取得了进展。它明确环境保护与经济发展是可以统一的，这就是可持续发展，它是确保未来环境与发展的唯一合理的途径。针对斯德哥尔摩大会的分歧，报告指出无论发达国家还是发展中国家，走可持续发展之路都是必要的。但两类国家的不同之处在于发展中国家在向可持续发展方面面临特殊困难，发达国家在实现全球可持续发展上必须承担特殊责任。对于原先在环境问题上尖锐对立的两大阵营的立场，布伦特兰报告提供了某种统一点。这一报告成功促成了里约热内卢世界环境与发展大会的召开。

在 1992 年里约热内卢世界环境与发展大会上，可持续发展作为全人类共同的发展战略得到了确认，这一概念公认的定义是“在不损害未来世代满足其发展要求的资源基础的前提下的发展”。这是在布伦特兰报告中形成的。

与斯德哥尔摩会议不同的是，里约热内卢大会更为注重发展问题。原因是人们已经认识到，环境变化是由发展引起的。不解决发展问题，就不可能扭转环境退化的趋势。由于在这一问题上统一了看法，与会的183个国家和70多个组织达到了空前的一致。大会形成了5个主要文件，其中包括《地球宪章》和《21世纪议程》，后者是前者的行动方案。各国根据自己的实际，在大会结束后又制定了各自的《21世纪议程》。

二、核心理论：以人的发展替代剥夺自然的发展

1. 可持续发展的经济学内涵

随着可持续理念的被接受，经济学家越来越关注与此相关的研究和讨论。有许多不同的关于可持续发展的解释，对其能否实现也有许多不同的看法（罗杰·珀曼等，2002）。Redclift（1992）考察了各种各样的观点，如Pezzey（1992，1997）、Barbier和Markandya（1990）、Common和Perrings（1992）、Common（1995）和Lélé（1991）等人的工作。Farmer和Randall（1997）提出了跨期模型，讨论了可持续性问题。Pezzey（1997）区分了几种可能的可持续性的定义。Asheim（1986）和Brekke（1997）论述了小型开放经济中的持续发展。这方面的论文还包括Hartwick（1990）、Mäler（1991）、Dasgupta（1995）和Hamilton（1994）。Faucheux等（1997）研究了一个世代持续发展模型，并且认为权威的资本理论没有为环境核算提供一个令人满意的理论基础。Weitzman（1997）研究了技术进步与持续发展的关系，认为由于存在技术进步，正确计算的国民净收入将不能充分地表示可持续收入。

有关通过政策引导自然资本的非下降利用的讨论是Pearce和Turner提出的。环境经济学对这一讨论的特别贡献是由Pearce（1989）、Pearce和Turner（1991）、Common和Perrings（1992）、Common（1995）、Toman和Pezzey（1993）等人做出的。传统的经济学对该讨论的贡献，存在于Solow（1974，1986）和Hartwick（1977，1978）提出的新古典增长模型中。“成本-效益分析”常常被看作进行代际间资源有效配置的工具，但其应用与可持续产出是不一致的。Page（1997）准备了两种方法用于可持续性目标和代际间效益的比较。Boulding（1966）和Daly（1974，1977，1987）讨论了经济发展和增长的长期系统。Ludwig等（1993）对此问题的科学理解进行了有趣的评价。关于生态可持续性的进一步讨论，详见Common和Perrings（1992）、Pearce（1987）、Common（1995）、Costanza（1992）的不同篇章中（罗杰·珀曼等，2002）。

根据对可持续发展的直接理解不难得出两个原则。

一是发展原则。发展是人类共同的权利，并且这种权利要延续下去，即必须顾及后代的发展权。《里约宣言》强调：“为了公平地满足今世后代在发展与环境方面

的需要，求取发展的权利必须实现。”无论是工业化国家还是发展中国家，都享有平等的和不容剥夺的发展权利。但应该承认，发展权对发展中国家更为重要。

发展中国家承受着环境退化与贫困的双重压力。两者的作用不是孤立的，而是互为因果的恶性循环，也就是人口增长、环境退化与贫困间相互作用的“贫困陷阱”。贫困是生态退化的根源，生态退化又加剧着贫困。所以，可持续发展理论认为，对于发展中国家而言，发展是第一位的。通过发展才能使人民脱贫，才能积累解决环境与生态问题所需要的经济实力，才能使社会最终摆脱贫困、愚昧、肮脏和落后。

二是可持续原则。也就是说，人类追求的发展必须是可持续的。要做到这一点，就必须改变单纯依靠增加投入、增加消耗以实现发展的传统模式，使发展对自然资源的依赖性减小。与此相应，人类应该控制消费，使消费朝合理的方向转变，应该反对各种挥霍和浪费。

可持续发展的定义要求以“不损害未来世代满足其发展要求的资源基础”为前提实现发展。这就意味着资源的存量在发展中至少不应减少，以使未来世代至少能保持与当代人同样的产出。问题的关键在于如何理解资源的含义。对这一要求，激进的环境主义者理解为保持每一类乃至每一种环境因子不变，但如果这样理解，也就从根本上否定了可持续发展。因为至少非再生性资源的实际存量必然会随人类的使用而减少，而人类在可以预见的将来是不可能停止使用化石能源和其他矿产资源的。因此，我们只能从经济学角度去理解这一要求，它不要求停止消耗非再生性资源，但要求这类资源储量的更新或替代；它不反对使用可更新资源，而要求使用以资源的再生能力为限；它不主张制止废物的排放，而主张使排放与环境自净能力之间达到平衡。在人口增长的条件下，只有不断增加人类的资源基础，才能做到这一点。对此，我们在第二章中已展开充分的讨论。总的来说，如果在资源领域保持充分的技术进步势头，自然资源的发展是可以实现的。

2. 资源可持续利用的经济学

经济学界此类研究已有相当长时间。在 1977 年的一篇很有影响的论文中，哈特维克提出了确保非再生性资源消费不随时间递减的规则。他认为，只要资本的存量不随时间下降，非递减消费就是可能的。如果将人工资本中来自开发非再生性资源部分的租金用以再投资，资本的存量就可以保持稳定。这些租金是不同时期有效开采计划的结果。以石油开发为例，随着油田的储量下降，相关人工资本的存量会上升，并用于新油田的勘探或替代能源的发展。一旦这一油田的商业性开采结束，累积的人工资本会通过不同的技术途径产生至少同样的资源潜力，这对可持续发展是非常重要的。

对哈特维克理论的批评主要有两方面。首先,个人直接从环境获得效用,所以,环境的作用不仅仅是对生产的投入。如果这样,非下降消费就不等于非下降效用。换言之,我们所说的“生态服务”会直接服务人类,其效用下降很难得到补偿。其次,自然资源与人工资本之间不是完全可替代的。人可以开采但不能创造自然资源。在实践中,自然资源和人工资本之间的关系可能是互补的,也可能是替代的,更可能是两者兼具。在绝大多数情况下,增加产出意味着同时增加两方面的投入。

认识到哈特维克理论的局限性,一些学者将注意力集中在对自然资本和人工资本之间有限替代性的研究上(Pearce 和 Turner, 1990; Pearce et al., 1990)。其观点是在自然资本和人工资本的某些因素之间存在一定程度的替代,如好的机器意味着生产同样产品所需要的原材料较少,但自然资本中的许多因素提供的服务是不可替代的。此类关键自然资本的例子是调节大气的过程、野生生物的精神价值以及营养循环。如果人类需要生态系统的服务,就需要保持这些系统于功能状态,这就意味着保护其存量。于是,自然资源被分为可被替代的和不可被替代的两部分。对于可被替代的部分,其存量的稳定意味着需以相应的人工资本去抵充被消耗的自然资源;对于不可替代的部分,必须维持其自然资源存量的稳定。

对此在操作水平上,戴利提出了若干原则。他认为如果遵循这些原则,一个国家就会朝可持续发展方向转变(Daly, 1990)。

对于再生性资源,所有再生性资源的收获水平小于等于种群生长率。也就是说,对于某种生物性资源的利用,不应超过这种生物种群的再生能力。林木砍伐量不应超过森林蓄积量的增长率,不允许存在因过牧引起的草原退化,水资源的利用不应超过可用水资源量。如果将土壤看作一种再生周期很长的再生性资源,则水土流失量不应超过土壤的再生量。

对于环境的自净能力,要求所有可降解污染物的排放低于生态系统的净化能力。这一原则与再生性资源的利用原则是一样的,事实上,自然界对污染物的净化能力也可以被看作再生性资源。对累积性污染物,戴利未作具体的讨论,但显然这类污染物的排放从可持续发展观点看是不允许的。

对于非再生性资源,要求将来自非再生性资源开采的收益分为收入流和投资流,投资流应投入替代的再生性资源。例如,来自石油的投资流应投入生物量的发展,大面积种植所谓“石油植物”。这使得非再生性资源的开采结束时,能获得同样水平的再生性替代资源。

实施这些原则会面临很多困难,但最主要的问题是投入。要求再生性资源的收获量小于再生能力并不等于人类的需求必须限制在目前水平甚至缩减,也可以扩大其再生能力以满足人类增长的需要。而再生能力的扩大和维持需要相应的投入。例如,要扩大一片退化草原的资源再生能力,通常需要建设完善的灌溉系统、改良牧草、灭虫除害。再生能力将随着以上方面的投入而上升。可利用水资源则随着水利建设、森林扩大和水土保持的投入而上升,一定量水资源的利用潜力则随着节水投入而上升。同样,要求将污染排放量限制在环境自净能力之内,也并不意味着不允许更多的与污染有关的生产和消费活动,而是要求对超量的污染进行治理,这同样是个投入问题。至于非再生性资源的投资流,其性质是资源价值的转移,即承认资源本身是有价值的,在商业化开采过程中,这部分价值被转变为货币形式,然后投入形成不少于原先资源的新的替代资源,从而实现可持续发展要求的资源存量不变甚至增加的目标。

3. 可持续发展的效率、公平与节俭要求

于是,我们发现了传统发展与可持续发展之间的界限。在传统发展模式或"牧童经济"中,人类随意取用上帝赐予的自然资源,而无须为了增加和维持这些资源进行投入。在"宇宙飞船经济"的可持续发展中,人类经济发展的内涵扩大了,不仅要满足人类消费的需要,还必须维持乃至发展其有限的资源库存。显然,问题不在于一个社会是否已经进行了这样的投入,因为植树造林和治理污染之类的事情绝大部分国家都在做。真正的问题是人类社会是否有能力和怎样满足维持和发展环境与资源的需求。严格意义上,这一需求是非常大的。要实现可持续发展,不仅需要制止全球变暖和臭氧层损坏,也需要制止水土流失和沙漠化,不考虑其他任何方面,仅满足这些需求的投入就是极为巨大的。

首先,经济运行效率必须有重大提高。只有这样,才能在满足提高人类生活质量需要的同时,增加对环境与自然资源的投入。努力方向是提高环境资源的使用效率。力求创造的每一份人类福利消耗尽可能少的能源、水、环境自净能力、土地和其他再生性资源,或者说要求尽可能少的环境资源创造尽可能多的 GDP、就业机会和生活质量的增量。

可持续发展的公平问题显得更为复杂。在环境经济学界,很多学者甚至认为可持续发展的目标原则上是公平而非效率问题(Howarth 和 Norgaard, 1993)。可以说经济效率的不断提高是可持续发展的必要条件,但并不是充分条件。革除政府政策和市场失灵之类导致环境资源使用的无效因素,可以改善可持续发展的前景,但这并不能保证其实现。实现可持续发展必须注重当代人内部的公平和代际公平。

代际公平是内涵相当丰富的概念。就环境与自然资源而言,至少需要从其质量和数量上加以理解。在质量上,要求环境和自然资源不至于发生代际的退化。现存的风景资源在将来至少同样宜人,所有著名的景观作为自然遗产能够得到有

效的保护，以保证未来人口的共享。作为生产要素和生活质量要素的各种环境因子不应该在当代人手中退化和受到污染，如果已发生退化的，应该得到有效治理。生物多样性应该得到有效保护，因为这样做除其他目的外，还是为未来人口保护基因资源。各种建设计划应尽可能保证生态和文化的延续性。在数量方面，焦点集中于保证那些重要的自然资源，如土地、矿产、能源和水资源等代际分配的公平上。实际上这也就是要求自然资源存量至少保持稳定。

当代人内部的公平首先是不同阶层之间的公平。可持续发展的政策前景是由有关利益集团决定的，而且会总是如此（Breheney, 1992）。但是，如果将可持续发展的内涵偷换为符合富人和特权阶层喜欢的内容而忽视了大众的需要，尤其是忽视了贫困人口的需要，那么，其失败将是必然的。这是因为贫困状态从两个方面对可持续发展形成严厉制约。一方面，生活在贫困状态下的人们会更多地关心当前的生存问题，对保护环境资源以供未来之用不感兴趣，换言之，这样的社会中会存在很高的社会贴现率，从而导致广泛的掠夺性开发和普遍的短期行为。另一方面，贫困状态下的人口缺乏人力资本，这使他们缺乏以可持续方式开发利用自然资源的能力。于是，在一个社会中贫困人口占很大比重的情况下，可持续发展是不可能成为现实的。

即使是消除了绝对贫困的社会，公平问题依然会对可持续发展产生强烈影响。环境是无数环境因子的集合，其质量的某一个方面对于不同的阶层产生的效用是不一样的。问题是中上阶层通常掌握了舆论工具，这种状况很容易使环境政策、立法和预算向符合他们口味的方向倾斜，使大众的利益受到忽视。专家在决策过程中的作用虽然重要，但专家通常属于社会的中上阶层，他们的偏好与普通群众是有很大差别的，不一定能够代表全社会的利益。为此，近年来发达国家已注重推进公共决策的社会参与。尤其在城市和社区层面，公共政策的变动和公共工程建设计划往往要通过公决。这一趋势可以说代表社会发展潮流，值得密切注意。

可持续发展要求的节俭在性质上与传统的节俭含义不同。作为前提，这里提倡的节俭不应该阻碍人的生活质量的提高。它追求的是两个方面，一是以最少的资源消耗换取最大的福利，二是保证发展获得的社会财富中有足够的部分投入资源与环境保护。

所以，正确理解可持续发展所要求的节俭，关键在于理解财富、消费和福利的含义以及它们之间的关系。传统观念中的财富是人类经济活动的产物，我国社会受长期小农经济的影响，更多地将财富局限于物质财富。在可持续发展体系中，财富的重大组成部分是自然资源和环境质量。在传统理念中，尤其受长期贫困状况的影响，消费主要是指物质消费。这一状况在现代有所变化，服务消费的比重和地位不断上升。在可持续发展体系中，消费还应该包括从环境获得的享受。消费的目的是获得效用。随着生活质量的提高,物质消费产生的边际效用趋于递减,而服务消费和环境消费的边际效用会不断上升。这是生活质量发展变化的基本规律。

于是,这里提出的节俭,本质上是生活方式和相应的观念转变。可持续发展与人欲横流格格不入,在物质生活上竞相攀比、奢侈豪华不仅是不可持续的,更是社会病态的反映。所以,当人们的基本物质生活得到保证之后,生活质量的进一步提高应该越来越多地依赖3个转变,即由物质消费向服务消费转变、由私人消费转向公共物品消费转变、由家庭消费转向环境消费转变,转变的基本原则是消耗尽可能少的环境资源、创造尽可能多的福利增量,从而形成与可持续发展相适应的生活方式。

与可持续的生活方式相一致,社会还应该形成相应的价值观体系。其中最重要的是新财富观和共享意识。新财富观指的是视环境和自然资源为财富。从大的方面讲,环境与自然资源是人类社会生存发展所依赖的最重要的财富。即使从个人角度讲,新财富观意味着将个人生活所在环境视为自己的财富的一部分,是与他人共享的财富。于是,就引出了共享意识。不爱惜环境意味着不爱惜自己的财富,还意味着侵犯了他人的权益。一个社会如果这种新财富观和共享意识得到普及,其可持续发展之路会平坦得多。当然,在此基础上,一个社会还需要建立和普及生态伦理。

可持续发展的基本要求是各种自然资源的数量和质量在经济发展过程中不允许出现下降,如果某种单因子下降,则要求替代资源的完全补偿。如果一种经济增长是通过掠夺自然资源和滥用环境取得的,则无论增长速度有多快,其总财富的增加仍将是非常缓慢的,甚至会出现负值。健康和可持续发展应是自然资产至少不至于下降的发展,否则从长远观点看持续发展就是一句空话。由于在这一体系中经济增长和环境变化被置于同一框架中核算,使分析者能更为准确地评估环境与经济的和谐度,决策者能更为准确地把握未来发展的可持续性,更好地处理发展与环境的关系。

4. 以人力资源替代自然资源的发展模式

既然不允许通过自然资产的下降来增加创造的财富,那么,经济增长的源泉应该是什么呢? 发达与不发达状态之间最重大的差别在于人力资源,换言之,是人本身的发展推动着经济的发展。可持续发展从资源角度讲,就是以人力资源替代自然资源的发展模式。

这种替代作用首先表现在节约效应,通过科技进步、完善管理、优化生活方式和合理配置资源,等量的资源消耗能产生更多的财富。通过合理分配社会资源,可使等量的财富产生更多的福利。节约就是创造,而浪费与可持续水火不容。这方面一个突出的例子是20世纪70年代中东石油危机导致的冲击，在能源短缺的冲击下，西方社会生产和消费全面向节能型转变，大量资本和技术涌向节能领域，其结果是各国经济的能效大大提高，日本更是实现以等量能源使GDP翻番的成就。这一节约过程，可以说就是人力资源的发展对自然资源的替代过程。这种替代作用其次表现为人工资源对稀缺自然资源的替代。如各种再生性能源对化石能源的替代、塑料和陶瓷对木材和某些金属的替代。在某种意义上，储量丰富的资源对短缺资源的替代也包括在内，还应包括野生动植物资源的家化。随着更多自然资源和每种资源的作用更多地被人类认识，这种替代会更为普遍和有效。由于这种替代总是人类知识和技术进步的结果，其本质是人力资源的替代。最后，近些年来环境保护越来越成为社会的共识，导致相关的制度、规范和道德力量不断成长，成为可持续发展的社会基础。而这一切也是人力资源发展的结果。

在谈及我国可持续发展面临的困难时，一种流行的观点是“人均资源”拥有量过少是我国面临的最大问题。我国主要自然资源的人均拥有量通常为世界人均水平的1/4到1/3，这确实造成了许多问题。但如果过分强调这一点，也许由此带来的问题比它回答的问题更难应付。

在发达国家中，美国和加拿大这样的国家固然有较高的人均资源水平，但还有许多国家（至少有日本和以色列）的人均资源水平是远不如我国的，这又如何解释呢？特别是以色列，地处沙漠，基本无能源和矿产资源，耕地和淡水资源严重短缺，又长期处于战争环境，在这样的地区而且是在长期的战争环境中建设一个发达国家，以色列依靠的是什么？一些有关以色列人力资源的基本数据有助于回答这个问题。1995年，以色列的教育开支占GDP的9.8%；1996年，其15岁以上人口中大学以上文化程度的占33.6%；1993年，以色列每万名劳动力中取得理工科硕士和博士学位的为7人，同年英国为5.3人，美国为4.8人，日本为2.6人，德国为1.9人。每万名以色列人中科学家和工程师有135人，而美国为70人，日本为65人，德国为48人，英国为28人。长期以来，以色列的教育投入和人口受教育程度始终稳居世界前列。正因为如此，这样一个弹丸小国，其电子技术、电脑与软件技术和生物医学技术在世界上占据着重要地位，农业生物技术、灌溉和污染治理处于世界领先地位。其他如军事技术、化工技术、能源技术，也都在世界上处于前沿地位。

对比之下，我国在可持续发展上面临的问题就变得很清楚了。在以色列人面前，我们没有道理抱怨资源匮乏。事实上，在世界银行的分类中，我国包括水资源在内的多数自然资源属于中等丰度水平。之所以在环境、生态和自然资源保护方面出现了种种问题，主要原因是人力资本薄弱与制度存在着诸多诱导滥用和浪费的缺陷。

可持续发展注重当前与未来的利益，因此，在一个实施可持续发展战略的社会，必须有抑制过度消费的机制，更不允许依靠破坏未来利益支持当前消费的倾向。但是，在放任的市场经济中，经济的运行正是以当前利益的最大化为导向的，换言之，如果通过损害未来发展而获得的眼前消费能够使利益最大化，则市场经济的存在只会助长这一倾向。这就意味着不能指望市场机制能自发地在资源配置上平衡当前利益和未来利益，政府在这方面必须扮演决定性的角色。

可持续发展是以人为本的发展。可持续发展的本质是以依赖人的发展替代依赖环境与自然资源的发展。最明显的是技术资源对自然资源的替代。总的来说，技术资源对自然资源的替代途径，包括能源、水资源、土地资源和其他自然资源利用效率的不断提高；随着人类知识的积累，新的资源不断被发现，资源的开发能力不断加强，各种资源的用途不断增多；同时，能够直接替代各种资源的人工资源不断产生。所以，要强化技术资源对自然资源的替代作用，必须大力发展教育和科技事业。将普通教育、各类技能培训、科学知识普及和科技事业置于社会经济发展的最高位置，是实现可持续发展的前提。

可持续发展离不开人的现代化。发展水平越高，进一步提高人的生活质量越依赖包括环境质量在内的各类公共物品的积累。在传统的小农社会，人们是不对公共物品负责的。在放任的市场经济条件下，人们趋向于通过滥用环境和掠夺式开发致富。在一个精神文明贫乏的社会，人们倾向于过度的眼前消费和物质消费。所有这一切都不利于可持续发展。因此，形成维护、共享和共建公共物品的社会经济机制，具有与现代管理相适应的行为方式，以及与生态平衡相一致的思想观念，都是可持续发展不可缺少的。也就是说，在可持续发展模式下，政府的社会管理责任加重了。

三、可持续性测度

1. 合并自然资本的国民财富统计

如何评估一个社会的经济发展是可持续的还是不可持续的，这是一个长期令人困扰的难题，迄今还未看到解决的希望。从理论上，1992 年后学界确实取得了突破。一是国民财富的理论，由联合国环境署和世界银行环境部提出。该理论认为，一个国家总的财富由 4 个部分组成，分别是自然资本、生产的财富、人力资源（或人力资本）以及社会资本。其中，人力资源是根据对简单劳动力、人力资本和社会资本的总回报计算的，在社会总财富中占据最大的比重。生产的财富相当于传统的物质财富。到目前为止，自然资本是根据环境的使用价值计算的，更重要的自然的生态价值和生命支持功能没有包括在内。之所以如此，世界银行的解释是对环境使用价值的评价方法较为成熟，而其他方面尚不具备以经济价值尺度来评价的条件。

这4类资本的加总，就是一个社会的总财富。但是，创造的财富、人力资源和自然资本可以在某种程度上货币化，因而是可加的。社会资本则完全不具有可加性。对于社会资本的概念，尚没有为人们普遍认同的定义，从其基本内涵来看，社会资本是相对于经济资本和人力资本的概念，它是指社会主体（包括个人、群体、社会甚至国家）间紧密联系的状态及其特征，其表现形式有社会网络、规范、信任、权威、行动的共识以及社会道德等方面。社会资本存在于社会结构之中，是无形的，它通过人与人之间的合作进而提高社会的效率和社会整合度。社会资本是人与人之间的联系，存在于人际关系的结构之中。社会资本与物质资本、人力资本一样，这种个人与组织的他人之间的联系可以给他个人带来未来的收益。社会资本往往是针对某种组织而言的。他在该组织中社会资本的多少反映了他与组织中其他人之间的人际联系在长期来看可以给他带来的额外的利益大小，其外在的指标可以表现为声誉、人缘、口碑等。

也有研究将社会资本分为政府社会资本和民间社会资本。前者被定义为影响人们为了相互利益而进行合作的能力的各种政府制度，包括契约实施效率、法律规则、国家允许的公民自由度。民间社会资本包括共同的价值观、规范、非正式网络、社团成员这些能够影响个人为实现共同目标进行合作的能力的制度因素。

显而易见，这些因素对于一个国家的发展极为重要，但问题在于这些因素不可比、不可加、不可量化，不可能置于一个参照系内进行分析。所以，在过去的20多年，对于各国社会财富的核算，只纳入创造的财富、人力资源和自然资本这3项。

根据这一理论形成的新财富核算体系，最大的特点是GDP对财富总量的贡献明显下降。可以将新财富架构比喻为3个篮子，分别装有创造的财富、人力资本和自然资本这3类财富。与传统的只注意GDP的核算方式相比，与GDP对应的“创造的财富”在总财富中的比重自然会下降。这是一种新的财富观，它告诉我们，与人和大自然相比，GDP没有那么重要。更为重要的是，该体系不允许以剥夺自然为路径的发展。也就是说，如果将第三个篮子里（也就是自然资本）的财富搬到第一个篮子，该体系会对自然资本做减法、对创造的财富做加法。在某些场合，后者的损失甚至会抵消前者的增加。

在该体系中，可持续发展意味着所有3个篮子里的财富都能够实现持续的增加。要做到这一点，其核心是人力资本的增加。前面关于人力资本理论的探讨已经表明，人力资本的增加和技术进步不仅能够为经济增长提供持久的动力，而且能够使人类认识和拥有的自然资源不断增加。也就是说，体系的背后是可持续发展的基本理论。

新财富指标体系已在试验性应用之中。世界银行的报告使人印象深刻的有几件事实。一是自然界向人类提供的直接生物服务与每年的世界生产总值相当；即使只考虑雇佣人力的市场价值，世界人力资本的总价值也相当于金融与加工资本的2倍。二是各国的实力差距主要由人力资本决定。相关统计表明，发达国家和发展中国家都有自然资源丰富的，也都有自然资源匮乏的。这一事实表明自然资源的丰度并不决定国家的发达与否。但是，发达国家中没有人力资本匮乏的，发展中国家则没有人力资本雄厚的，由此可以认为，人力资本的丰度决定了国家的发达与否。

在方法学上，直至目前估计所有环境物品的总经济价值依然是一种过于艰巨的工作。当前世界银行在估计自然资本时，还是将它考虑为投入生产过程的资源价值。也就是说，将土地作为农业和牧业的投入，森林作为木材的来源，地下财富是矿物和化石能源的来源。很明显目前对自然资本的计算还是相当不完善的。

当前对自然资本的计算方式，称为“经济租金”，是市场价格与生产成本之间的差额。为进行国际比较，世界银行使用的是国际市场的价格。一项财产的资产价值是它在生命周期中产生的服务流的现值。资源存量的价值就是按这一方式计算的。例如，一座开采设计寿命为50年的新矿山，将它50年内产生的收益折现加总，就获得了其资源的总价值。

2. 真实储蓄

另一衡量可持续性的指标是真实储蓄(genuine saving)。它在多方面与标准国民账户不同，其最大的特点是对资源耗竭程度的关切。在传统收入指标中，开采自然资源获得的租金收益是不体现的。真实储蓄则可以通过推断将资源的损耗表现出来。如果森林的管理是可持续的，就不会发生这种损耗。真实储蓄还考虑减少污染的损害，包括发病率和死亡率所导致的人类福利损失带来的收益。最后，真实储蓄将当前的教育开支视为储蓄的增加，因为这一开支是对人力资本的投资，在传统的统计中，教育被看作消费。

真实储蓄需要计算“扩展的国内投资”，是由总国民投资加上当前教育开支构成。然后，“扩展的国内投资”需要减去国外借款，加上净官方转移支付，减去“生产的财富”中的消耗。这样就得到了“扩展的净储蓄”。在此基础上还需要进行两步调整。一是从“扩展的净储蓄”中减去资源的损耗，得到的是“真实储蓄1”。也就是说，按照新国民财富的核算原则，如果在经济发展过程中发生自然资源的净减少，则需要进行相应扣除。它再减去污染损害，得到“真实储蓄2”。由于区域性数据难以获得，“真实储蓄2”目前只计算全球水平的，污染损失也只考虑二氧化碳的排放。

不难理解，“真实储蓄”可能是负的。如果一个国家建设投资和教育开支较少，外债、资源损耗和污染较重,负值就越可能出现。负值的含义就是包括人力资本、生产的财富和自然资源在内的社会总财富的减少,反之则意味着社会总财富的增加。

所以,"真实储蓄"是一种动态指标,它反映全球或某个国家在某一年社会总财富的变动程度。在理论上,它反映了全球或国家和地区经济的可持续性,其正值越大,特别是人均的正值越大,一个国家或地区的可持续性越强。如果"真实储蓄"为负,则说明现有的社会经济状况是不可持续的。目前,联合国和世界银行已将该指标作为衡量可持续发展最重要的指标。

实际应用却表明该指标存在重要的缺陷。例如,关于历年各国"真实储蓄"的比较,我国在该指标皆名列前茅,据此我国经济的可持续性在全世界是最高的,但我国的领导人和学界都承认投资驱动型的经济发展方式是不可持续的。这两种判断形成鲜明的反差。究其原因,一是真实储蓄鼓励投资,而中国向来是储蓄率和投资率最高的国家;二是环境和资源的损耗未能合理估算。中国在经济发展过程中,土地和各类自然资源的损失,以及水体污染、土壤污染和大气污染造成的损害,基本上未能体现在真实储蓄值中,出现这一反差也就理所当然。

3. 生态足迹

与可持续性相关的另一个理念是"承载力"。顾名思义,这是国土资源系统承载人类经济活动的能力。在实践中,承载力极为难以计算,所以,一些学者认为生态足迹是一个比较合适的指标。

第一,是因为它记录了在一定区域范围内、一定时间内社会商品、资源消费总量和享用自然资源所提供的各类服务,主要是消纳和分解人类所排放的废弃物,并通过一定的转换,把所有的商品消费和资源消耗转化为人类社会对自然资源的消耗,从而在某种意义上引入一个社会自然资源总消耗量的数据指标。

第二,对于生态足迹,可以理解为自然资本流量的象征,对应的是流动资本中的物质要素投入概念。我们可以遵循霍肯等人(Hawken, 2002)对自然资本的定义。我们不仅关心自然资本存量的减少,更关注自然资本流量的变化。其实,生态足迹可以反映人类社会向自然资本索取的流量的程度。另一方面,生态足迹作为自然要素的流量概念,也是和生产中的固定资本的概念相对应。正好可以描述社会生产中的、流动资本中的物质要素投入成分。

第三,生态足迹作为表征自然资源的要素的投入,是产出的第二大传统要素(保罗·萨缪尔森,威廉·诺德豪斯,1999)。萨缪尔森给出了产出的 4 个传统要素:人力资源(劳动力的供给、教育、纪律、激励)、自然资源(土地、矿产、燃料、环境质量)、资本(机器、工厂、道路)和技术(科学、工程、管理、企业家才能)。通常,经济学家使用总生产函数(aggregate production function，APF)来表明这些因素之间的关系。它的数学表达式是

$$Y = AF(K, L, R)$$

其中，Y 为国民总产出，K 为投入的资本，L 为投入的劳动力，R 为投入的自然资源，A 代表经济中的技术水平，F 是生产函数。自然资源作为产出的第二大传统要素，面对无法合理描述的困境。因为社会生产使用成千上万的自然资源，难以归结为一种或集中简单的度量单位。而生态足迹实现了对各种自然资源的统一描述，在一定程度上反映了自然资源要素的使用。因此，可以用在生产理论中量化生产函数中要素之间的关系、生产率等。

第四，生态足迹方法通过引入生物生产性土地概念，实现对各种自然资源的统一描述。生物生产是指生态系统中的生物从外界环境中吸收生命过程所必需的物质和能量转化为新的物质，从而实现物质和能量的积累。在生态足迹理论中，自然环境消纳污染物的作用(如林地对二氧化碳的吸收)也作为生物生产力的一种，其大小表达了自然资本的生命支持能力。生态足迹方法将人类社会对自然资源的需求按照区域的生态生产能力和废物消纳能力分别折算为六大类的生物生产性土地(耕地、草地、森林、化石能源用地、建筑用地和水域)，并通过统一的计量单位，从而实现了不同自然资源要素投入的标准化、统一化，最终计算出一个包含各种自然资源投入的数值，为经济学家计算资源生产率和核算自然资源对经济增长的贡献提供了可能。

总体来说，尽管生态足迹无论是计算方法还是应用领域都存在一些不完善的地方，但它实现了对各种自然资源利用的统一描述，为人类社会尤其是衡量经济发展中资源利用效率以及自然资源对经济增长的贡献提供了可能性。其本质是反映人类社会对自然资源的利用强度。

应该看到在生态足迹的成熟过程中，方法学上遇到的困难很大。其中最大的问题是如何将各类资源和环境因子换算为土地面积。事实表明，这并不比将资源环境要素货币化的困难少。除此以外，生态足迹还是一个很容易被误用的指标，其中主要有两个问题。

一是不能将生态足迹用于预测。理由是生态足迹的计算是在假设技术条件不变的前提下进行的。事实上，技术条件不可能不变，因而人类与环境的关系及其拥有的资源数量，也都会随之发生变化。这就意味着未来的生态足迹与当前的生态足迹不是一回事儿。

二是生态足迹不宜用于评价微观现象，如城市的生态形势。对一座城市来说，其人均生态足迹肯定很大，重工业城市和中心城市的人均生态足迹更大。但不能

因此而断言相关城市便是超载。城市都有腹地,有其依赖并服务的农村和城镇。中心城市更是服务于广大地区的城镇和乡村。而重工业城市的必要性是看整个国家的需求,而不是孤立的生态足迹。对此,也许可以用反向的逻辑来思考问题:如果没有了城市或中心城市,一个社会的生态问题会以怎样的态势存在。显然,总体生态形势会更为严峻。

四、绿色 GDP:理念、实践与局限

1. GDP 的局限性

这个世界上要说让人又恨又爱的事物中,GDP 绝对算得上典型。对之爱得发狂的是经济学家。时至今日,主流经济学者还希望我国 GDP 再高速增长 20 年。讨厌 GDP 的莫过于环境主义者。20 世纪 80 年代环境主义者有几句名言:"GDP 就是污染","增长是癌细胞的信条"。在这两个极端之间,更多的人则是对 GDP 爱恨交加。

其实 GDP 作为一项指标,它只是客观描述了一个地区市场活动的总规模而已。视之为补药固然错误,但视之为毒药也完全不对。在被问及什么指标是高明设计的典范时,我们会毫不犹豫地推荐 GDP。在它出现之前,哪个国家也说不清楚自己的经济规模有多大。因为以总产值衡量经济规模的话,会导致太多的重复计算。GDP 的设计思路则完美地消除了传统统计的缺陷。GDP 核算有 3 种方法,即生产法、收入法和支出法。这 3 种方法从不同的角度反映国民经济生产活动成果。生产法是从生产的角度衡量常住单位在核算期内新创造价值的一种方法,即从国民经济各个部门在核算期内生产的总产品价值中,扣除生产过程中投入的中间产品价值,得到增加值。按照这种核算方法,增加值由劳动者报酬、生产税净额、固定资产折旧和营业盈余 4 个部分相加得到。收入法是从生产过程创造收入的角度,根据生产要素在生产过程中应得的收入份额反映最终成果的一种核算方法,即把劳动所得到的工资、土地所有者得到的地租、资本所得到的利息以及企业家才能得到的利润相加来计算 GDP。支出法是从最终使用的角度衡量核算期内产品和服务的最终去向,包括最终消费支出、资本形成总额、货物与服务净出口 3 个部分。

但是,GDP 并不是用来反映社会经济综合发展状况的。GDP 用市场价格来评价物品与劳务。对于人类社会各类活动的非市场领域,它都不能反映。特别是 GDP 排除了在家庭中生产的物品与劳务的价值。家务劳动的重要性并不局限于经济价值,它更是家庭的黏合剂,包含的亲情、价值观乃至信仰,都不能用金钱来衡量。谁如果试图将夫妻或亲子之间的某种关怀行为换算为价值多少的货币,只会让人觉得荒谬。类似地,邻居之间守望相助,也让人觉得温暖、幸福。所有这些都

无法计入 GDP,但谁也不能说它们是不重要的。GDP 也没有涉及收入与分配。人均 GDP 告诉我们平均每个人的情况,但平均量的背后是个人经历的巨大差异。社会收入差距越大,人均 GDP 越没有意义。

同样处于市场之外的是各种环境生态因素。我们可以知道污水处理厂、垃圾处置设施和脱硫设施的建设和运行成本,但这并非环境本身,而是人类为抵御污染对环境的危害所进行的投入。环境本身是无价的,当雾霾笼罩城市的时候,生活于其中的人们谁也不能通过购买而得以豁免;市场无法销售朗月清风和蓝天白云;当长江的白鳍豚彻底消失的时候,试图计算因此造成的货币损失,是再荒唐不过的主意。道理很简单,这些事物都是非市场物品,是无价的。你可以谓之无价之宝,也可以说一钱不值,因为它们根本就不该用金钱来衡量。

2. 绿色 GDP 概念

由此引起一个非常有趣的问题——绿色 GDP。前几年这一概念曾在全国掀起巨大的浪潮,上上下下的政府乃至乡镇,都有许多声称要推动绿色 GDP 的案例。一些人甚至将绿色发展寄托于绿色 GDP 之上。事实表明,这种尝试是难以成功的。其实绿色 GDP 并非我国的发明,而是产生于 20 世纪 70 年代的发达国家。当时,西方社会已经意识到 GDP 与发展不是一回事儿,因而产生了一些改造 GDP 的尝试。例如,由美国经济学家萨缪尔森提出净福利概念,其含义是经济发展所带来的全部经济福利,减去补偿伴随经济发展产生的负面效应后所剩余的福利。他证明按人均计算的经济净福利要比国民生产总值的增长缓慢得多。

绿色 GDP 则等于 GDP 扣减具有中间消耗性质的自然资源耗减成本。这些成本包括两部分。一是经济活动中被消耗的价值。根据自然资源的特征,有些自然资源具有一次消耗性质,如不可再生的矿产资源、部分可再生的森林资源和水资源。这些资源的使用为资源耗减成本,需要从 GDP 中扣除。二是环境降级成本,又分为环境保护支出和环境退化成本,环境保护支出指为保护环境而实际支付的价值,环境退化成本指环境污染损失的价值和为保护环境应该支付的价值。

人们希望通过计算绿色 GDP,能够明白经济发展的得与失,能够指导经济发展走上一条环境友好而资源节约的道路。应该承认这样的思路是很吸引人的。但在实践中,凡尝试过的国家都放弃了。我国经历了前几年的热闹后,目前也趋于淡化。绿色 GDP 之所以不可行的核心原因,还是环境作为一种非市场物品,难以用市场价值衡量。以二氧化硫的排放为例,虽然可以计算污染造成的财富损失,但酸雨造成的生态系统退化,是无法用货币衡量的。虽然因污染而导致的医疗费用和工作日损失勉强可以估算,但由此造成的痛苦乃至生命损失又应该怎样用货币衡量呢?

其实绿色 GDP 之所以出问题，根子还是将 GDP 的地位抬得太高，让 GDP 承载了太多它不能承载的东西，于是，试图通过修修补补、加加减减，弄出一个看似完美的绿色 GDP 来。殊不知如此一来，非但不能让 GDP 反映非市场的社会和环境变动，反而使之失去其本意——完整地反映市场活动的总规模。

所以，GDP 是一项非常好的指标，但与一切指标一样，它只能用于有限的目的。我们先是用它来衡量发展，然后又抱怨其设计有问题。这是可笑的，而可笑的不是 GDP，是用错它的人。更合理的做法是，我们继续用它来衡量市场经济规模，但不能迷信它、崇拜它。人的发展包含了广泛的内容，远不是 GDP 能够涵盖的；国家的综合竞争力需要指标表征强大，而 GDP 勉强可以表征“大”，却不能表征“强”；幸福与 GDP 没有必然的联系，却包括夫妻的恩爱、邻里的和睦、生活的安宁，甚至包括孩子们春天可以找到小蝌蚪、夏夜能够看到萤火虫。所以，让 GDP 安于本分而不无限扩张，才是科学发展观的落实。

[1] 德内拉·梅多斯，乔根·兰德斯，丹尼.增长的极限[M].机械工业出版社，2013.

[2] 赫尔曼·E·戴利.超越增长：可持续发展的经济学[M].上海译文出版社，2006.

[3] 约瑟夫·E·斯蒂格利茨，阿马蒂亚·森，让-保罗·菲图西等.对我们生活的误测：为什么 GDP 增长不等于社会进步[M].新华出版社，2011.

[4] 世界自然基金会.地球生命力报告 2016[R].http://www.wwfchina.org.

[5] 联合国历年《人类发展报告》，http://hdr.undp.org/en.

[6] 伊恩·斯佩勒博格等.可持续性的度量、指标和研究方法[M].上海交通大学出版社，2017.

[7] 张丽君.可持续发展指标体系建设的国际进展[J].国土资源情报，2004(4)：7-15.

[8] 王金南，於方，曹东.中国绿色国民经济核算研究报告 2004[J].中国人口·资源与环境，2006，16(6)：11-17.

思考与讨论

1. 根据联合国历年发布的《人类发展报告》，查询中国人类发展指数自 1990 年以来的变化情况，比较分析中国可持续发展的成就与不足。

2. 同等面积的城市和乡村,前者的生态足迹远高于后者,是否意味着城市的生态更容易超载、城市化进程更不可持续呢?
3. 尝试使用世界自然基金会(WWF)网站发布的生态足迹计算器,来测算一下你个人的生态足迹与碳足迹,并思考个人与家庭降低生态足迹的举措。生态足迹计算器的网址为 http://www.wwfchina.org/site/2013/overshoot/footprint.php。
4. 你认为是否能将绿色 GDP 应用于地方政府的政绩考核中? 请给出你的理由。
5. 对于那些严重依赖石油的海湾地区国家而言,如果使用绿色 GDP 来核算其国民收入,可能会出现怎样的结果?

第二篇

环境治理

第五章 环境治理的一般架构

一、概述

前面的 4 章讨论环境与发展的关系。我们认为中国当前环境恶化的根本原因，是 GDP 至上和粗放的发展方式造成的。要从根本上逆转环境形势，发展方式的转型是基本路径。从本章开始，我们探讨直接的环境治理。在市场经济条件下，防治环境污染和生态退化的制度建设说到底是要解决两个问题。其一，构建一个环境友好而资源节约的市场。在这个市场中，滥用环境和浪费资源的主体会无利可图，从而使不利于环境保护的市场行为越来越少。其二，市场、社会和政府在环境保护中扮演其应该扮演的角色，3 种机制相互补充，使环境保护获得持久而充沛的动力。

1. 4 类环境问题

在此之前，还需要讨论一些相关的问题。首先，需要界定所谓"环境问题"，并且将这些问题分类。由于环境的复杂性，分类的方法可以有许多种。在这里我们以环境与发展的关系分类，并由此可识别 4 类环境问题。

第一类问题与不发达或发展速度过慢有关，其性质是人工资本及其引导的人工能流和物流对土地的投入不足，人力资本薄弱，导致人口压力作用下的系统退化和恶性循环，由此往往还导致社会的动荡，使有关地区长期陷于危机之中。换言之，不发达或者发展速度过慢也会带来环境问题，典型的就是缓慢的生态退化，或者经济学上讲的贫困陷阱：在贫困条件下生育率会很高，越是贫困的地方生育率越高，生育率高了就增加了人口对自然生态系统的压力，加上落后的生产技术，造成了生态退化，反过来又助长了贫困，而贫困又让孩子越来越多。这就是所谓的贫困陷阱，或者叫人口贫困陷阱。

在不发达的条件下，人工资本以及引导的人工能流，像农业就是化肥、农药、农机这些能源投入严重不足。更为关键的是，在贫困条件下人力资本比较薄弱，缺乏人才、技术和资本，就导致在人口压力作用下的生态退化。我国最著名的贫困区，如秦巴山区、甘肃的定西、宁夏的西海固、贵州和广西交界的大石山区，无不符合这些条件。这些地区多增加一个无人力资本而只能依靠最简单的技能生存的人，不仅其自身生活艰难，而且会对所在生态系统产生新的压力，造成严重的恶性循环式的退化。世界上很多贫困国家，基本上都处于这种恶性循环的陷阱当中。

摆脱贫困陷阱的唯一道路是发展。在我国的贫困地区，近年来这个问题已经有所好转。原来的人口压力变小了，年轻人都跑出去打工了，生态因此好转。所以，那种将一切环境生态问题归咎于发展的观点是片面的。

第二类环境问题是发展过程中必然会出现的。例如，使用化石燃料总会导致二氧化碳排放，修建水库总会导致部分土地被淹没，城市化总会占用原先由植被覆盖的土地，等等。这部分环境问题可被看作发展的必然的环境成本。需要注意的是，这是现有技术条件下的必然成本。也就是说，在不同的技术水平下，发展中必然会产生的环境问题在程度上是可以不一样的。

第三类环境问题是由发展过程中的各种错误引起的。此类问题大的与发展战略有关，发展策略失误、发展项目上的错误和技术不当等各种错误都会产生环境问题。例如，我国 1958 年的“大跃进”不仅在经济上是失败的，也导致严重的环境生态问题。又如，我们现在追求重化工业的大项目、GDP 至上，这是思想、理念、战略、发展目标上的失误。发展战略失误产生了很多问题，本教程的第一篇其实都在讨论这一点。其次是发展项目上的错误，如苏联 20 世纪 50 年代在中亚干旱草原大规模开垦，导致严重的沙漠化。大量局部性问题则与发展项目上的错误和技术不当有关。例如，在干旱地区发展需水工业，会加剧水资源的短缺和污染；在盆地发展化学工业，很容易导致大气污染公害等。北京的雾霾那么严重，其实在很大程度上就是环北京的重化工业造成的，北京周边没有哪个县没有钢铁企业，在这种情况下要改善环境就变得很困难。当然还有很多问题，如在人口很密集的地方搞 PX 项目，老百姓肯定不高兴，脾气再好的老百姓也不希望有一个化工厂建在家门口。

第四类问题来自各种对环境和自然资源的滥用。滥用的原因是个人的、局部的和当前的利益驱动。例如，如果一个工厂能通过排污节约成本，它就不会对污染进行治理。市场经济当中的各种利益主体可能有滥用环境和资源的倾向，如果这一种倾向很普遍，这个社会的环境质量就会变得不可收拾。我们国家有一点不一样，不仅个人和企业都会滥用环境，地方政府也可能滥用环境，原因就是政府有利益冲动，自己跑到市场里面去了。于是，政府滥用环境的问题也成为我们研究的对象。

在以上 4 类环境问题中，第一类应该通过发展予以治理。第二类可被看作是合理的由全社会负担的发展成本。说它合理的原因是在于，如果因不接受这样的成本而阻碍了发展，社会不仅会长期陷于贫困，还会因此而承受更严重的环境问题。后两类环境问题是不合理的，也是治理的主要内容。两类问题的区别在于，前一类问题的治理，主要是通过调整优化发展战略、产业结构、生产布局和经济政策，特别是优化我们的决策机制来解决；后一类问题则通过环境执法、环境管理和环境政策加以整治。可以认为尽可能遏制后两类环境问题，至少是当前环境管理的基本任务。

需要指出的是，后3类环境问题在现实中是无法区分的。如果真的有办法分开的话，我们就会发现第二类环境问题实际上是不重要的，也是很容易解决的。例如，虽然城镇化占用耕地，但由于城镇的经济效率高于农村，最终城镇化反而可以释放更多的土地。更重要的是决策失误和各种对环境的滥用。所以，环境管理就应该研究如何治理后两类环境问题，其对象主要是决策者，主要是政府。现行的《环境管理》教材基本上是站在政府立场研究如何治理各种污染源，本教程则要考虑加上一个重要的内容，那就是如何治理政府，其原因就在于我国的地方政府有着强烈的利益主体化倾向。第二就是规范市场主体的环境行为。这两个内容应该构成环境管理的基本内容。

2. 环境问题中的国情因素

需要讨论的另一个问题是中国的特殊性。这是人们经常提及的，尤其是遇到重大而难以解决的问题时，很可能就会提出中国特色这个命题。不可否认，在资源环境领域，中国确实面临一些相当特殊的挑战。

其一是环境退化中的人口因素。谈及我国人口因素对环境的影响，人们必然会想到“人均”概念。确实，我国庞大的人口规模对环境的压力是沉重的，所有主要的自然资源的人均拥有量都远远低于世界平均水平。例如，我国人均耕地约为世界水平的1/4，森林覆盖率约为世界水平的1/9，矿产资源的人均拥有量约为世界水平的1/2，水资源为世界人均占有量的1/4，能源资源为世界水平的1/2，等等。

人口众多和很大的人口密度当然会在环境退化中起到重要的作用，它意味着在同一的土地上有更多的生产和消费活动，于是，有更多的向国土资源系统的索取和更多的排放。而且在人口对环境的作用上，人口压力是其绝对数与需求的乘积。考虑我国高速发展的经济，人口压力的增加在其他条件不变的状况下会快于人口规模的增长速度。

在人口分布上，我国的特点是地倾东南。人口高度集中于东南沿海发达地区。例如，在长三角和珠三角这样的发达地区，由于大量人口涌入，会形成极大的环境压力。再如，太湖流域所承受的人口经济综合压力，在世界上很难找到类似的区域。我国国土面积大、人口规模大和内部差距大的特点，必然会造成少数地区人口压力极度增加的问题。

但是，人均概念又很容易被滥用，掩盖制度、战略、生活方式和其他不合理性，会诱导人们将人口视为单纯的消极因素，忽视人力资本的重要性，忽视社会进步、技术进步的作用，甚至忽视发展是为了人这一基本点。

其二是生态退化中的历史因素。我国生态退化的历史包袱很重，主要表现在沙漠化、水土流失、森林缩减和草原退化等方面。历代的屯垦和过牧使“三北”地区沙漠持续扩大，大片原先的优质草原沦为荒漠、半荒漠。长安自秦汉至唐朝是中国的首都，后因严重生态退化，只能东迁北移。历史上甘肃的陇东地区曾有郁郁葱葱的森林，因为历代建都长安，把森林都砍光了，当地的水系、耕地退化，久而久之才变成现在的模样。

其三是自然因素的不利方面。较为突出的矛盾是土地、水的数量和结构矛盾。西北地域辽阔，但干旱少雨。多雨的东南地区却山地比重过大。在工业污染方面，是矿物和能源质量较低。我国矿产虽品类齐全，但普遍品味较低。能源结构则缺油少气，以煤为主。品位低意味着冶炼和运输等环节需要消耗更多的能源，以煤为主意味着消费同样当量的能源，我国需要承受更多的污染。

总的来说，我国的自然禀赋并不优越，许多环境问题与此相关。但过分强调这些不利因素，推论就是老百姓、老祖宗、老天爷不好，其实质是回避我们的责任。推卸给老百姓，说孩子生多了，这是回避政府和精英阶层的责任；推卸给老祖宗，那叫不肖子孙；推卸给大自然，那叫没担当。对此必须保持应有的警惕。

二、新中国成立以来环境管理体系和制度的发展过程

1. 从无到有的环境污染

首先回顾一下新中国成立以来我国环境体制的发展过程。新中国成立之际的中国一穷二白，没有什么工业，所以也谈不上环境问题。1949 年全国的钢铁产量为 48 万吨，几乎没有环境问题。直到 1957 年一直没有出现过环境问题，其中当年苏联专家起到了较大作用，他们非常关注规划的合理性，有效地防止了污染。在其他环境保护相关领域，我国在新中国成立初期强有力地推动了群众性爱国卫生运动和植树造林、绿化祖国活动，加强土壤改造，防止水土流失，积极做好老城市改造、兴修水利等工作，出台了《中华人民共和国水土保持暂行纲要(1957 年)》等一些自然资源和生态保护的法规与制度。

我国出现环境问题的第一波是 1958 年“大跃进”。当年大炼钢铁，全国一年出现了 90 多万座小高炉，同时大概有 50 多万座小煤矿。为了炼钢，全国砍伐了太多的原始森林。工业污染也因无数落后企业的兴起而初露端倪。1958 年的这一波冲击昙花一现，到了 1959 年马上急刹车。冒出来的小企业关闭了超过 90%。为治理整顿，1961 年中央正式提出“调整、巩固、充实、提高”八字方针，其中对那些没有原料、材料资源的企业，以及消耗过多、产品质量低劣、成本极高、长期亏本而短

期又不能改变的企业，则分情况或者暂时停止生产，或者关闭，或者关闭一部分。此后，中央又对企业关停并转作过多次指示和规定。通过全面整顿当时冒出来的小企业，基本上让国民经济回到正轨，环境污染的苗头因此弱化，很多方面又回归了正常。

接下来的重要时间节点是 1972 年。这一年发生了几件大事。一是斯德哥尔摩人类环境大会，我国派团参加，回来后向周恩来总理汇报。二是北京官厅水库污染，该水库是北京的水源地，如果它遭受污染就会威胁到北京人民的饮用水安全，所以中央非常重视。当时我国已经出现较为明显的环境污染。例如，在水域污染方面，渤海湾每天有 600 多万吨废水排入，出现涨潮一片黑水、退潮一片黑滩的景象，沿海养殖受到严重污染。长江南京段水质因工业污水排放受到污染，江中鲥鱼产量从 1958 年的 580 吨降为 83 吨，减产 85%。黄河在兰州市下游几十里河水均呈黑褐色，河水含油量最高值超过卫生标准 52 倍，此外，废水还污染了地下水和饮用水源。吉林市 8 处水源已有 7 处受到污染。杭州、苏州等水乡城市，由于河道污染，方圆十里内找不到饮用水源。由于人类环境大会和现实生活中的严重污染事件推动，1973 年中央召开了第一次环境保护工作会议，并促成了次年成立中央环境保护工作领导小组，以及各地的“三废治理办公室”，即废气、废水、废渣治理办公室。

当时我国正处于“文化大革命”，其间造成环境问题的一大因素就是在极左思想的影响下，破除“管卡压”，否定各种合理的制度，上工业项目出现混乱，很多不该上的工业项目都上了，于是出现了比较重大的环境问题。正因为如此，中央开始重视环境问题。总的来说，当时我国对环境污染是不重视的，认识上有一个很重要的原因，以为我们是社会主义国家，发展经济是为了人民群众，而不像资本主义社会那样唯利是图，环境污染必定发生在资本主义国家。另一方面是举国上下对环境知识的漠视。新中国成立后的 20 多年间，“环境保护”的概念对国人来说是完全陌生的。当时上海出现过一起令人啼笑皆非的污染事件，就是把城市污水用来灌溉水稻，到后来就发现重金属污染，不得不紧急叫停。随着三废治理工作的展开，一些重要的环保制度在那个时候就已经出台，相关制度建设进入起步阶段。

2. 早期的环境保护

1972 年 6 月 23 日，官厅水库水源保护领导小组成立，开始中国第一个水域污染的治理。随后又相继成立了关于保护黄河流域、淮河流域、长江流域、松花江流域、珠江流域、太湖水系等水域的环保领导小组。作为我国后来环境保护的基本制度之一的“三同时”，即主体工程与“三废”治理项目同时设计、同时建设、同时投产，在官厅水库治理和南京梅山炼铁基地建设中都已经提出和运用。

1974 年 10 月 25 日，国务院环境保护领导小组正式成立，这是新中国最早的国家环境保护机构。接着各地也相继成立相应机构。例如，1974 年 12 月 26 日，北京市决定将北京市革命委员会三废治理办公室改名为“环境保护办公室”。

3. 国家环境保护制度的逐步成熟

1978 年 2 月，五届人大一次会议通过的《中华人民共和国宪法》规定：“国家保护环境和自然资源，防治污染和其他公害。”环境保护写入我国的根本大法，显示出国家的高度重视，明确提出保护环境是社会主义现代化建设的重要组成部分。1979 年 9 月，五届人大十一次常委会通过新中国的第一部环境保护基本法——《中华人民共和国环境保护法（试行）》，中国的环境保护工作开始走上法制化轨道。以此为标志，整个 20 世纪 80 年代是我国环境保护制度建设迅速走向完善的 10 年。至 1989 年 4 月，国务院召开第三次环境保护会议，提出积极推行深化环境管理的环境保护目标责任制、城市环境综合整治定量考核制、排放污染物许可证制、污染集中控制和限期治理 5 项新制度和措施，连同继续实行的环境影响评价和排污收费制度等，我国已初步形成完整的环境管理制度体系。在此期间，1982 年城乡建设环境保护部设立环境保护局。1984 年，国务院成立国务院环境保护委员会，领导组织协调全国环境保护工作。1988 年，在国务院机构改革中设立国家环境保护局，并被确定为国务院直属机构。环境保护管理机构趋于完整。

1992 年联合国环境与发展大会之后，中国在世界上率先提出了《环境与发展十大对策》，第一次明确提出转变传统发展模式，走可持续发展道路。随后中国又制定了《中国 21 世纪议程》、《中国环境保护行动计划》等纲领性文件，可持续发展战略成为中国经济和社会发展的基本指导思想。1993 年 10 月，全国第二次工业污染防治工作会议召开，会议总结了工业污染防治工作的经验教训，提出了工业污染防治必须实行清洁生产，实行 3 个转变：由末端治理向生产全过程控制转变，由浓度控制向浓度与总量控制相结合转变，由分散治理向分散与集中控制相结合转变。这标志着中国工业污染防治工作指导方针发生了新的转变。1998 年，新的国家环境保护总局（正部级）成立，并于 2008 年升格为环境保护部。

必须注意到，“文革”后期全国出现了第二波的环境污染，那就是乡镇企业的兴起。乡镇企业原来叫“社队企业”，在人民公社时期由于农业内部的隐性失业已经极为严重，农村出现了大量的闲置劳动力没办法解决，像苏南这样的地方又靠近上海，靠近我国工业最发达的地区，于是很多地方就开始由城市引进很多小工业，社队企业的兴起在一定程度上使当时的集体经济得到发展。改革开放以后，社队企业改名为“乡镇企业”，然后遍地开花。在这一轮的经济热潮中，环境污染事件因此变得比较普及。太湖流域的普遍污染就是当时乡镇企业普遍兴起的后果。太湖流域乡镇企业很多,一个大队有几十家企业、一个乡镇有几百家上千家企业的地方非常多,整个太湖流域都是这种情况。到 20 世纪 80 年代的时候,太湖流域的水形势已经极其不乐观。其他地方,比如湘江流域的重金属污染已经相当严重。在这样的背景下,环保机构不断升级,环保制度不断健全,环保局成立了,环保法也制定出来。我们现在讲的环保八项基本制度,最基本的几条在 80 年代已经逐步成型和完善。

从 1992 年至 1995 年,我国形成了又一波大范围的开发热。在此期间,由于高污染产业的过度发展,包括"十五小企业"的蔓延,以及建设泡沫的堆积,环境质量受到明显的冲击。中央为此开展了较为全面的治理整顿。从 1996 年开始,我国的日用消费品基本上进入饱和阶段,经济增长乏力。随着我国环保制度的健全,污染在这几年得到了缓解。然而自 21 世纪始,新一轮的经济过热导致了新一轮的经济恶化,这一轮从 2002 年开始大概延续到 2011 年,前后长达 10 年。这一波经济过热的问题在于以重化工业的兴起为主要特点,可以说举国上下没有一个地方不上马重化工业,造成的环境问题也更严重。

总结改革开放以来的中国环境保护,可以很清楚地梳理出两条几乎平行的脉络。一条是随着经济的粗放增长,环境负荷不断加重,环境质量趋于恶化。另一条是我国环保力度不断加大,环保制度不断健全。至少在发展中国家里面,我国的环保机构是最完整的,制度是最严厉的,措施是最有力的,投入是最大的。没有哪个发展中国家像我国中央政府这样,态度如此坚定,措施如此有力。最为典型的是"十一五"期间的节能减排目标,为实现节能指标,一些地方甚至拉闸限电。

另一方面,我国的环境保护是不成功的。环保部每年的环境公报都会提到:局部有所改善,总体仍在恶化。局部有所改善,这一目标实现的难度并不大,真正的难度在于缓解、遏制乃至逆转环境恶化的趋势。一种现象如果长期存在,必定存在制度因素。既然长期艰苦的环保努力未能遏制住环境恶化的趋势,就意味着导致环境恶化的制度因素未能消除,或者说已经建立起来的环境保护制度无法有效遏制那些推动环境恶化的制度因素。这是我国环保总体仍在恶化的根源。

三、环境治理的基础理论

1. 公共物品与混合物品

在谈到环境的时候,许多人很自然地视之为公共物品,进一步的推论是政府应该对环境负责。这一观点大致不错,但失之粗糙。在市场经济中,环境保护的关键在于划清市场、社会和政府的责任边界,并用合理的制度体系将各自的责任固定下来。问题在于环境要素极为复杂。对于不同的环境问题,市场、社会和政府的责任边界与协同解决的方式很可能是不一样的。因此,不能简单化地理解公共物品理论。

萨缪尔森发表于1954年和1955年的两篇经典论文构筑了公共物品理论的架构,并引起众多学者参与研究。在其《公共支出的纯理论》一文中,萨缪尔森对公共物品的性质做了详细的理论探讨(Samuelson, 1954)。他首先将物品分为集体消费品(collective consumption goods)和私人消费品(private consumption goods),但并没有使用公共物品(public goods)一词。他认为集体消费品是"所有人共同享有的集体消费品,每个人对物品的消费不减少任何其他人的消费……",私人消费品是指"该物品的消费总量等于所有消费者的消费之和"。

在《公共支出理论的图解》一文中,萨缪尔森用图形的形式进一步阐述了他的理论(Samuelson, 1955)。文中使用了公共消费品(public consumption goods)的提法,并认为公共物品的明确定义是具有消费的非竞争性的物品,这是物品本身所具有的一种技术特性。其次,他在比较了公共物品和私人物品的供给之后,认为适合私人物品分散化的决策竞争机制不能确定公共物品消费的最优水平。公共物品的最优水平"有必要尝试其他类型的投票机制或信号传递方式",他认为市场机制失效并没有否认公共物品最优解的存在性,"如果具备充分的信息,只要对各种可能状态进行搜索,并根据假定的伦理福利函数来选择最优状态,我们就总能找到最优决策……关键是如何找到它"。再次,他最早正式论述了公共物品最优配置的一般均衡条件,即公共物品的供给效率,是指公共物品最优供给的帕累托效率。一般把公共物品有效供给条件称为"萨缪尔森条件"。

萨缪尔森的公共物品理论为政府活动提供了实证性的效率标准。该理论揭示,对由政府出面进行的物品供给活动同样可以应用私人物品供给中的效率标准,物品无论是由市场提供还是由政府来提供,都应以"帕累托最优"为目标。

萨缪尔森根据非竞争标准将物品分为私人物品和公共物品两类,并没有设计非排他性,但其非竞争性是指物品的共时消费性(enjoy in common simultaneously),实际上已包含了非排他性,因为对于共时消费的集体消费物品不需要排他性,或即使可以排他也没有净收益优势等。该定义非常严格,以至于现实中难有满足定义的例子,这就使其理论受到众多批评。但萨缪尔森认为,自己关于公共物品的理论知识限于基础理论层面的探讨,并未要求其具有现实的可操作性。包括政府活动在内的很多经济活动的确是处于私人物品和公共物品之间的中间状态,但是,对这些中间状态的"混合物品"的理论研究也应该从极端情况的讨论开始。

在萨缪尔森的架构中,环境显然属于公共物品。因为环境因子具有"每个人对物品的消费不减少任何其他人的消费"的特点,即非竞争性。也就是说,无论清新还是污浊的空气,一个人的消费都不会对其他人造成影响。

马斯格雷夫放宽了萨缪尔森的非竞争性假设,把非排他性引入公共物品的定义,并将其视为与非竞争性并列的两个公共物品特征之一,最终完善了现代经济意义上的公共物品的定义与特征,即同时具有非排他性和非竞争性的物品(Musgrave, 1959)。

他提出了优效品(merit goods)的概念,从而把物品分为3类,即私人物品、公共物品以及优效品。优效品是指“一种极其重要的物品,当权威机构对该物品在市场机制下的消费水平不满意时,它甚至可以在违背消费者个人意愿情况下对该物品的消费进行干预”(Eecke, 1999)。他认为公共物品和优效品的区别是:前者是在尊重个人偏好的前提下供给的,由于公共物品本身技术上的特性使得市场无法最优供给,因此需要政府来供给;而对后者,政府根本不考虑甚至违背个人偏好而强制供给个人消费。

曼昆(1999)根据物品是否具有排他性和消费的竞争性将物品分为4个类型:私人物品、公共物品、共有资源和自然垄断(表5.1)。

表5.1　曼昆对物品的分类

<table>
<tr><td colspan="2" rowspan="2"></td><td colspan="2">消费中的竞争性?</td></tr>
<tr><td>是</td><td>否</td></tr>
<tr><td rowspan="2">排他性?</td><td>是</td><td>私人物品
冰激凌蛋卷
衣服
拥挤的收费公路</td><td>自然垄断
消防
有线电视
不拥挤的收费公路</td></tr>
<tr><td>否</td><td>共有资源
海洋中的鱼
环境
拥挤的不收费公路</td><td>公共物品
龙卷风警报器
国防
不拥挤的不收费公路</td></tr>
</table>

因此,在私人物品与公共物品之间,就出现了过渡带,也就是混合物品(mixed goods)。从严格的经济学意义上,混合物品应属于除公共物品和私人物品(private goods)之外第三种形态的物品,由于现实中真正的纯公共物品(pure public goods)较少,而相当部分的混合物品具有政府补偿提供和规制提供的准公共物品特性,因而一般把其纳入公共物品的范畴。

虽然根据表5.1将物品清晰地分为4个类型,但是,曼昆认为各种类型之间的界限有时是模糊的。物品在消费中有没有排他性或竞争性,往往是一个程度问题。曼昆以捕鱼为例做了说明:“由于监督捕鱼非常困难,海洋中的鱼可能没有排他性,但足够多的海岸卫队就可以使鱼至少有部分排他性。同样,虽然在消费中鱼经常有竞争性,但如果与鱼的数量相比,渔民的数量很少,竞争性就很小了(想一下在欧洲居民来到之前,北美洲可以捕鱼的水域)。”

曼昆认为如果市场不能有效地配置资源,是因为没有很好的建立产权。也就是说,某些有价值的东西并没有在法律上有权控制它的所有者。如果能很好地计划并实施政策,就可以使资源配置更加有效,从而增进经济福利。

奥斯特罗姆夫妇(2000)认为,消费的排他性和共用性是独立的属性,它们都可以分为两类:共用性可以分为高度可分的分别使用和不可分的共同使用;排他性可以分为可排他和不可排他的。当没有实际上的技术对一种物品进行打包或控制潜在的使用者进入时,排他在技术上不可行的。当排他的成本太高时,在经济上也是不可行的。根据这个标准可以将物品分为 4 类(表 5.2)。

表 5.2 奥斯特罗姆对物品的分类

		分别使用	共同使用
排他性	可行	私人物品:面包、鞋、汽车、书等	收费产品:剧院、夜总会、电话服务、收费公路、有线电视、电力、图书馆等
	不可行	公共池塘资源:地下水、海鱼、地下石油	公共产品:社群的平等与安全、国防、空气污染控制、消防等

以上的分类多是依其消费特性(即竞争性和排他性)进行的,但是,无论是公共物品还是私人物品,如果在消费过程中出现一个拥挤点,即在一定时空条件下出现供不应求的状态,则物品的性质和类型也会不同,因此对物品性质的界定,除了竞争性、排他性外,还应考虑拥挤性(congested),韦默和维宁(2003)依此将物品分为 8 种类型(表 5.3)。

从萨缪尔森到马斯格雷夫、曼昆和奥斯特罗姆,最终完善了现代经济学意义上的公共产品的定义与特征。但是,这种根据物品的特征来判断物品的类型否认了产权等制度对物品分类的影响,无法回答政府提供私人产品的问题,并且物品一般都是在一定程度上或一定条件下同时具备两个特征,由此难以判断物品的类型。

根据以上的分类,如曼昆分类,可以探讨各种环境相关事物的属性。

第一类是私人物品。在一般情况下,私人物品的消费对公共环境的影响不是很明显,但某些物品的环境影响是不可忽视的。典型的如国人新年燃放的爆竹。虽然少数人的燃放行为不至于造成值得重视的问题,但千百万人的共同行为会“弄脏”一座城市的空气。汽车尾气的排放也是如此。因此,政府如果需要降低私人消费行为的环境影响,则可以出台能够调节私人消费行为的政策。

表 5.3　韦默和维宁对物品的分类

	竞争性	非竞争性
排他性	①不拥挤：**私人物品** 市场供给 ②拥挤：**有消费外部性的私人物品** 出现过度消费，因为消费者对价格而不是对边际社会成本做出反应	③不拥挤：**收费物品** 在零价格下不会达到有效的私人供给；在任何正价格下都出现消费不足 ④拥挤：**有拥挤的收费物品** 如果价格等于边际社会成本，私人供给有效
非排他性	⑤ 不拥挤：**免费物品** 在零价格下供给超过需求；除非需求超过供给，零价格下才出现供给不足 ⑥拥挤：**自由进入和公共产权的资源** 消费者对私人成本而不是边际成本做出反应，出现过度消费与投资不足	⑦不拥挤：**具有消费外部性的周边公共物品** 过度消费，因为消费者往往忽视外部成本，存在私人供给 ⑧不拥挤：**纯粹公共物品** 私人供给不可能，因为排他不可能；在特权群体和中介群体中可能

第二类是收费物品。收费物品并不一定要收费。此类物品的基本特点是非竞争性使用，但可以实现有效的排他。城市的基础设施，尤其是各类管网，是典型的收费物品。不言而喻，与环境治理相关的系统，典型的如给排水系统，都属于此类物品。但某些物品要实现排他，其成本会高一些或更困难些，典型的如城市生活垃圾的收集清运系统。

传统上，收费物品被纳入公共物品之列，人们倾向于认为政府应该承担此类物品供给的责任。但 20 世纪 80 年代以后的公共管理运动实践表明，公私伙伴关系(PPP)对此类物品是有效的。

第三类是公共池塘资源。一种东西，如果能够使人们获得利益并存在竞争性使用，也就是存在稀缺性，同时又无法实现排他，出现拥挤或退化就是必然的结果。这一现象往往存在于自然资源和生态领域。我国一些年来过多的采集者收集荒漠地区的发菜，采集青藏高原的虫草，进入可可西里淘金，都导致了严重的生态破坏。在哈丁笔下，就是所谓“公地的悲剧”。

存在类似现象的领域不仅针对自然资源，城市内部种种滥用公共资源的现象，多多少少也是同样的原因。典型的如占路设摊，以及许多类似的城市问题，其原因在于由此产生的收益被个人占据，而由此产生的成本则社会分摊。困扰亿万人民的雾霾之所以难以治理，核心的原因就是在当前体制下，无论是省、地区还是城市，谁不大兴土木并大量上马重化工业谁就吃亏，由此产生的政绩和利益留在当地，而由此产生的困扰大家分担。

遏制"公地的悲剧"，总的来说要求完善社会经济生活的运行制度。明晰产权对遏制无数市场主体的滥用行为极为重要。责任和权利的边界明确了，人们才会对长期利益产生正确的预期，也才会产生保护动机。一个重要的难题是，在生态环境领域，许多事物无法明确归谁所有。典型的如空气，我们不可能将其分割并私有化。这一障碍后来被证明是可以克服的。空气无法私有化，但其使用权在一定程度上是可以界定的。于是出现了排污权，也就是市场主体向空气中排放某些污染物的权利。在美国，排污权甚至已经可以作为普通物品上市交易。类似地，欧洲和其他一些国家推行了二氧化碳的排放权。大海虽然不可分割，但鱼类的捕捞权可以分配，甚至可以交易、可以转让。

当然，责任与权利边界的明晰要求以此为中心建立完善的制度，于是引出了制度的有效性问题。执行任何政策和法律都是需要成本的。在很多时候，生态保护的制度因成本过高而难以执行。例如，我们规定进入国家级自然保护区的核心区必须经由国务院批准，但在实践中完全不可能因此而"布下天罗地网"。在另一些场合，则要求政府和全社会维护法律的尊严。典型的是城市道路的设摊问题，围绕摊贩的众说纷纭都忽视了我国《道路法》禁止经营性活动的规定。真正的问题在于，我们必须维护法律的尊严，否则城市会退化为大公地；如果应该允许摊贩存在，首先就应该修订法律。

2. 治理理念

探讨环境治理，首先需要理解"治理"的含义。治理（governance）一词，根据联合国全球治理委员会给出的定义，是指"各种公共的或私人的个人和机构管理其共同事务的诸多方法的总和，是使相互冲突的或不同的利益得以调和，并采取联合行动的持续过程"，这既包括有权迫使人们服从的正式制度和规则，也包括各种人们同意或符合其利益的非正式制度安排。

简单地说，当我们谈及治理的时候，一般会存在一个涉及多方责任和利益的问题。为成功应对这一挑战，需要动员尽可能足够的资源，需要所有相关方的共同应对，需要形成相应的计划、组织、控制和协调机制。在公共领域，治理意味着不再是政府包揽公共事务，而是有广泛的市场和社会参与。根据联合国全球治理委员会的总结，治理具有以下 4 个特征。其一，治理不是一整套规则，也不是一种活动，而是一个过程。也就是说,治理是问题导向的,问题的变化会导致治理内涵的变化。其二,治理过程的基础不是控制,而是协调。这是因为治理需要调动市场和社会的资源,必须考虑各方面的利益,调动相关利益主体的积极性。其三,治理既涉及公共部门,也包括私人部门,其过程不是政府的单打独斗,而是广泛的参与。其四,治理不是一种正式的制度,而是持续的互动。要满足上面这些要求,联合国开发计划署认为治理的基本要素是参与和透明、平等和诚信、法制和负责任、战略远见和成效、共识、效率。

治理的推进,总的来说就是政府从统治(governing)向治理(governance)转变的过程。两者本质上有区别:一是权威的不同。前者的权威必定来自政府,后者的权威则可能来自政府,但也会来自政府与市场和社会合作形成的机制。二是统治的主体必定是政府机构,而治理主体则可能是政府机构,可能是私人机构,可能是社会组织,还可能是政府与非政府力量形成的合作机制。三是权力运行的向度不同。在统治架构下,权力的运行总是自上而下的,而在治理架构下,会有自上而下和自下而上的双向互动。在治理理论中,政府不是唯一的权利中心,各种非政府组织也同样是权力的合法来源。

公共治理理念兴起的时间并不长。在1989年世界银行的报告中,明确提出治理概念。1992年,世界银行将其年度报告的主题确定为"治理与发展",与此同时,联合国成立治理委员会。由此为起点,治理理念逐步扩展。当然,其盛行有其深刻的历史背景。20世纪70年代前后,发达国家进入后工业化时期。后工业化意味着经济增长速度放缓,财政收入增速随之下降;意味着公众更为追求教育、文化、医疗卫生、环境等领域的消费,以进一步满足其提高生活质量的要求,进而意味着公共领域的责任加大。后工业化一般还伴随着老龄化程度的提高。高度官僚主义化的政府不仅会面临资源不足的困境,还因其僵化低效而山穷水尽。在美国,多数地方政府债台高筑,公共事业由于过度追求局部效率,反而使整体效率不断下降,公民的福利遭受损害,从而形成了强大的要求政府改革的压力。在这样的背景下,美国有越来越多的地方政府加入了公共部门改革的行列。

在此背景下,玛格丽特·撒切尔和罗纳得·里根分别于1979年和1980年当选英国首相和美国总统。他们都是政府改革的强力发动机。英国推行了一系列激进的非国有化措施。美国因为原来的国有企业很少也较小,改革的主要内容是合同外包,将各种政府机构的辅助服务(如餐饮、保安、房屋维护和数据处理等)外包给市场。在地方层面,合同承包还涉及垃圾清理、街道清扫、公园维护等。这一潮流在克林顿政府时期达到了顶峰。到20世纪90年代中期,州和地方服务的民营化在美国已十分普遍。

说到公营部门的改革,人们很容易简化为私有化,说好听点就是民营化。这种理解在一定程度上是对的，但并不完整，忽视了一些更为基本的理念。

一个非常重要的概念是“企业家精神的政府”。也就是说，无论政府还是官员，都应该向企业家学习。这里的企业家不是人们通常理解的“生意人”，而是其本来含义，即“把经济资源从生产率或产出较低的地方转移到较高的地方”的人们，他们“运用新的形式创造最大限度的生产率和实效”。所以，提倡政府的企业家精神，并非要求公营部门的全盘私有化，也不是要求政府官员去当私人公司的经理，而是要求政府及其官员注重通过制度创新不断去捕获更高的效率。

与企业化政府密切相关的一个概念是“城市经营”。这是一个人们已经熟知又被广泛滥用和误用的概念。“城市经营”不是一个很新的概念，实际上是20世纪六七十年代西方国家城市对传统管理模式进行反思的产物。它要求一个城市的政府摒弃传统的官僚主义管理模式，像企业家那样高效率地管理，追求资源配置的优化，尽可能将市场作为主要的资源配置场所。在城市经营的架构中，政府会尽可能远离公共物品的生产者的传统角色，而转向创建市场、完善市场、利用市场。与此同时，政府还需要与各种社会力量，如非政府组织、志愿者组织、慈善机构、社区自治组织、学术组织和行业协会等建立伙伴关系，共同应对城市的各种社会问题。以一种形象的比喻，政府尽可能放弃传统的划桨角色，专心于掌舵，动员全社会的方方面面划桨。市场的作用则好比风，如风向很顺、风力足够，则社会和政府都能受益。当然，“好舵手能使八面风”，需要的是政府驾驭市场的能力。

城市经营的核心是效率，追求城市建设、公共服务和管理各方面的效率。即使是社会公平，在某种意义上我们应该视之为公共物品，其供给也存在效率问题。当前，我国城市普遍面临大发展的局面，同时，多数城市面临着财政紧张、资源不足的难题，在这种形势下探讨城市的经营之路有着特殊的重要性。

首先，需要整体地确立城市经营的思路。将城市作为一个企业那样管理，自然它也就有自己的“产品”，有品牌、信誉、无形资产。城市应该高度爱护自己的品牌。一切不利于自己的品牌的现象，都应该加以遏制。与企业一样，城市需要弄清自己的顾客究竟需要什么。例如，如果一个城市希望投资者或创业者进来，就应该了解他们最希望这个城市的哪些方面得到改善，是安全、诚信、交通基础设施，还是卫生、医疗、教育、购物和休闲条件，或者是环境质量、景观？

其次，与企业一样，当确定了经营目标之后，需要为实现这些目标而有效地动员资源和使用资源。这些年我国城市面临的一个共同问题是政府以行政推进方式承担城市建设和管理维护，对市场和社会资源动员不够。这是最大的效率损失。我们应该看到，“效率”是具有不同含义的。这里讲的效率，首先是市场的效率，是全社会资源被有效动员和使用的效率。在城市建设与管理的机制建设上，目标应该是实现政府、社会、市场三强各自到位，不缺位、不错位、不越位。三者在执行任务上的优先顺序为市场、社会、政府。作为操作机制,这样的顺序是至关重要的。因为只要市场能够胜任,它的资源配置效率总是高于其他方式。而社会共同承担任务的成本通常低于政府单打独斗。

最后,需要扶持、培育共同承担城市建设与管理使命的市场和社会力量。也就是说,既然政府从划桨转向掌舵,就需要为桨手的成长创造足够的空间。大致说来,在城市经营中特别需要两类组织,一是民营的中介组织,二是市场和社会自治组织。

公共管理改革的核心问题是在公营部门引入竞争机制,这意味着需要在原先被公营部门垄断的领域建立竞争性市场。为此,将民营企业引入相关领域是必不可少的。在一定的时期内,民营化显得是改革的主流,以至于人们会误以为改革就是民营化或私有化。这种理解虽然在表象上有某种真实性,但它不是制度创新的核心。问题的实质其实不是公营对私营,而是竞争对垄断。

另一种误解认为民营化是反政府的。必须指出,民营化的目的是改善政府绩效,从而改善人民的福利。为了克服公营机构的官僚主义和效率低下,变化的总趋势是疏离政府而亲近其他社会机构,也就是民营化。民营化可界定为更多依靠民间机构,更少依赖政府来满足公众的需求。但应该看到,即使在改革后的公共服务领域,公共部门和私人部门都承担着重要的角色,所以,称之为"公私伙伴关系"比民营化更合适一些。所谓民营化,就是要充分利用多样化的所有制形式和运作关系来满足人们的需求,实现公共利益。

以上讨论归结起来,就是"从统治转向治理"。统治与被统治是传统意义上的政府与民间的关系,无论人治还是法制,开明还是专制,民主还是独裁,政府总是凌驾于民间之上的。而所谓治理,指的是政府、企业界和社会结成伙伴关系,共同应对公共领域的挑战。其中所谓社会,指的是各种社会组织,包括利益团体、慈善组织、非营利组织等。政府动员和协调所有这些方面的力量,以增强一个社会应对公共问题的能力。于是产生了一个操作意义上的目标——政府掌舵,社会划桨。"治理"一词源于希腊语"kybern",其含义是掌舵。政府的角色是掌舵,而不是划桨。

这场改革运动的动力,首先是对公共服务效率的追求。公共部门在提供服务方面效率低下,这几乎是一种全球现象。因为其效率低下,政府财政因此背上了沉重负担。当包袱不胜负荷时,政府本身也就有了改革的动力。撒切尔夫人改革措施之所以激烈,首先不是因为她的个性,而是不改革已经没有了出路。

除此以外,后工业化社会的一些重要性质也发挥着重要作用。一是应该看到,官僚主义的供给方式对较为基础的、单一的服务较为有效,而后工业化时代的发展趋势是多样化、个性化。因此,这种传统的供给方式与社会需求之间的不适应会越来越显著。同时,随着个人经济力量的增长,消费者对教育、医疗、住房、退休保障及其他物品和服务的支付能力日益提高，其中部分人对这些服务的需求超过了政府的提供能力。这些正是私人供应商通过市场机制可以提供的东西。可以说，经济发展会减少人们对政府物品和服务的依赖，使他们更乐于接受民营化方式。

根据以上关于治理的讨论，可以认为，环境治理的核心问题就是在应对环境问题的挑战时，需要形成政府、市场和社会合力共治的机制。在此格局下，三方有着明确的责任或权力边界，进而形成合力，动员相应的资源，共同应对挑战。

3. 政府规制

在上述治理格局中，政府毫无疑问处于主导地位，这是由两条最基本的理由决定的。一是环境问题的公共物品属性。由前面的讨论可知，即便是混合物品，也意味着很难通过市场机制，实现完全的私人供给。政府必须承担相关物品供给的制度安排。典型的如城市给排水系统的建设运行，政府可以扮演直接供给者的角色，于是产生了城市政府拥有的水务公司；政府也可以建立特许经营制度，吸引民间资本进入承担生产者的角色。但即便是后者，供给的终极责任必须是政府。二是治理意味着市场和社会在环境事务中的广泛参与，但参与规则的制定及其管理，必须以政府为主导。总之，政府在治理格局中最主要的作用，被称为政府规制或政府管制、政府监管，即：政府运用公共权力，通过制定一定的规则，或者通过某些具体的行动，对个人和组织的行为进行限制与调控。它的手段包括经济性监管和社会性监管。

所谓经济性监管，是指通过制定特定产业的进入、定价、融资以及信息发布等政策对主体行为进行有效的调整，以达到避免出现竞争主体过多或过少而引起过度竞争或竞争不足，造成资源浪费或者配置低效率。其管制手段主要包括价格管制、进入和退出管制、投融资管制、质量管制、信息管制等。①价格管制，指的是政府对特定产业在一定时期内的价格进行规定，并根据经济原理规定调整价格的周期。在资源环境领域，最为常见的价格管制是能源和水资源价格，包括污水处理的价格，通常存在政府的规定或指导。②进入和退出管制，意味着政府通过规定产业准入门槛和退出条件，以确保特定公共经济领域存在数量适当的市场主体。在资源环境相关领域，政府通过提高行业技术、资金和环保门槛，推动行业变得更为环境友好和资源节约；也通过淘汰高耗能行业中的落后产能，以实现节能减排目标。对于给排水和垃圾处理处置行业，政府通过引入民资以促进竞争。③投融资管制指的是政府对经济主体进入某些产业的投融资行为进行鼓励或限制，以控制产业主体的数量。在资源环境相关领域，投融资管制近年来最为常见的是对房地产行业的干预，以防止产业的过热。④信息管制指的是政府利用公共权力，采取各种政策措施以缓解信息不对称问题，使社会主体处于平等地位。在环境领域，最为常见的是政府对企业提出强制性信息披露要求，让社会公众获得与自身利益相关的环境信息。

社会性监管主要针对外部不经济和内部不经济。外部不经济也就是外部性，意味着在市场交易过程中产生了收益或成本的流失。收益流失可称为正外部性。在环境保护领域，典型的情况就是一种环境友好的经济活动，对环境的好处被他人或社会无偿获得，从而导致生产者的积极性受到挫伤。成本的流失可称为负外部性，意味着原本应该由生产者或交易主体承担的部分成本无偿地转嫁给了他人或社会。环境污染和掠夺性开发自然资源之所以会泛滥，这是基本原因。为遏制外部性，政府需要对交易主体进行准入、设定标准和收费等方面的监管。所谓内部不经济，是指交易双方在交易过程中，一方控制信息但不向另一方完全公开，由此造成的非合约成本由信息不足方承担，如假劣药品的制售、隐瞒工作场所的安全卫生隐患、自然垄断企业借其垄断地位获取超额利润等。所以，政府要进行准入、标准以及信息披露等方面的监管。

在环境治理格局中，政府规制是必要的和基础性的。之所以需要规制，最基本的原因是存在市场失灵。也就是说，由于存在外部性、信息不对称和垄断等问题，市场会失去合理配置资源的能力，导致价格体系的扭曲，进而助长对资源和环境的滥用。例如，低价格的土地、水资源和污染排放，释放的其实是自然资源和环境自净能力丰裕的信号，从而鼓励市场主体的滥用，因而从根本上是不利于环境保护的。政府规制的目的，就是尽可能维持社会经济生活的制度架构的合理性。

但是，政府规制又不是万能的，需要防止其过度扩张的倾向。总的来说，过度政府规制容易产生的问题，一是导致政府行为过度扩张，遏制市场和社会功能的正常运行；二是规制的成本过高，导致政府过度开支；三是规制不一定是正当的或必要的，反而可能符合某些利益集团的口味。

四、我国现行环境管理制度

与环境保护相关的制度是极为复杂庞大的体系，其边界很难界定清楚。一是如何界定其范畴，如果将土地保护、自然保护、国土资源系统的承载力保护和修复、水资源保护和污染控制都包括在内，其范围就变得相当宽泛。二是涉及的政府机构。环境保护不仅仅是环保部门的责任。在我国，几乎所有政府职能部门都在不同程度、不同角度上承担了环保职责，大致形成以下格局：节能减排、应对气候变化和循环经济等综合性领域，管理上由发展改革委牵头，由其会同相关部门，确定诸如建设、交通、工业等各领域的工作目标，再由相关职能部门实施推进。而土地、水资源、海洋、森林和草原等资源生态要素的保护，则分别由国土资源、水利、海洋、林业和农业等职能部门牵头，会同有关部门共同构建相对完整的保护制度。例如，在耕地保护方面，我国的制度体系包括土地用途管制制度、耕地总量动态平衡制度、耕地占补平衡制度、耕地保护目标责任制度、基本农田保护制度、土地开发整理复垦制度、土地税费制度、耕地保护法律责任制度等。所以，生态与环境保护的制度体系的内涵相当广泛。人们通常所说的环境保护 8 项制度，其实只是环保部在其污染控制的长期实践中逐步完善的一套制度。

以下讨论以污染控制为核心的 8 项基本制度。我们讨论每一项制度的由来、发展和完善的过程、具体内容，也包括局限性和在实践中暴露的问题。这 8 项制度可以被看作一个相对完整的样本，相当典型地显示出我国生态环境保护制度的特色。

1. 环境影响评价制度

较早的环境影响评价针对的是建设项目。要求在进行建设活动之前，对建设项目的选址、设计和建成投产使用后可能对周围环境产生的不良影响进行调查、预测和评定，提出防治措施，并按照法定程序进行报批的法律制度。

这项制度最早由美国提出，1969 年美国颁布《国家环境政策法》(National Environmental Policy Act, NEPA)，其中建立了环境影响评价制度。此后，有 100 多个国家建立了相应制度。与此同时，一些国际机构也引入了环境影响评价体系。典型的有 1970 年世界银行设立环境与健康事务办公室，对其每一个投资项目的环境影响进行审查和评价。1992 年里约热内卢联合国环境与发展大会通过的《里约环境与发展宣言》和《21 世纪议程》中都写入了有关环境影响评价的内容。

我国在 1973 年首先提出环境影响评价的概念。在国家支持下，北京师范大学等单位率先在江西永平铜矿开展了我国第一个建设项目的环境影响评价。1979 年颁布的《环境保护法》(试行)使环境影响评价具有正式的法律地位。1981 年发布的《基本建设项目环境保护管理办法》专门对环境影响评价的基本内容和程序作了规定。后经修改，1986 年颁布了《建设项目环境保护管理办法》，进一步明确了环境影响评价的范围、内容、管理权限和责任。1989 年《环境保护法》中明确规定："建设污染环境的项目，必须遵守国家有关建设项目环境保护管理的规定。建设项目的环境影响报告书，必须对建设项目产生的污染和对环境的影响做出评价，规定防治措施，经项目主管部门预审并依照规定的程序报环境保护行政主管部门批准。环境影响报告书经批准后，计划部门方可批准建设项目设计任务书。"于是，环境影响评价成为了建设项目立项的前置条件，被赋予了非常高的法律地位。

进入 21 世纪后，环境影响评价的地位进一步得到强化。2002 年 10 月 28 日，第九届全国人大常委会通过了《中华人民共和国环境影响评价法》，并于 2003 年

9月1日实施。其中,环境影响评价从建设项目环境影响评价扩张到了规划和战略层面。2009年10月1日,我国正式实施了《规划环境影响评价条例》。

环境影响评价属于决策过程中的环境管理。通过环境影响评价,预期可以从环境保护的立场出发,为建设项目合理选址提供依据,防止由于布局不合理给环境带来难以消除的损害;可以调查清楚项目周围的环境现状,预测建设项目对环境影响的范围、程度和趋势,提出有针对性的环境保护措施;可以为建设项目的环境管理提供依据。环境影响评价的内容,因此一般都包括下述基本内容:一是建设方案的具体内容;二是建设地点的环境本底状况;三是方案实施后对自然环境和社会环境将产生哪些不可避免的影响;四是防治环境污染和破坏的措施和经济技术可行性论证意见。环境影响评价的程序一般包括:首先由开发者进行环境调查和综合预测,通常是开发者委托中介机构进行,提出环境影响报告书;二是公布报告书,广泛听取公众和专家的意见;三是根据专家和公众意见,对方案进行必要的修改;最后由主管当局审批。

一个困难的问题是,在环境保护的实践中环境影响评价究竟起到怎样的作用。不仅在我国,其他国家对此也是有争论的。从负面看问题,人们可以对环境评价提出质疑,因为环境评价制度如果是有效的,通过环评意味着那些错误的立项确实得到了纠正,那些会造成污染的项目确实按照环境评价的要求得到了治理,我国的环境形势就不会如此恶化。但是,环境评价的支持者会如此辩护:如果没有环评制度,我国的环境形势也许会更令人难堪。

这种争论是没有意义的。客观上,并不存在能够准确衡量诸如环境影响评价之类制度的方法。无论如何,政府总应该有一种衡量经济领域相关决策环境影响的机制,从而可以从环境保护的立场,审视是否应该批准这一项目。所以,真正的问题应该是,现有的环境评价制度应该如何改进。我们认为,以下3个问题是需要注意的。

首先,是环境影响评价的作为空间问题。也就是说,环境影响评价应该明确自己的边界,主要是能力的边界。哪些事情是自己可以做好的,而哪些又是无能为力的,应该专注于那些成本上可以接受、技术方法上合理适当的使命。

之所以这样说,是因为许多年来环评界确实存在无视自身能力缺陷而醉心于无休止扩张的倾向。在项目环评层面上,当前使用的技术、方法和模型相对比较成熟。各种产品和工艺的产污系数、空气和水体污染物的扩散模型等,以及治理污染所需要的措施,诸如此类,项目环评报告能做得面面俱到。虽然种种分析和预测还有很多欠准确之处,但长期以来其方法体系确实在不断进步。当然,公众参与和社区研究是项目环评的薄弱环节,不仅环评承担者、业主和政府主管部门都不重视,通常使用的方法技术也存在严重问题。

总的来说，可以认为当前的环评界有能力承担项目层面上的环评使命。但对政策、规划和战略进行环境影响评价，就完全超出了环评界的能力。在实践中，环评者只能采用项目环评的方法技术开展规划和战略环评，结果是牛头不对马嘴。

一个典型的案例就是沿海城市的临港产业战略。这意味着依托港口的区位优势发展重化工业。在项目层面上，临港发展重化有利于降低运输费用，有利于开拓远程市场，沿海的地理气候条件也有利于大气污染物的扩散稀释，所以无可厚非。项目环评按照规范，可以中规中矩地完成任务。但上升到战略层面，问题的性质就变了。是否要依托某个港口发展重化工业，首先需要分析产业布局的合理性。如果还是按照项目环评的路子走，其结果就是宏观层面严重的重复建设和产能过剩。事实上，我国自南向北，港口城市确实都在发展重化工业。也就是说，搬用项目环评的套路进行战略环评，其结果会是微观上的合理集成为宏观上的荒谬。我国的雾霾问题与此颇有关系。在微观上，大概所有污染源都经过了环境影响评价，而宏观上却集成为江河日下的大气环境。

在举国上下轰轰烈烈的造城运动中，以环境保护的眼光看城市规划，最大的问题是什么？应该承认，建设泡沫乃至空城、鬼城是对环境保护的最大威胁。原因是建设泡沫浪费了土地；无谓堆砌的钢筋、水泥拉动了高污染产业的排放；过疏的城市对服务业进而对创造就业机会不利。假定有这样一座现有人口为50万人的城市，其规划打算在15年内扩张至200平方公里，人口为200万。对此，环境影响评价应该如何着手？这是一个真实的案例，一个位于中部省份的四线城市的规划。按照现有环境评价的套路，大致会指出其工业区应该位于城市的下风向，会对规划涉及的绿化比例、城市垃圾处理能力和污水处理设施等作出评价。但规划最大的缺陷在于过于贪大，根本不可能实现其预期的人口与产业目标，因此会造成严重的浪费、资源错置，并间接地因过度建设而推动污染排放。这样的问题是当前的规划环评不可能指出的。

所以，环境评价还是应该坚守在自己擅长的领域，也就是项目环评。过度扩张的结果对环评的发展不利，在自己不擅长的领域信马游缰，其结果只会是削弱环评的权威性。至于战略、规划和政策的环境影响，环评界更为适宜的方式是作为参与者进入。另一方面，环评界也应该加强规划环评和战略环评的基础性研究，使其理论和方法尽快成熟。

其次，是环境影响评价的主体问题。在我国现有的制度架构内，环评是环保部门设置的一道关隘。环保部门因此获得了立项过程中的一道审批权。但在现行制度架构内，这种权力的把持很容易异化。在现实中我们至少可以识别出3个问题。一是部门的利益主体化。现行我国的环评具有很强的行政垄断色彩，利润丰厚的单子通常被各级环保部门的下属事业单位获得。由此环评单位会丧失必须的独立性。二是环境评价与行政审批的捆绑不一定对环境保护有利，原因在于，虽然看似环保部门的权力得到了加强，但不言而喻，这一权力很容易被更强大的权力笼罩。实践中之所以有那么多的污染项目通过环评以及后续的审批，原因就在于“更大的权力”对 GDP 的追求。三是公民的环境权益缺乏抓手。

公众参与应该是环境影响评价制度的核心。在我国的环境影响评价制度理论和实践中，对公众参与环境决策也予以高度的重视，但与此相关的制度建设是不够的。特别是在怎样的情况下，项目算是未能得到民意认可，我们既无明确规定，也无法定流程。我国环境评价中的公众参与是被动的，基本流于形式。直到某个项目的立项激起公众的强烈反对，甚至引起较大规模的官民对抗时，人们往往才发现，项目环评的公众参与过程形同虚设、产生的危害有多大。

真正的公众参与应该是一种多元化过程。应该将环境评价成为公众获得相关信息，并理解这些信息的过程；成为公众获知自己可以有哪些权利，并如何保卫这些权利的过程；成为公众培育主体意识，主动加入环境保护之中的过程；成为群策群力，共同应对挑战的过程。实现某一目标应该有多种方案，不同方案所消耗的人力、资源、时间以及环境效益、经济效益和社会效益等各不相同，理想的环境影响评价过程还应该对各种替代方案、管理技术、减缓措施进行比较。从众多的方案中优选出一个经济、社会和环境价值协调统一的方案来实施。或者打破当前官办事业单位的垄断局面，允许公众或民营机构提出自己的观点和方案。但是，我国的环评法及相关规定都只是要求在环境影响评价中要提出预防或者减轻不良环境影响的对策和措施，而没有提到可供选择方案问题。与行政垄断结合，这就等于剥夺了公众择优保护环境的权利。

最后，如何处理环境影响评价与经济增长需求的关系。这可能是环评在中国处境尴尬的最重要原因。其中又分两种情况。一是环境影响评价，也包括后续的行政审批，有无权力否决那些不宜建设的项目和不宜实施的规划。原则上，环保部门拥有这一权力。例如，所谓“限批”就是这种权力存在的象征。但正是对这几次限批事件的大吹大擂，恰恰说明了环保部门这一权力的运用空间极为狭小。二是环评周期问题。严格系统地对重大项目和规划进行环境影响评价，尤其是要广泛征求公众的意见，甚至比选不同的方案，也许需要数年的周期。如果立项方案被否决或退回进行重大修改的话，耗费的时间会更长。这对习惯于“大干快上”的各级地方政府来说是难以忍受的。但是，如果迁就经济增长的需求，环境评价也就形同虚设。

2. “三同时”制度

环境保护的“三同时”制度，具体地说，就是“建设项目中防治污染的设施，必须与主体工程同时设计、同时施工、同时投产使用。防治污染的设施必须经原审批环境影响报告书的环境保护行政主管部门验收合格后，该建设项目方可投入生产或者使用”。这是在中国出台最早的一项环境管理制度。

1972年6月，在国务院批准的《国家计委、国家建委关于官厅水库污染情况和解决意见的报告》中，第一次提出了“工厂建设和三废利用工程要同时设计、同时施工、同时投产”的要求。1973年，经国务院批准的《关于保护和改善环境的若干规定》中规定：“一切新建、扩建和改建的企业，防治污染项目必须和主体工程同时设计、同时施工、同时投产。”1979年，《中华人民共和国环境保护法》(试行)对“三同时”制度从法律上加以确认，第六条规定：“在进行新建、改建和扩建工程时，必须提出对环境影响的报告书，经环境保护部门和其他有关部门审查批准后才能进行设计；其中防止污染和其他公害的设施，必须与主体工程同时设计、同时施工、同时投产。”随后，为确保“三同时”制度的有效执行，国家又颁布了一系列的行政法令和规章。其中，1981年5月由国家计委、国家建委、国家经委、国务院环境保护领导小组联合下达的《基本建设项目环境保护管理办法》，把“三同时”制度具体化，并纳入基本建设程序。第二次全国环境保护会议以后又颁布了《建设项目环境设计规定》，进一步强化了这一制度的功能。

在制度安排上，“三同时”是项目环评的落实。环境影响评价报告书规定的治理措施，由环境管理部门监督落实和验收。因此，报告书上的措施就必须是经济的，适当的，能够帮助投资者以最小的代价实现环保要求。这就要求环境配套建设方案的设计者不仅懂得污染治理的工艺，还应该精通工程经济，能够通过主体工程的优化减少其环境影响，为社会减轻污染，为投资者减轻负担。但不得不指出，环境工程界对此尚未有足够的重视，以“先进、超前、国际一流”为名导致环境配套过于昂贵的现象并不鲜见。反过来，项目方也存在开始时好大喜功，或为了审批过关而过度追求环境配套方案的“高大全”，导致批而不建、建而不成，甚至投产之后不能正常运行。

国家环保总局颁发的《建设项目竣工环境保护验收管理办法》和《建设项目环境保护设施竣工监测办法》等，对建设项目竣工验收的要求和程序做出了较为详细的规定。从执行效果看，国家和省级审批的大型项目“三同时”的落实情况较好。但在总体上可以发现两方面问题。

一是市县二级审批的项目通常规模偏小，污染问题也不突出。就项目数量而言，中小型建设项目和非重污染项目占了绝大多数。对这些项目，“三同时”执行效果和执行率均偏低。造成这一状况是与我国企业规模普遍较小和分布过散有关，也与地方环保机构力量薄弱有关。面对数量巨大的小企业或小项目，市县环保机构完全无法应对项目的日常监管。所以，对于中小型项目的“三同时”，有必要进行流程再造、减少环节。

二是针对“三同时”推进过程中出现的复杂化问题，进一步完善相关制度。总的来说，《环评法》实施后，环评审批成为项目建设的前置条件，地方政府对环评的重视程度普遍提高，但对建设项目“三同时”的监督管理显然未能配套跟上。一个突出的问题就是验收滞后。许多项目建设周期较长，环保部门难以及时掌握项目建设的进展情况。建设时间过长也导致企业游离于“三同时”监管之外，以“试生产”为名久试不验。同时，很多建设单位，甚至包括地方政府首长，只是将环评审批作为办理前期手续必须要过的门槛。在环评时没有认真对待，只是为了通过环评而办理环评，导致项目实际建设情况与环评文件内容不一致。还有的地方政府为了政绩而虚报项目投资规模，导致项目实际建设规模与环评文件不符。这些问题的存在，意味着“三同时”制度还具有一定的粗放性。

3. 排污收费制度

排污收费制度也是我国较早的环境保护制度。1979 年 9 月，第五届全国人大常委会第十一次会议通过的《中华人民共和国环境保护法》(试行)规定：“超过国家规定的标准排放污染物，要按照排放污染物的数量和浓度，根据规定收取排污费。”1982 年 7 月国务院颁布《征收排污费暂行办法》(国发[82]21 号)，标志着我国排污收费制度正式建立。

排污收费，指的是向环境排放污染物或超过规定的标准排放污染物的排污者，依照国家法律和有关规定按标准缴纳费用的制度。征收排污费的目的，是为了促使排污者加强经营管理，节约和综合利用资源，治理污染，改善环境。排污收费制度是“污染者付费”原则的体现，其目的是使污染防治责任与排污者的经济利益直接挂钩，给污染者以减少排污的激励。期望缴纳排污费的排污单位出于自身经济利益的考虑，必须加强经营管理，提高管理水平，以减少排污，并通过技术改造和资源能源综合利用以及开展节约活动，改变落后的生产工艺和技术，淘汰落后设备，开展综合利用和节约资源，推动企业事业单位的技术进步，最终减少污染，提高经济和环境效益。

征收的排污费纳入预算内，作为环境保护补助资金，按专款资金管理，由环境保护部门会同财政部门统筹安排使用，实行专款专用、先收后用、量入为出，不能超支和挪用。环境保护补助资金主要用于补助重点排污单位治理污染源以及环境污染的综合性治理措施。

简单地说，排污收费的意义在于，治理污染是需要成本的。如果不征收排污费，企业会通过免费排污逃避这一成本。当征收排污费后，企业就必须在缴纳排污费和消减污染之间进行选择。如果是从量收费，企业还必须考虑减少排污量的技术路径，这将促使企业不断开发新技术、减少污染物的排放。此外，排污收费作为环境保护部门的资金来源，可为公共环境保护设计提供部分资金，以及返还污染企业作为治理污染的专项基金。应该说上述目标或意义只是理论上的，实践中排污收费很难收到预期的效果。首先，排污费征收标准偏低。其理论上的最优点应该等于治理成本。在这一点上，企业会主动转向污染治理。只要实际收费低于治理成本，企业在污染排放和治理之间，选择的必定是排放。顺便要提及的是，排污费标准偏低是一种世界现象，迄今尚未发现例外。原因在于行业和企业千差万别，不可能存在某种统一的治理成本标准，也不可能为每一家企业确定特定的治理成本标准。同时，如果排污费高于治理成本，则会对经济活动产生强烈的抑制作用，导致产业外流。这两个因素的结合，使得实践中的排污费难以达到治理成本的水平。

理论上排污费应该从量征收。排放多少，征收相应的费用。这样，我们可以预期企业会产生减少排放的动机。但从量收费的难度很大，对于极少数的大型企业，可以采用在线监测的方式采集信息。即便如此，管理成本也很高。至于广大中小企业，要准确收集其污染物排放量的信息，成本会高得难以承受。因此在实践中，排污费一般依据企业的申报量或排污许可证规定的数量征收。如此一来，排污费就转变为定额收费，其主要作用只是为环保筹措经费，激励作用则完全丧失。

排污收费制度还有一些问题。例如，排污费不能足额征收，其原因形形色色，包括地方政府可能为安抚企业进行不当干预、监测手段落后、底数不清、不能准确核定排放量等。不少地区有截留、挪用、挤占排污费的现象，一些基层环保部门征收的排污费严重不足，很大部分用于人员经费和办公费支出。

《中华人民共和国环境保护税法》于 2018 年 1 月 1 日起施行，依照该法规定征收环境保护税，不再征收排污费。为了顺利推进“环保税”，当前的做法还是将排污收费平移至税收，计税标准和征收力度未发生明显变化。该税法规定，环境保护主管部门应当将排污单位的排污许可、污染物排放数据、环境违法和受行政处罚情况等环境保护相关信息，定期交送税务机关。税务机关应当将纳税人的纳税申报、税款入库、减免税额、欠缴税款以及风险疑点等环境保护税涉税信息，定期交送环境保护主管部门。可以预期，环保税的征收会比排污收费更为正规，较少随意性和各方干扰。其他效果尚有待观察。

4. 环境保护目标责任制

环境保护目标责任制是一种具体落实地方各级政府和有关污染单位对环境质量负责的行政管理制度。运用目标化、定量化、制度化的管理方法，规范地方政府尤其是领导的行为。在该制度下，一个地区每届政府在其任期内，都要采取措施，使环境质量达到某一预定的目标。地方政府对实现该目标负责，这就是目标责任制，其具体形式通常是由上一级政府对下一级政府签订环境目标责任书体现的，下一级政府在任期内完成了目标任务，上一级政府给予鼓励，没有完成任务的则给予处罚。

环境保护目标责任制的实施机制最重要的是两点。一是明确了“谁对环境质量负责”的问题，要求一把手负总责。具体来说，就是省长对一省的环境质量负责，市长对一市的环境质量负责，排污企业的法人对本企业的排污负责。二是将责任的各项指标层层分解落实，各级政府和有关部门都按责任书项目的分工承担相应任务，将所有政府部门绑上环境保护的战车。

目标责任制之所以必要，最重要的理由是以下3点。其一，对冲地方政府对经济增长的过度热情。以经济增长为最高使命的我国地方政府如果缺乏对环境的责任，会出现相当普遍的牺牲环境换取增长的倾向。政绩考核中的环境一票否决权，正是对唯GDP政绩观的否决。其二，我国的财税体制使地方政府的行为公司化，有可能被利益最大化驱动，滥用和破坏环境。责任制对地方政府在环境保护方面必须要做和不能做的事作出明确规定，能获得规范政府行为的效果。其三，目标责任制可以被理解为是一种条块关系的协调机制，即上级环保部门与下级政府之间的关系的协调。在一般情况下，上级职能部门只对下级对口部门提供专业管理和指导。但是，环境保护的范围如此之广，其责任远不是一个部门能够承担的。于是通过责任制，上级环保部门能够对下级政府施加约束，并由此对诸多相关部门发挥影响。

尽管环保界对环境保护目标责任制称颂有加，但客观地说，该项制度的不完善之处相当多。首先，环境保护目标责任书的指标体系与地方实际情况脱节的现象相当普遍，许多指标难以或根本无法获取较准确的数据。形式主义盛行，省、市、县、乡责任书往往千篇一律，没有针对性。在实际操作中，责任书的责任人往往含糊不清。许多外资企业法人并非辖区公民，且长期不在本辖区工作，其代理人又没有决策权，致使难以落实考核有关指标内容。一级政府的责任也往往难以落实。目前环境保护目标责任书的检查、考核一般都是届满进行。地方党政领导调动频繁、中途离任，把任务指标抛给继任者，而继任者竭尽全力也难以完成的现象屡见不鲜。

地方党政领导负总责的目标责任制并非环保部门首创。类似的做法最早见于计划生育。后来，社会治安、土地保护等诸多领域纷纷引入。在地方上，党政领导则对经济增长更感兴趣，为保证增长速度，通行的做法是“以项目论英雄”，将招商引资额等指标分解到党政领导个人，再逐步分解至各部门并层层下压，极端的做法是甚至将银行贷款之类的任务分解到普通机关干部。于是，相关地区无论是机关还是干部个人，都生活在形形色色的目标责任高压之下。

也就是说，并非只有环保部门一家拥有目标责任制的“尚方宝剑”，实际情况是尚方宝剑在漫天飞舞。在环保部门舞动责任制宝剑的时候，其他部门也正在干着同样的事情，而更多的部门只觉得眼热心跳。在这种情况下，其他部门配合不力是难免的。同时，环保部门在布置环保责任书的有关工作时，通常只能在上下级环保部门之间进行，并不会因为责任书的存在而产生强大的跨部门的影响力。出于对地方利益的考虑，下级环保部门造假应付的现象也不会是个别现象。很多地方在考核时，一般是皆大欢喜、一律通过，责任制因此形同虚设。

5. 城市环境综合整治定量考核

城市环境综合整治定量考核，就是考核一座城市环境综合整治的效果。简单地说，就是城市人民政府对城市的环境质量负责，开展城市环境综合整治工作，将环境综合整治的任务分解到各有关部门和单位，建立环境保护目标责任制并实行定量考核。城市形成和完善市长统一领导下的有关部门分工负责、广大群众积极参与的城市环境综合整治的管理机制。

1985 年以后，我国开始对城市环境综合整治进行定量考核。其方式是上级环保部门考核下级城市政府，而市政府也以同样方式对其下属区县进行考核。考核的内容为国家环保部门统一规定的指标体系。1995 年以前的考核指标分 3 个方面共 21 项：环境质量 6 项，污染控制 9 项，基础设施建设 6 项。2007 年，国家环保总局再次调整了“城考”指标。现行的“城考”指标分 4 个方面共 16 项：环境质量 5 项，污染控制 6 项，环境建设 3 项，环境管理 2 项。

简单地说，“城考”就是上级环保部门的“指挥棒”。对这些指标打分，并按照分配的权重加总。得分越高，表明城市政府对环境保护越重视或环保工作越有成效；得分逐年提高则表明环保工作的进步。所以面对“城考”，城市政府是有压力的。为了提高城市的环保业绩，城市政府通常会增加对环境的投入，并将相关任务分配给各职能部门，从而增加环保领域的话语权和资源。

就“城考”本身的科学性而言，国家环保部已付出极大努力，“趋于完善”并不为过。真正值得质疑的是两个问题。其一，这种一刀切的考核好不好？城市的环境保护和生态建设必须因地制宜。城市规模、产业结构和自然条件的各方面因素，都会对考评结果产生影响。不同的城市，各种指标的重要性也不一样。以绿地比例为例，打分的方法是大于 40%为满分，小于 10%为零分。其内涵的逻辑是绿地比重应该高达 40%，但这一思路的正确性是值得质疑的。客观地说，那些四面青山或依山傍海的中小城市，完全无必要建设太多的绿地，被农村环抱的园区同样如此。大城市的中央商务区为保持足够的人气，绿地比例也不宜过高。另一方面，绿地建设是需要土地的，且城市占用的多数是一个地区最为肥沃的土地。对于耕地本来极为短缺的我国而言，占用耕地建设绿地这种事情应该尽可能限制在最为合理的范围，而决不能加以鼓励。类似的指标值得国人和环保界反思。

其二，更严重的问题是，如果我们超越环保界，“城考”只是众多考核、评比或创建活动中的一项。当前我国的一大弊病就是创建考评成灾。仅就环境生态相关领域而言，各部委的检查、考核和创建活动就难以计数。以“创建”为例，至少有国家环境保护模范城市、国家卫生城市、国家文明城市、国家森林城市、国家园林城市、全国绿化模范城市、国家生态文明示范区、国家循环经济示范城市、国家循环经济示范区或园区、国家新能源示范城市、国家生态工业园区、国家新能源示范园区等。加上其他名目的各种达标活动，确实难以计数。所以，指挥棒虽然有用，但乐师眼前布满指挥棒的时候，会是一种怎样的情景？况且越到基层，上级的婆婆越多，检查、考核、评比、创建也越多。其结果就是基层干部忙着填表格、凑数据、写汇报、说大话。跳出部门立场看问题，此类指挥棒多了，其实是不折不扣的灾难。

但需要指出的是，纠正考评泛滥的弊病不能通过简单地取消某些此类活动来实现。从根本上讲，这是一个深化改革和转变政府职能的问题。说到底政府的基本职能就是两个方面。一是提供企业、社会和个人不能有效生产的公共物品，从国防、治安一直到养老保障。政府在这些领域，要么是直接的生产者，要么是制度的安排者。二是监管和执法，禁止一切法律不允许、对社会产生危害的活动。依法遏制和禁止那些破坏生态和污染环境的活动，应该是环保部门的基本职责。至于创建活动，如果必要的话，未来可以交由社会承担。例如，环保模范企业创建考评可以由行业协会来承担。

6. 排污许可证制度

排污许可证制度是指凡是需要向环境排放各种污染物的单位或个人，必须事先向环境保护部门办理申领排污许可证手续，经环境保护部门批准后获得排污许可证后方能向环境排放污染物的制度。我国的多项法律，包括《水污染防治法》(2008)、《水污染防治法实施细则》(2000)、《大气污染防治法》(2000)、《排污许可证管理条例》(暂行)、《海洋环境保护法》等都有相关的规定。

排污许可证制度的核心是总量控制。例如，《水污染防治法实施细则》(2000)要求，“县级以上地方人民政府环境保护部门根据总量控制实施方案，审核本行政区域内向该水体排污的单位的重点污染物排放量，对不超过排放总量控制指标的，发给排污许可证；对超过排放总量控制指标的，限期治理，限期治理期间，发给临时排污许可证”。没有总量控制目标，排污许可证就没有意义。其原理在于，总量控制意味着环境容量成为了一种具有稀缺性的资源，需要追求这种资源与其他生产要素之间的优化配置，而排污许可证制度就是通过行政分配的方式配置资源的制度。

由于排污许可证制度是以污染物总量控制为基础的，我国从 1996 年开始，正式把污染物排放总量控制政策列入“九五”期间的环保考核目标，并将总量控制指标分解到各省市，各省市再层层分解，最终分到各排污单位。但是，此次总量控制目标未能实现。究其原因，主要是因为进入 21 世纪后我国经济的又一次起飞并趋于重工业化，导致能源消费和排污总量迅猛上升。其次是相关制度建设的迟缓。

此后，环保部门继续推进排污许可证制度建设。2003 年原国家环保总局启动了《排污许可证管理条例》立法工作，但在 2009 年推出征求意见稿之后却半途而废。就现状而言，该项制度是残缺和无效的。在许多地方，排污许可证制度事实上处于名存实亡的境地，表现在发证的数字与实际排污企业数差距太大。在已经进行了污染物申报登记的企业中，只有 30%左右获颁排污许可证，而申报企业又只占排污企业的一部分甚至是小部分。很多地方根本没有真正落实过这项制度，甚至还没有发过排污许可证，或者只是象征性地发过几十份排污许可证，或者发证没有延续性，许可证往往是一次性的，到期不再续发。所以，称其为“制度”还是相当勉强的，因为它还不是一套行之有效的制度。如何完善排污许可证制度，有以下 3 个问题值得注意。

一是排污许可与总量控制之间的关系应该通过法律明确。总量经过层层分解后落实到污染排放单位，通过排污许可固定并形成相应的监管体制。若非如此，排污许可证制度便丧失了必要性。但在现实中，这两者是分离的。一方面，排放总量自上而下分解，另一方面却要求企业申报排放量，形成了“两张皮”的格局。许可是一种审批行为，应该产生批准或不批准两种结果。在缺乏总量控制依据的情况下，现实中排污许可证的发放几乎不存在不批准的结果，排污者申报多少排污量，环保部门就认可多少排放量。于是，排污许可就异化为对排污的事后认可。这等于是管理部门自己掏空了排污许可证制度存在的必要性。所以，必须明确两者的一体性。当然，由此又会带来另一个问题，即排污指标下达的滞后导致发证难以衔接。现实中常常发生企业的许可证到期但新指标又不能及时下达的情况，在此情况下企业的生产不能停顿，排污也得持续，由此严重损害了该项制度的权威性。

二是排污许可证的申报流程手续繁多。部门要求企业提供的资料复杂，从提出许可申请到最后发放许可证一般要拖几个月，有时甚至要半年。需要注意的是，其原因并非客观需要，而是官僚主义作祟。例如，对一家企业所需合理排污量审核所需的基本信息，环保部门自身的积累已足以满足，因为自环评开始，到日常监测和企业的报表，应该能够覆盖许可证申报涉及的范围。为了排污许可证制度的有效性，环保部门应该在旧的许可证未到期之前，对本地区企业的排放和经营状况进行评估，并结合地区经济结构优化的要求，就排放权的分配形成初步方案。这样在企业申报新的排放权时，就可以保障简便、快捷。其审核的重点可以放在企业的新需求上。而现状是部门拖沓、审批繁琐，其实是自废武功，由部门自己废除了该项制度的必要性。

三是排污许可证制度存在法律依据的先天不足。目前对排污许可证制度进行规定的法律法规和行政规章，远远不足以支撑排污许可证制度为环境法的一项基本制度。而且这些规定又缺乏配套的技术规范，没有具体的步骤与措施，缺乏操作性。在《行政许可法》颁布后，作为地方实施排污许可制度的具体法律依据的许多地方立法的法律效力有缺陷乃至失效。这也是《排污许可证管理条例》难产的重要原因。

在污染物排放许可证制度的法制建设方面，还有一个重要的问题是排污权的可转让性。排污单位经治理或产业调整，其实际排放物总量低于所核准的允许排放污染物总量部分，经环保部门批准，允许进行有偿转让，甚至可为之建设排污权交易市场。但是，许多法律上的问题有待明确。例如，由行政许可产生的排污权是否可以成为企业拥有的财产权？排污权与排污收费制度之间又是什么关系？等等。更广义的环境产权问题，将在后面的章节探讨。

7. 污染集中控制制度

污染集中控制制度要求在一定区域建立集中的污染处理设施，对多个项目的污染源进行集中控制和处理。例如，在水污染控制领域，集中控制的具体做法包括：以大企业为骨干，实行企业联合集中处理；同等类型工厂互相联合，对废水进行集中控制；对特殊污染物污染的废水实行集中控制；工厂对废水进行预处理以后，送到城市综合污水处理厂进一步处理，等等。其目的是节省环保投资，提高处理效率。

严格地说，集中控制不能算是一种“制度”，而只是一种运行模式。是否集中治理，主要由治理成本决定，如果集中治理合算，才应该实行集中治理，其唯一的目标是治理的成本有效性，也就是实现既定治理标准前提下的成本最小化。其本质是一种规模收益，表现在随着单项治理设施规模的扩大，单位污染治理的成本趋于下降。但是在理论上，规模收益不仅只有递增一种情形，也存在规模收益递减和不变另两种情况。因此，集中控制方案需要进行系统周密的技术经济分析，只有确实存在规模收益递增趋势的方可采纳。

产业分布对集中控制成效有重大影响。我国工业活动的一个重要特点是规模小、分布散。而集中控制模式需要良好的基础设施配套,要求工业的高度集中。这两者存在尖锐矛盾。所以,要有效推进集中控制,必须从两个方面努力:一是理顺财税体制,不能要求所有基层社区都对财政创收负责;二是产业布局在规划上应更为集中。

8. 污染限期治理制度

该制度是我国解决老大难环境问题的一套做法,要求对严重污染环境的企业事业单位和在特殊保护的区域内超标排污的生产、经营设施和活动,由各级人民政府或其授权的环境保护部门决定、环境保护部门实施监督,在一定期限内治理并消除污染的法律制度。

限期治理制度的法律依据是我国《环境保护法》第 18 条和第 29 条,可以看出该制度的适用范围为两类:一是有关部门划定的风景名胜区、自然保护区和其他需要特别保护的区域内已建成的超标排污的设施;二是严重污染环境的企事业单位。限期治理有严厉的法律强制性。其决定必须履行,未按规定履行的排污单位会受到相应的法律制裁;有明确的时间要求,这一制度的实行以时间限期为界线;有具体的治理任务,要求达到消除或减轻污染的效果和实现达标排放。

《环境保护法》规定政府有权对造成严重污染的企事业单位作出限期治理的决定,但没有规定政府应该在怎样的条件下、在何时必须作出限期治理的决定。也就是说,政府作为是合法的,不作为也是合法的。所以,虽然限期治理是一种相当严厉的政策措施,但在现实中很少使用。其原因大致有 3 种:其一,作为一个地区的重大环境污染源,排放者通常是这个地区 GDP 和税收的重要贡献者;其二,在某些场合,污染企业的关闭还会涉及当地的就业问题;其三,一些效益较低的污染企业难以承受治理的成本,往往要求政府财政补贴或贴息贷款。基于以上原因,政府作出限期治理决定通常会是迟缓的。

推荐阅读材料

[1] 詹姆斯·M·布坎南.公共物品的需求与供给[M].上海人民出版社,2009.
[2] 任景明.从头越:国家环境保护管理体制顶层设计探索[M].中国环境出版社,2013.
[3] 卢洪友.外国环境公共治理:理论、制度与模式[M].中国社会科学出版社,2014.
[4] 齐晔.中国环境监管体制研究[M].上海三联书店,2008.

思考与讨论

1. 请从环境公共物品角度分析，为什么现实市场中大气污染治理服务的需求量很大，但实际购买量相对较小？
2. 从政府规制的角度，讨论为什么存在大量的分布散、规模小、技术水平和盈利水平低的"散小低"工业企业，对环境治理产生不利影响？
3. 我国环保部自 2016 年起持续发力实施中央环保督察制度。请查阅、整理相关资料，讨论该项制度的实施效果。并针对"环保大督查影响地方经济发展"这一观点，给出你的看法。
4. 地方政府的利益主体化倾向会对本章提到的环境保护 8 项制度的实际执行产生哪些影响？

第六章 环境治理中的税费补贴工具

一、外部性理论与庇古税费补贴

1. 外部性

环境税费与补贴的理论源头是经济学中的外部性理论。因此，本章需要首先对该理论作一简单叙述。外部性(externality)也可以称为溢出效应(spillover effect)，分为正外部性(或称外部经济、正外部经济效应)和负外部性(或称外部不经济、负外部经济效应)。

一般认为，外部性理论可以追溯到英国“剑桥学派”的创始人马歇尔处。他于1890年出版的《经济学原理》中提出“外部经济”概念。在马歇尔看来，除了传统的土地、劳动和资本这3种生产要素外，“工业组织”是第四种生产要素。其内容包括分工、机器改良、产业集中、大规模生产以及企业管理等。在他的定义下，内部经济是指企业内部的各种因素导致的生产费用的节约，包括劳动者的工作热情、工作技能的提高、内部分工协作的完善、先进设备的采用、管理水平的提高和管理费用的减少等。所谓外部经济，是指由于企业外部的各种因素所导致的生产费用的减少，包括企业离原材料供应地和产品销售市场远近、市场容量的大小、运输通讯的便利程度、其他相关企业的发展水平等。

马歇尔的分析主要揭示了知识和技术对地方产业发展的作用，即：像技术或知识这样的产品，除了对本企业有利外，还对其他企业有好处，具有共享的特性。

但是，马歇尔并没有把外部性一般化。他只描述了外部性为正的方面，而外部性为负的方面却没有涉及。后来，马歇尔的学生、另一个剑桥经济学家庇古进一步研究和完善了外部性理论。他于1912年出版了《财富与福利》一书，后经修改充实，于1920年易名为《福利经济学》出版。这部著作是庇古的代表作，是西方经济学发展中第一部系统论述福利经济学问题的专著。因此，庇古被称为“福利经济学之父”。他进一步阐述了内部不经济和外部不经济的思想。庇古的研究发现，在商品生产过程中存在社会成本和私人成本的不一致，两种成本之间的差距就构成了外部性。而在分析环境问题时，外部性理论更是在一定程度上揭示了在市场环境下环境滥用的本质。

庇古通过分析边际私人净产值与边际社会净产值的背离来阐释外部性。边际私人净产值是指个别企业在生产中追加一个单位生产要素所获得的产值，边际社会净产值是指从全社会的立场看追加一个单位生产要素所增加的产值。如果每一种生产要素在生产中的边际私人净产值与边际社会净产值相等，它在各生产用途的边际社会净产值都相等，而产品价格等于边际成本时，就意味着资源配置达到最佳状态。如果在边际私人净产值之外，其他人还得到利益，那么，边际社会净产值就大于边际私人净产值；反之，如果其他人受到损失，那么，边际社会净产值就小于边际私人净产值。庇古把生产者的某种生产活动带给社会的有利影响，叫做"边际社会收益"；把生产者的某种生产活动带给社会的不利影响，叫做"边际社会成本"。外部性就是边际私人成本与边际社会成本、边际私人收益与边际社会收益的不一致。在没有外部效应时，边际私人成本就是生产或消费一件物品所引起的全部成本。当存在负外部效应时，由于某一厂商的环境污染，导致另一厂商为了维持原有产量，必须增加诸如安装治污设施等所需的成本支出，这就是外部成本。边际私人成本与边际外部成本之和就是边际社会成本。当存在正外部效应时，企业决策所产生的收益并不是由本企业完全占有的，还存在外部收益。边际私人收益与边际外部收益之和就是边际外部收益。通过经济模型可以说明，存在外部经济效应时纯粹个人主义机制不能实现社会资源的帕累托最优配置。

外部性是一个人的行为对其他人福利的影响。更进一步说，外部性的"外部"是相对于市场体系而言的。当一个经济主体的行为对另一个经济主体的福利所产生的影响并没有通过市场价格反映出来时，就会产生外部性。例如，某位城市居民有一小片私人院子，种了桃树，开满桃花，带给路人和邻居美好的视觉享受。显然这位居民给路人和邻居创造的这种享受并没有通过市场价格反映出来，因为他没有向路人和邻居收取赏花费。桃树开花而路人和邻居赏花是私人整理院子的副产品，并不在价格体系中体现，于是就产生了外部性。也就是说，外部性指的是那些被排除在市场机制之外，或者说在价格体系中未得到体现的那部分内经济活动的副产品或副作用。

如果这种副作用相对于受影响者而言是有利的，那么这种外部性就称为正外部性，或者说外部经济性。正外部性的例子在生活中比比皆是，前面的私人种桃、路人受益的例子即为一种正外部性。又如，一幢粉刷美观的住宅给邻居带来益处，公路的修建带来周边土地价值的提升(Block, 2002)，垃圾的卫生处置为社会降低患病的几率，如果这些副作用未实现其市场价值，都是正外部性。私人花园的存在对于城市绿化而言，也是一种正外部性。因为正外部性使得受影响者获得享受或者其他好处，因此，我们把这种正外部性看成是经济活动的收益，但是这种收益不是由经济活动的主体获得，不是私人收益，而是由经济主体以外的其他收益影响者获得，故称为外部收益。外部收益和私人收益的总和就是经济主体的活动的总收益，称为社会收益。显然，在存在正外部性的情况下，私人收益与社会收益并不一致。社会收益大于私人收益，而两者的差值就是外部收益，外部收益越大，经济活动的正外部性越强。

与正外部性相对的是负外部性，或者说外部不经济性。负外部性意味着经济活动的副作用对受影响者不利。负外部性的例子通常包括企业生产行为造成的空气污染或者水污染对周边企业或者消费者的影响。例如，炼钢厂排出的烟尘造成下风向洗衣店的损害，河流的污染造成下游灌溉的损害；夜晚搓麻将的声音对于周围邻居睡觉的影响；街头的摊贩造成对于环境卫生的影响以及对于交通的影响；街头的小广告对于市容的影响，等等。事实上，大部分的环境污染都具有负外部性。如果我们将经济活动造成的对于其他经济主体的不利影响或者损害看成是这种活动的成本的话，那么这种成本并不在经济活动本身的成本中体现出来，即成为外部成本。外部成本是由其他人或企业为经济活动主体承担的成本。为了避免经济活动主体对其他人或企业的不利影响，其他人或企业就要投入资金或其他要素以避免损害的形成。例如，炼钢厂安装除尘装置，从而减小对洗衣店的损害，那么炼钢厂的成本就要上升。如果炼钢厂不安装除尘装置，洗衣店受到的相应损害就成为炼钢厂的外部成本，由洗衣店支付。我们假定社会只是由钢厂和洗衣店构成，这部分外部成本和炼钢厂支付的私人成本之和就是炼钢厂炼钢的社会成本。显然，在负外部性存在的情况下，经济活动的社会成本大于私人成本，这部分差值即外部成本。外部成本越高，就说明这种经济活动的负外部性越强。

显然，外部性的产生可能来自生产过程，也可能来自消费过程。来自生产过程的外部性为生产外部性。生产外部性可能影响其他企业的生产活动（生产者对生产者的外部性），也可能影响消费者（生产者对消费者的外部性）。而来自消费过程的外部性就称为消费外部性。消费外部性可能影响生产活动（消费者对生产者的外部性），也可能影响其他的消费者（消费者对消费者的外部性）。

需要指出的是，对于潜在的具有外部性的某种情况进行归类，常常是着手考虑其产生外部性的经济活动的效率情况及其分配影响，并最终研究可能的补救和纠正措施。也就是说，在对具有外部性的经济活动进行纠正时，首先要对经济活动的外部性进行归类，然后根据这种外部性引起的效率损失机制寻找纠正外部性的方法。因此，对于外部性归类具有很强的现实意义。表 6.1 是关于外部性的分类举例。

可以说大多数的生产和消费活动都具有一定的外部性。其关键在于外部性的大小对于生产和消费行为的影响。如果外部性很大，那么就可能导致效率的损失和资源配置的错置。与公共物品有关或者与环境有关的大部分外部性都因此而导致市场失灵，而大多数私人物品的外部性则可以忽略。举例来说，目前各个城市里

表 6.1　外部性的分类

	正外部性	负外部性
生产者对生产者	养蜂人养的蜜蜂为果农的果树授粉	企业对河流的污染，对下游商业捕鱼的影响
生产者对消费者	果园对于自然爱好者的景观效益	企业造成的环境污染使其周围的不动产价值降低
消费者对生产者	消费者之间的关于产品信息传递，形成对产品的宣传	狩猎者，干扰了农场驯养的动物
消费者对消费者	漂亮的庭院对于邻居的益处	吸烟，危害了其他人的健康

随地吐痰的现象并不鲜见。在平时随地吐痰的外部性不是很大。但是，在SARS笼罩中国的那段时间，显然随地吐痰的外部效应大大提高，可能引起的社会损失也很大。随着人民文明程度的提高，随地吐痰会引起他人更强烈的反感，也就是说，负外部性会不断增大。

由上面的分析可见，由于生产和消费活动中可能存在外部的成本或收益，当人们可以利用一定的外部成本而降低自身的生产和生活成本时，环境滥用就不可避免。因此，外部性是环境滥用和环境恶化的重要原因。人们通过滥用环境来降低自身的生产或生活成本，对利益最大化的追求使环境滥用行为迅速扩散。

2. 市场失灵

从资源配置角度分析，外部性也可以认为是当一个行动的某些效益或费用不在决策者的考虑范围内时所产生的一种低效率现象。它将导致市场失灵。实现帕累托最优要求私人边际净收益等于社会边际净收益。边际私人净收益是指厂商增加最后一单位投入给投资者带来的总收益的增加值，而边际社会净收益是指厂商的最后一单位的投入导致的社会总收益的增加值。外部性的存在意味着私人成本与社会成本存在差异，私人收益与社会收益存在差异，因而不能获得资源配置效率最优。

事实上，当存在负外部性时，企业会生产过多产生负外部性的物品。例如，如果炼钢厂不为炼钢排放的污染买单的话，炼钢厂生产所负担的私人成本主要是原料、劳动力成本以及设备的折旧等，而它排放烟尘造成的污染损害则为外部成本，主要由社会承担，包括由其他生产者和消费者承担。由于存在负外部性，炼钢厂的私人成本低于社会成本，这种偏离导致生产者生产的产品相对于整个社会的要求来说，价格偏低，而产出水平偏高（生产过剩）。产出水平高同时意味着污染增大，外部成本增加。同时，由于负外部性的存在使得市场价格偏低，并不能反映资源或者产品实际稀缺的程度，从而产生资源配置的低效。事实上，资源产品低价格可能刺激需求的增长，并进一步刺激生产的增长，从而形成恶性循环，使得环境滥用难以遏制。

对于大多数资源开采型产业来说，由于在资源开采过程中的环境成本基本都是企业的外部成本，因此，企业在生产过程中都不予以考虑。例如，采掘业一般不考虑污染和生态修复的成本，林木采伐一般不考虑活立木的生态价值。在一般均衡或利润平均化过程的作用下，资源型产品的价格往往会比应有价值低。这种过低的价格发出错误的信号，它使人们相信相关资源是充裕的。于是产生了这样的资源错置：由于资源型产品价格较低，为了节约其他要素，生产者会更多地使用资源型产品或者初级产品，或诱导消费者消费更为资源消耗性的产品，从而诱导资源型产业的进一步需求，环境成本越来越大，环境滥用进一步加剧。

相反地，正外部性的存在会使企业对于具有正外部性的产品的生产不足。例如，用材林除了提供用材，还可以提供景观效益和生态服务，但后面这部分收益属外部收益，不纳入生产者的私人收益。因此，当存在此类正外部性时，私人收益与社会收益的偏离，会导致生产者生产的产品相对于整个社会的需求来说，价格偏低，而产出水平过低（生产不足）。

由此可见，外部性的存在使得市场失灵。其主要表现就是具有正外部性的物品生产不足，而具有负外部性的物品生产过剩，从而导致资源错置，环境友好行为得不到普及，环境滥用行为则得到激励。环境保护不足，环境滥用则普遍。环境污染等负外部性的存在使污染物过度排放，有污染的产品过度生产；对于具有正外部性的经济活动而言，由于产生的效益不能全部为生产者获得，存在社会收益和私人收益的鸿沟，因此，此类产品必然生产不足。例如，治理水体污染既可以增加水体的纳污能力，又可以增加水体内的生物资源，同时可以提供生态服务。所有这些收益不可能全部为污染治理者所获得，也就是说，存在正外部性。水体内鱼类资源的增加，清洁的水体提供给人身心愉悦的效益等，都不是治理者可以完全获得甚至部分获得的。因此，对于水污染治理而言，社会收益往往会大于私人收益，私人缺乏供给的动力，于是导致供给不足。

3. 庇古税

既然在边际私人收益与边际社会收益、边际私人成本与边际社会成本相背离的情况下，依靠自由竞争是不可能达到社会福利最大的。于是，就应由政府采取适当的经济政策来消除这种背离。政府应采取的经济政策是：对边际私人成本小于边际社会成本的部门实施征税，即：存在外部不经济效应时，向企业征税；对边际私人收益小于边际社会收益的部门实行奖励和津贴，即：存在外部经济效应时，给企业以补贴。庇古认为，通过这种征税和补贴，就可以实现外部效应的内部化。这种政策建议后来被称为“庇古税”。

二、环境税费的应用

1. 对市场失灵的纠正

正如前文所述，在生产和消费活动中，有负外部性的活动因社会成本大于私人成本而泛滥，而有正外部性的活动因私人收益小于社会受益而受到抑制。因此，庇古提出了著名的修正性税，即税收-补贴办法。一方面，按照生产与消费中产生的负外部性的社会损害，直接向外部性的生产方征税。由于政府征税使得外部边际成本加入生产者的私人边际成本，征税后厂商的私人边际成本等于社会边际成本，在利润最大化原则的作用下，厂商从自身利益出发，会主动将产量调整到社会边际成本等于社会边际收益的水平。因此，征税限制了环境资源消费中负外部性的生产。另一方面，给予正外部性的生产者相当于正外部性价值的补贴，从而鼓励他将产量扩大到对社会最有效的水平。

从环境保护角度看，庇古税还有进一步的作用。污染控制是需要成本的。当企业不治理污染而是向环境免费排污的时候，我们其实可以认为企业将一部分成本转嫁给了社会。庇古税则是将这部分成本重新归还给了企业。由于企业失去了通过污染环境而获利的可能，就必须寻求通过技术进步、完善管理、革新工艺和直接治理等方式，寻求降低污染进而降低成本的路径。换言之，庇古税可以让企业产生主动治理污染的动力。

接下来的问题是庇古税(补贴)的税率的确定。首先必须澄清一个误解，即认为企业不应该污染空气和水。根据大部分经济学家的观点，这样绝对的见解是没有意义的。上海的空气质量不好，但还是有大量人口愿意进入上海，况且上海人的平均预期寿命已经达到了发达国家的水准。这意味着主观上人们愿意容忍一定的污染以换取收入的提高和经济机会的获得，客观上意味着人们因各方面条件改善而增加的寿命乃至整体生活质量的提高足以抵消污染带来的损失。因此，我们要权衡与污染控制有关的成本与收益，事实上存在一个有效污染水平(约瑟夫·E·斯蒂格利茨，2005)，理论上，当生产者排放污染的边际净收益(“边际净收益＝边际收益－边际成本”)等于全体受害者边际损害之和时，污染排放水平为最佳，此时的污染水平是有效的。

环境经济学界公认，庇古税的最大缺陷是难以实际操作。实际上，根据庇古税的定义，这种税应该是浮动税率，税率根据边际损害的变化而变化。这一点在现实中难以操作。即使将税率固定，也存在着难以确定外部损害的准确值。以大气污染为例，如果要将离污染源不同距离的居民受到的呼吸系统病发率上升、景观质量降低乃至造成酸雨等各种程度不同的影响折合成货币，几乎是不可能的。因此，各国的做法一般是确定治理目标(在此之前往往要做民意测验，确定多数公民愿意接受的环境质量以及愿为此付出的代价)，然后确定治理成本，最后根据各类污染源的作用大小确定税率。

庇古税费的作用在于纠正市场机制中错误的价格信号。它提供了这样一种激励，使得“善有善报，恶有恶报”。至于征收的庇古税费该如何应用，并不是税收的设计者所考虑的问题。对于他们而言，这笔钱扔到水里或者收入国库效果是一样的。换言之，庇古税的目标不是增加公共财政收入或为环境保护筹措资金，而是给予污染产生者正确的激励。

有一点必须强调的是，虽然负外部性的接受者受到了损害，但不能将排污收费用于受害者的补偿。外部效应对受害者造成的损害会给受害者形成非常准确的刺激，能够引导受害者采取有效的“防护”行动。一个工厂排放的烟尘对周围地区空气造成污染，周围的居民都受到了空气污染的侵害，受害者或许会采取行动以保护自己免受外部效应的不利影响。例如，附近居民可以投资购买空气净化装置，或者可以选择迁居到离工厂更远的地方。我们称这样的反应为“防范措施”。通常对受害者的任何补偿，将会导致受外部效应影响的个人做出无效率的反应。如果工厂周围所有居民得到了完全的损失补偿，包括增加的洗衣费、健康的损害、对审美的损害等。有了这样的补偿，也许没有人愿意迁离工厂周围。迁离意味着工厂的污染损害不影响到自己，补偿也就失去了。于是，补偿可能导致某种“逆向选择”，将会有更多的人选择生活在烟雾缭绕的环境中。实际上，他们获得了一种对任何人都没好处的有害烟尘影响的经济激励。因此，赔偿受害者在经济学上是无效率的，它会弱化甚至完全抵消产生适当防护活动的刺激，结果的无效率显而易见(威廉·J·鲍莫尔等，2003)。

除了道德风险问题外，赔偿受害者还会导致别的经济的无效率。例如，这种做法往往会产生过量的“受害者行为”，许多洗衣店会在冒烟的发电厂附近开业，就是一种理论上可能存在的情景。显然，过量的“受害者行为”将对生产者造成损失，这也是科斯所说的损害的相互性。基于此，科斯认为不仅不应当赔偿受害者，还应当向他们收税，因为他们的决策增加了工厂的生产成本。科斯的不同论点是，当居民决定在工厂附近安家时，他们对外部效应的制造者——工厂主施加了“外部”成本，这种成本的形式是工厂支付的庇古税。

2. 谁污染，谁治理

庇古税最重要的应用在环境保护领域。“谁污染，谁治理”的原则已广为人知，是庇古理论的具体应用。排污收费制度已经成为世界各国环境保护的重要经济手段。在我国,大致存在排污收费、超标排污费、排污水费和生活垃圾收费等较为通行的品种。更具体的层面还存在一些特有收费项目,如上海对餐厨垃圾的收费以及一次性饭盒的收费等。实践也表明,庇古税存在着明显的局限性。

其一,庇古理论的前提是存在所谓的"社会福利函数",默认政府能够很好地代表公共利益,能自觉地按公共利益对产生外部性的经济活动进行干预。也就是说,外部性扭曲了市场,导致资源错置,这时市场失灵了,于是需要政府干预。但是,政府也会失灵,公共决策存在很大的局限性。这一默认的前提是不存在的。

其二,庇古税运用的前提是政府必须知道引起外部性和受它影响的所有个人的边际成本或收益,拥有与决定帕累托最优资源配置相关的所有信息,只有这样政府才能定出最优的税率和补贴。在环境保护领域,这就意味着政府必须清楚、准确地知晓污染影响了谁以及造成了多大的损失。事实上,不仅政府不是万能的,不可能拥有足够的信息,从技术上看,这也是不可能的。因此从理论上讲,庇古税是完美的,但可行性并不大。目前各种收费的主要目的已演变为增加财政收入,而非对资源错置的修正。

最后是政府干预的成本问题。在许多场合下,政府的管制成本是很高的,甚至会高到无法承受的地步。我国某些城市匆匆出台了生活垃圾收费规定,然而却发现其收取的费用甚至抵不上成本。在污染控制领域,对中小企业的监管常常形同虚设,根本的问题也是成本过高。上海对餐饮垃圾的收费清运,能够覆盖的只在大型餐饮企业。同时,干预成本问题会使庇古税走样:粗放的一刀切的税收不是庇古税,而细化的税收会导致成本上的无效。

3. 绿税的思想与实践

前面关于庇古税的讨论表明,按照外部性理论完美地设计庇古税近乎是不可能的。但是,这并不意味着税费手段在环境保护中是无效的。庇古所以要研究外部性,是因为其存在扭曲了市场的价格体系。所谓正外部性,本质是利益的流失,受损的生产者因此丧失增加或维持生产的动力。负外部性则相反,生产者通过向环境或社会转嫁成本获得了额外的利益,因此拥有扩大生产的动力。两者都表明市场价格的失真,从而引导生产者做出对社会不利的决策。庇古税之所以被称为修正税,就是因为其目的在于修正价格体系的扭曲。

既然如此,对于一个社会而言,如果能够通过其他手段修正价格体系,使之有利于环境保护和资源节约,应该是具有吸引力的,而不一定在严格意义上遵循庇古税费补贴原则。

由此引出的一个问题是对税收作用的重新认识。回顾历史,可以发现税收的功能是逐步发展的。最早的税收是统治者为维护其统治而设置，因此其结构也相对简单。这一传统功能延伸至今，逐步转变为政府的公共物品生产功能，军队、警察、国家机器的其他成分以及基础设施，都是国家通过税收征集而提供的。其次，随着生产的发展，社会不同阶层和不同地区的收入差异不断扩大，并逐渐危及社会稳定。为了防止重大的社会动荡，国家承担起二次分配的责任，以使收入差距被限制在这个社会能够容忍的限度之内，这成为税收新的功能。

税收拥有的第三种功能是遏制与鼓励。对于某种经济行为征收较重的税，意味着遏制这种活动；反之，较轻的税赋、免税甚至给予补贴，则意味着鼓励这种经济活动。所以，虽然严格意义的庇古主义税在实践中很难实行，因为那需要准确计算并货币化经济活动的各种外部影响，但广义的庇古主义，即税费补贴的抑制和鼓励功能在实践中有广泛的应用空间，这一基本理念是不能忽视的，由此引出绿税的应用。

关于绿税的含义，尚缺乏公认可接受的定义，如果狭义地规定，也就是广义的环境税，主要包括对开发、保护、使用环境资源的单位和个人，按其对环境资源的开发利用、污染、破坏和保护的程度进行征收或减免。

绿税实践已经有了相当长的历史。欧共体理事会于 1975 年已建议公共权利对环境领域进行干预，将环境税列入成本，实行“污染者负担”的原则。20 世纪 80 年代以后，经合组织成员国在环境税的运用上取得了很大进展。在欧美一些国家通过改革和调整现行税制，开征对环境有污染的环境税，实行对环境改善的税收优惠政策等，取得了引人注目的成效。目前在工业化国家中，绿税的主体是燃油类税收，包括燃油税、含铅汽油税、摩托车使用税等。在更广义的范畴，还有为防止土壤退化而征收的土壤保护税、为遏制过量施用氮肥而征收的氮税、为遏制含磷洗衣粉而征收的磷税、为遏制二氧化碳排放而征收的碳税、为遏制酸雨而征收的硫税等。

早期的绿税税种功能多为“谁污染，谁治理”性质，也就是成本补偿收费(cost-covering charges)。要求排污者承担排污行为的成本，因为规范排污行为需要付出代价。而较为后期的绿税则以提供激励为目标。向含铅汽油征税的目的是削减该产品的市场竞争力，引导消费者购买不含铅汽油；征收碳税的目的是削减高碳基能源的市场竞争力，引导人们消费更为清洁的能源。

4. 中性原则

必须强调的是，那种认为绿税的目标之一是为环境保护筹措资金的说法存在着误解。以丹麦、瑞典等北欧国家为代表，它们更为强调的是进行税收整体结构的调整，将税收重点从对收入或劳动征税转移到对环境有害的行为征税，即在劳务和自然资源及污染之间进行税收重新分配，将税收重点逐步从工资收入向对环境有副作用的消费和生产转化。

这就是绿税的中性原则。在该原则下，绿税是一种国民税收结构的修正性调整。在当今世界，一方面就业问题成为各国的顽症，另一方面，大量废弃和污染意味着我们的经济过度地使用了物质。观察我们的税收结构不难发现，主要税收是针对劳动和资本的，如营业税和所得税，而不是针对资源利用。税收是在遏制劳动，鼓励资源利用，于是至少同时加剧了就业和环境问题。

如果动态地观察这一过程，问题会变得更加清晰。税收加于劳动，其结果是提高劳动的成本。企业为了赢利，会致力于提高单位劳动的产出，也就是提高劳动生产率，其研发活动会以此为核心展开。由于资源相对廉价，因此只要可能，就会推动以资源替代劳动的进程。虽然以提高劳动生产率为导向的技术进步在一定程度上也会提高资源利用效率，但实践证明，由此产生的资源节约会被资源廉价的错误信号而导致生产和消费过程中的滥用行为抵消。

另一个重要的结果是，如果自然资源保持廉价，实行循环经济就会是困难的。线性经济能否转向循环经济，在很大程度上取决于再生性资源与初级产品的比价。廉价的自然资源会吸引资本进入，并阻碍与循环相关的研发活动和市场组织。

总的来说，绿税的方向是遏制生产成本的外部化，使资本的投入方向从劳动节约为主转向资源节约为主，并引导技术开发更多地以提高资源生产率为导向。税收如同经济发展的尾舵，绿税驱使经济转向可持续发展。

中性原则意味着总税率不变，而非在环境正义的招牌下一味加税。典型的案例是丹麦和瑞典，前者在增加环境税收的同时削减所得税和社会保障税，后者用环境税抵消所得税。这样做的必要性，在于任何总税率的提升对经济都有抑制作用。只有中性原则下的结构调整，才能收获环境保护和促进就业的“双份红利”。

“谁污染，谁治理”的提法是合理的，但任何理论都不应该被滥用。近年来，我国有一种值得注意的倾向，就是以加税替代管理。为了节约用水，所以提高水价；为了节约能源，所以提高能源价格；为了节约资源，所以开征土地、矿产、能源和环境各种税收。这种单向的加税，看似符合“谁污染，谁治理”原则，却违背了公共物品理论。我们之所以需要政府，最基本的理由是公共物品的供给。许多物品个人的供给是无效的，如社会保障，又如环境保护，都需要人民以纳税的方式委托政府生产。环境保护的根本责任在政府，而之所以要实施“谁污染，谁治理”，其目的不在于筹措资金，而在于给予污染者一种适当的激励。只有政府财政透明，并有充分的证据表明环境治理的经费是不够的、为筹措资金而加税才是正当的。

将绿税理解为国民税收结构朝向资源节约和环境友好的方向调整，其最高境界就是让经济运行自动地产生环境效益。

在环保领域，一个取得共识的理念是源头治理。各种末端治理是没有办法的办法，污水产生后再修建处理设施，沙尘暴发生了再想办法治沙，不仅是被动的，其代价也是昂贵的，所以必须源头治理。事实证明，源头治理的核心是制度的优化。污染，包括废弃物的增加，总可以被分解为两个部分：一部分是在给定技术条件下无法避免的，从而需要加以处理；另一部分则是通过技术、工艺、管理和组织的完善可以避免的。源头治理，就是通过此类完善过程实现资源消费，进而实现污染排放的减量化。生产、流通、消费的各种行为主体，在各个环节上如果都能够主动地减少其负面环境影响，环境形势才能从根本上向好的方向转变。

所以，源头治理要求市场主体的全面参与，并且主动地将其生产消费行为转向环境友好方向。在市场经济条件下，做到主动的基本条件是要有相应的利益驱动机制，全面则意味着每个利益主体，至少也是绝大多数人是受到这种机制作用的。

在市场经济中，能够普遍、持久地影响人们生产和消费行为的机制莫过于价格。价格信号正确，人们的行为趋于正确。总的来说，我们社会的环境问题是因过物质化引起的：低效率地使用能源，挥霍土地、水、其他自然资源和初级产品。创造同样的福利或财富，但使用了更多的资源，于是就造成了更多的污染和废弃。这就意味着，相对于其他要素，自然资源与环境的价格太低了。因此，资本更愿意通过过度利用自然资源牟利。另一方面，由于资本倾向于利用廉价的自然资源，其推动研发活动和人力资本累积的动力就会减弱。久而久之，这种轻视人的发展、热衷滥用资源的模式甚至会成为一种生活方式、一种文化。不容否认，这样的文化是会阻碍国家综合竞争力提升的。绿税，就是从经济生活的所有环节上，具有遏制自然资源和环境滥用作用的税收。

三、财税制度的优化与未来利益的制度保障

1. 基层政府的税基

注重长期利益，意味着对那些为了短期利益而损害长期利益的做法的遏制。在这一问题上，常常会有一种诉诸道德的倾向。也就是说，人们会认为急功近利行为是由于认识和觉悟上的原因，于是试图以说服教育来解决问题。我们并不否认说服教育的重要性，但是，如果一种不利于长期发展的现象久久不能解决，则必定存在制度上的原因。

对于我国来说，除了税收结构的绿化外，如果将绿税的含义理解为对环境和自然资源保护有积极作用的税收体系，则还面临一项使财政收入的分配更有利于环保的任务。

这一使命的必要性和紧迫性显而易见。我国的地方政府，主要是指县市以下政府，包括基层政权组织，在很大程度上应该对广泛的环境污染和生态退化负直接

责任。大量破坏环境的现象，如“15 种小企业”问题、滥建工业园区问题、房地产过热问题、招商引资中吸收污染企业问题等，都与地方政府的“保护主义”行为有关。地方政府之所以如此行为，其主要的动力是利益，包括主要官员、地方政府、老百姓方方面面的利益。

从政府方面讲，主要利益在于财政收入，与此相关联的还有来自上级政府的政绩评估。财政收入高了，政府就能够有更多的钱推进公共设施建设，改善社会福利，在各个方面创造政绩，当然也包括政府工作人员待遇的改善。为此，政府有很强的追逐财政收入的动机，这是合理的。事实上，其他国家的地方政府也有类似的驱动力。但是，我国基层政府组织显然有更强的动机去贴现未来，去滥用环境、土地和其他自然资源，这也是不可否认的事实。因此，需要研究其背后的制度因素。

不难辨认影响地方政府行为最重大的因素是税收财政制度。以“财政分灶吃饭”为主线的改革，其出发点是“为了调动地方当家理财的积极性”，实行中央与地方财政分级承包。在财政体制改革过程中分级建立地方财政后，地方各级政府就都有了自己的财政自主权，也就有了发展地方经济增加本级政府财政收益的动力。所谓区域经济发展，与此有很大关系。但是，这一改革未能就不同层面的长远利益作出安排。对于基层政府组织而言，几乎所有利益驱动机制都是短期的，这使得环境与可持续发展的推进变得困难。

有关长远利益的制度安排，就是指要让基层政府不滥开发房地产、不饥不择食地招商引资、不搞工业也能够活下去的制度安排。让每一个乡镇或城区街道都必须依靠自己“发展经济”才能维持运行的做法是极不合理的，这正是我国不同层面反反复复发生重复建设、产业同构、区域间恶性竞争的基本原因。

在发达国家，基层政府的财政来源一般与工业无关。虽然具体名目有差异，但大致是两个来源：一是上级政府的拨款，二是与不动产相关的税收。我们简单讨论这种制度安排的合理性。前一项安排的最大优点，是保证一个较大地区内区域之间的错位发展和功能互补。工业化虽然给人类带来物质生活水平的巨大提高，但其本质是反自然、反人性的，其巨大的负面作用不能忽视。所以，工业不应该在一个大区域的任何角落铺开，而应该受到限制，集中在少数地区；工业区不应该盲目扩大，而应该注重单位面积工业用地产出的不断提高。为了避免处处搞工业，所得税和增值税之类的税收就应该完全由较高级别的政府获得，再由它分配给基层政府。后一项制度使基层政府能够致力于发展居民需要的区域性公共物品。不动产税的机制在于，如果政府想获得更多的税收，它必须努力使本地区的不动产总价值最大化。虽然推动不动产最大化的措施很多，但最根本的是让人们乐意在这个地区生活。如果不动产出现供不应求的局面，其总价值就会上升。于是，政府就会关心民意，注重环境质量、社会安全、购物便利、景观优美等各个方面的条件。显然，这时政府的利益与民众利益是高度一致的，地区的长期利益和短期利益也是一致的。

以此为参照，在我国展开相应的税制改革显得极为迫切。以一个市为例，这种改革应该能够保证辖区内的某些地区，如风景旅游区、水源保护区、文化教育区等不再有工业，不再穷凶极恶地“开发”，而将保护放在首要位置。这样的改革也应该使以居住为主要功能的地区不再以 GDP 为导向，更注重就业和环境质量之类群众关心的问题。从我国目前的实际情况来看，该方向的改革应该成为我国税收绿色化的突破口。

2. 以生态环境保护为目标的财政补贴

财政补贴本质上是一种二次分配，是国家财政通过对分配的干预调节国民经济和社会生活的一种手段。其目标是扶持那些在自由放任的市场条件下没有竞争优势而又有社会价值的个人或企业活动，使相关活动能够符合社会发展的要求。财政补贴本质上是一种转移性支出。政府角度的支付是无偿的，而领取补贴者的实际收入则因此增加，经济状况有所改善。从政府的角度来看，财政补贴能够影响相对价格结构，进而可以改变资源配置结构的政府无偿支出。

一般而言，政府出台财政补贴政策的目标，无非以下 4 个方面。

第一，存在市场失灵，从而使得某些产业既是基础性的，同时又由于政府的价格管制或产业的弱势地位而在市场中难以生存发展。典型的案例是自然垄断领域，如城市公共交通、煤气和水电等，其基础地位决定这些产业必须以较低的价格向全社会尤其是中低阶层提供服务，因而政府必须对这类企业实行价格管制。政府的低价政策会导致企业产生亏损，因而应由政府提供财政补贴，否则这类企业将无法生存。另一重要领域是农业。农产品的基础地位无可置疑，但该产业与工业和服务业相比，在对资源的竞争上明显处于弱势地位。因此，为维护农业的稳定，必须给予补贴。世界上主要国家普遍对农业实行补贴政策。

第二，基于社会公平和稳定的政策目标。市场机制不能解决所有问题，政府有责任让低收入阶层获得基本的食品、居住、医疗和教育条件，享受基本的社会保障。因此，国家有针对性地补贴低收入阶层的生活所需，如发放住房补贴和食品券等。

第三，对具有正外部性的生产或消费活动进行补贴。在生态环保领域此类实践较为常见。例如，对有机肥的施用进行补贴。其理由是有机肥通常由养殖场的废弃物加工而成，本质上属于消纳养殖废弃物的配套。如果生产出来的有机肥不能被充分施用，这条以消纳废弃物为目标的产业链就无法维持。所以，农业生产者施用 1 吨有机肥，同时也就减少 3～4 吨的废弃物污染，这样的生产活动应该享受政府的补贴。

第四，对幼稚产业应该补贴。所谓幼稚产业，指的是那些发展前景光明但与传统产业之间存在替代效应的新兴产业。由于这种产业尚处于幼稚期，故而成本较高，进而无力与相关传统产业竞争，从而无法扩大其市场份额。这是一种恶性循环。通过政府补贴增强其市场竞争力，可以打破这一循环。典型的案例就是国家对新能源的补贴。由于传统能源的价格优势，新能源产业在发展初期无力竞争，但通过政府补贴，该产业通过不断的技术进步和市场份额的扩大能够持续地降低成本，最终能够与传统能源相竞争。

在环保领域，我国已经有了名目繁多的各种补贴，包括：对节能家电和汽车等环境友好产品的补贴，对循环经济、节能减排、再制造产业的补贴，对城市给排水、生活垃圾处置等领域的直接补贴或贷款贴息，以及对土地复垦、水源地保护、湿地和自然保护区的支持等。

3. 生态补偿

由此涉及一个重要的概念生态补偿，关于生态补偿这一概念尚没有较为公认的定义。综合国内外学者的研究并结合我国的实际情况，对生态补偿的理解有广义和狭义之分。广义的生态补偿既包括对生态系统和自然资源保护所获得效益的奖励或破坏生态系统和自然资源所造成损失的赔偿，也包括对造成环境污染者的收费。狭义的生态补偿则主要是指前者。我们认为，排污收费领域相对独立，没有必要与生态补偿混杂在一起，所以这里只考虑基于生态系统服务的生态补偿机制。

如果仅局限于生态领域，生态补偿大致包括 3 个方面的内容。一是对生态系统本身保护、恢复或破坏的成本进行补偿。各类保护区禁止相关经济活动，由此产生的基础设施、信息收集和执法成本就属于保护成本。破坏生态系统所损失的生态服务价值，就是破坏成本。生态系统遭受破坏后进行修复，如美国要求占用某一湿地后必须用等量的重新恢复的一块湿地作为补偿，由此产生的成本就是恢复成本。二是通过经济手段将经济效益的外部性内部化，相关内容前面已经提及。三是对个人或区域因保护生态系统而放弃发展机会的损失进行经济补偿。其中典型的案例就是对水源保护区相关方的补偿。

无论从理论还是实践上，生态补偿都是一种具有中国特色的大杂烩。在理论上，生态补偿的依据包括生态服务价值说、外部性理论和公共物品理论。其中，生态服务价值说意味着人类应该承认生态服务的价值。在这个方面，Costanza 等人和联合国发挥了重要的影响力。简单地说，人类从生态系统获得至关重要的各种服务，除了直接的产品以外，生态系统还提供净化功能、景观功能、调节功能、文化功能以及生命支持功能。相关学者认为，这意味着生态系统服务是有价值的。同时，很多人致力于计算这种价值，并将这些价值货币化。

这里涉及一个重要问题，即价值的含义。到底什么是“价值”？抽象地说，价值源自事物的有用性。所谓价值，就是标志着客体与主体（人）的需要之间关系的普遍范畴，是物质或精神客体所具有的满足人类主体需要的属性。这种价值关系是从主体对待满足其需要的客体的关系中产生的，也就是说，具有某种属性的客观事物在满足了人的某种主体需要时，这种客观事物的价值才会表现出来。

但是，事物的有用性或效用只是价值存在的必要条件，或者说这时只能表明该事物具有使用价值。除此之外，价值的存在还必须依赖稀缺性。也就是说，取之不尽、用之不竭的东西并不存在经济价值。保罗·萨缪尔森对经济学所下的定义是，经济学是“研究的是社会如何利用稀缺的资源以生产有价值的商品，并将它们分配给不同的个人”。在这里价值引入了稀缺的含义。资源是有用的，稀缺的，是需要花费代价的，从而是有价值的。于是他说：“经济学的精髓在于承认稀缺性的现实存在，并研究一个社会如何进行组织，以便最有效地利用资源。这一点是经济学独特的贡献。”这样，我们可能接近经济价值的完整含义，即有用、稀缺和花费。

更进一步地，在进入经济价值范畴后，还有一个关键概念是对市场价值和非市场价值的区分。所谓市场价值，指的是通过交易实现的价值。理论上，在一个充分竞争的市场中，物品或服务的价值能够真实地体现出来。或者说市场展现的是价格，但价格会以一件东西的真实价值为中轴进行波动，从而揭示其价值。

就经济价值实现的方式而言，市场的能力还是很有限的，甚至可以说，经济价值实现的主要途径可能并非市场，而是非市场方式。就人类自己的劳动价值而言，家务劳动、邻里朋友之间的相互帮忙、社区义务劳动、慈善性劳动、陪伴、关怀，所有这一切，在绝大多数情况下可能都属于非市场价值。我们作为普通人，不妨掂量一下自己有多少时间花在挣钱上，又有多少时间是花在上述非市场价值上。至于自然界向人类提供的各种具有经济价值的服务，主体上是在市场之外而非市场之内。

于是，那种将生态服务价值理解为经济价值，进而等同于市场价值的观点存在着本质的错误。试想一位疲乏的丈夫回到家里，坐在沙发上享受妻子端上的一杯热茶，难道他需要掏出几十元钱给妻子才算是承认对方的劳动价值吗？强行将非经济和非市场的价值估算为市场价值，其作用是贬低了生态价值本身，是金钱高于一切的庸俗方法论的体现。而在实践中生硬搬用市场价值计算出来的生态价值并不被市场接受。迄今为止，还没有一个国家是用这一方法实行生态补偿政策的。

至于我国生态补偿的主张者经常引用的外部性理论，前面已经详细讨论。总的来说，“谁污染，谁治理；谁使用，谁付费”的原则是正确的。但一个重要问题在于，外部性理论同样是针对市场的，其根本对策乃是让溢出于市场的成本和收益重新被价格体系捕获。即使前面讨论的庇古主义税费补贴的那些缺陷不存在，也只适宜用于市场价值。对非市场价值，外部性理论其实是无能为力的。举一个简单的例子，当经济活动影响到一个地区的生物多样性时，任何人也没有办法计算出庇古税的数额。

在生态补偿的实践上，首先需要思考一个问题：我们称为“生态补偿”的实践，其他国家是如何做的。国外的生态补偿主要指生态系统受损后的功能恢复投入，范围非常狭窄。我国的生态补偿含义则宽泛得多。但是，包含在我国生态补偿范围而不在其他国家的那些内容，在那些国家也同样存在。在发达国家，这些内容可以分为政府对私人的补贴、政府间转移支付、利益相关方之间的谈判等范畴。

发达国家因生态保护而实施的补偿政策主要集中在农业和环境领域。美国主要依托《农场法案》(farm bill)，包括 3 种补偿机制。首先是占绝大多数的自愿性补偿机制，指政府从生态环境保护的需求出发，对自愿加入的农民提供一定标准的补偿(包括各种技术支持和服务等)。这类补偿主要是为了区域生态环境的整体改善。其次是强制性补偿机制，即政府以法案形式限制特定区域内的人类行为，以确保生态环境安全，同时根据法律规定的“占用”标准向土地所有者提供补偿。这类补偿主要针对环境敏感区和重点保护区。第三是自愿性和强制性相结合的补偿机制。例如，“保护遵从”(conservation compliance)要求某些极有可能水土流失的地区必须建立保护体系，以此作为获得联邦的各种农业资助(包括价格和收入补偿)的先决条件。此类措施实质上是强制性要求农业从生态脆弱区域退出，从而实现生态环境保护的目标。

欧盟的生态补偿主要通过其共同农业政策(CAP)实现，也是通过补贴方式对有利于生态环境保护的行为进行补偿，以保护农村的怡值，鼓励环境友好型的低强度农业发展。欧盟几乎全部采用自愿性补偿机制，根据所在国对农民遭受的收入损失和其他成本的计算进行补偿，实际补偿标准在 450～900 欧元/公顷之间。

发达国家与发展中国家的实践存在明显差异。欧美等发达国家虽然是市场机制的鼓吹者，但其生态领域的补偿机制却以政府补贴与转移支付为主；引入市场机制的生态补偿项目，主要集中在发展中国家。其生态补偿机制以“综合性保护和发展项目”(ICDP)最具代表性。具体做法是从发达国家政府、基金会、私人团体等获得资助，意图通过保护区自然资源的可持续开发来提高保护区域内群众的生活水平。从 20 世纪 90 年代初开始，ICDP 在非洲、亚洲和南美洲等地的发展中国家得到较为广泛的应用，采取的开发方式包括生态旅游、森林可持续经营、野生动物可持续捕获等。

但是，ICDP 的有效性也遭到很多学者的质疑。Stocking 和 Perkin(1992)认为，ICDP 的逻辑很难从“从纸面研究走向实践应用”。Wells 等人(1992)对 23 个分布在非洲、亚洲和南美洲的此类项目进行考察，发现所有项目几乎没有获得任何可测量的进展，都不可能实现既定的目标，“因为发展和保护之间的联系要么不存在，要么是非常模糊的”。对引入市场机制的具体生态补偿机制的考察也发现，结果“要么是社会和经济不可持续，要么是生态系统的破坏，要么两者皆有”(Crook & Clapp, 1998)。森林的可持续开发(Barrett & Arcese, 1995)、野生动物的可持续捕获(Rondeau & Bulte, 2007)、生态旅游(Johannesen & Skonhoft, 2005)等形式的 ICDP 最终都对生态环境造成不同程度的破坏。整体而言，各种试图增加保护区域经济活动强度的做法常常导致保护地的破坏(Freese, 1997)，哪怕是低强度、可替代的行为(Redford, 1992)或商业行为(Howard et al., 1996)；甚至以农村基础设施建设为主题的社区发展类项目也会对生态环境保护带来负面影响(Oates, 1995)。

其实，对那些发展滞后、地处偏远的地区进行生态补偿，最好的方式还是帮助那里的人们迁移到经济较为发达的地区，在城市化地区获取更好的发展机会。从结局来看，只有将人口高度集聚于城市，农村或自然生态系统承受的压力才会可持续地减轻。典型的如我国的祁连山自然保护区，只有最大化地减少其辖区内的人口，各种有损于生态系统的经济活动才能从根本上得到遏制。当然，为促进这一进程，生态补偿的内容应该扩充，包括：为该区域的少年儿童提供高质量的教育，甚至可以考虑让他们进入发达地区城市的学校就读；向所有自愿进入城市就业的人们提供技能培训等。

显然，发达国家与发展中国家补偿方式的差别有着政府财力的原因，但还有一些其他因素在起作用。例如，发达国家政府的监管较为有效，能够保障农户在接受补偿的同时履行其责任。从根本上讲，发达国家的生态补偿机制是在城市化基本完成的前提下进行的，保护区域人口密度很低，且处于稳定状态；而发展中国家城市化程度远远不够，保护区域人口密度较高。因此，在包括我国在内的发展中国家采取直接补偿的办法，同样未必能够达到生态环境保护、促进社会公平的目标。

我国被纳入生态补偿范围的另一种做法是跨区域的政府间关系，尤其是上下游关系。如水资源保护，位于上游的省份如果尽到责任，下游省份则给予一定数量的货币补偿。在一个省内，省政府则采取类似奖励的办法，对地表水质达标的上游县市给予“补偿”。

类似的问题各国都会遇到，在一般情况下，下游经济通常较为发达，而上游反之。对此，发达国家是包括在系统的转移支付之中。对于一个国家，尤其是对大国而言，没有必要每个地区都追求“经济发展”。在市场机制的作用下，人口和其他生产要素向城市和下游发达地区集聚，而上游地区的财政缺口则通过上级政府的转移支付来弥补，其政府的主要任务是公共服务和环境保护等。也就是说，上级政府在考虑向某个地区转移支付时，应该将该地区在环境保护方面的贡献考虑在内，但没有必要为此单列所谓的生态补偿。如果这种补偿导致更多山区人口滞留于原地，甚至导致不适当的经济活动繁荣，那就可以说是事与愿违。

总的来说，生态补偿在理念上具有很强的正当性。但是，因此将这一理念单独形成某种财政制度，其可行性是有疑问的。其优化的方向包括以下 3 个方面。

首先，优化农业、水利和耕地的补贴结构，使得各类补贴在不同程度上具有激励生产活动转向环境友好的作用。

其次，尤其在地方层面，政府可以用签约的方式，引导生产方式的优化。典型的是水源区群众的生产，引导其更多地采用有机农业或精准农业的方式从事生产，并为之配备相应设施条件。

最后，改善我国的税收财政体制，使那些承担自然保护功能的地区，或其他因承担保护功能而难以正常发展的地区，其政府不依靠招商引资、兴办工业也能够维持正常运行并提供公共服务，也就是推动我国的转移支付更为系统化。与此同时，上级政府应出台相关政策，引导这些地区的人口迁移至城市或经济发达地区，帮助人们就业、创业和获得基本的生存发展条件。以此推动空间上人口和各类经济要素重新配置，从根本上缓解需要保护地区的社会经济活动引发的环境压力。

推荐阅读材料

[1] 威廉·J·鲍莫尔，华莱士·E·奥茨等.环境经济理论与政策设计(第二版)[M].经济科学出版社，2003.
[2] 林成.从市场失灵到政府失灵：外部性理论及其政策的演进[D].辽宁大学，2007.
[3] 王金南，葛察忠，高树婷.环境税收政策及其实施战略[M].中国环境科学出版社，2006.
[4] 叶汝求，任勇，厄恩斯特·冯·魏茨察克.中国环境经济政策研究：环境税绿色信贷与保险[M].中国环境科学出版社，2011.
[5] 张宏翔.环境税理论和实践：基于西方先进国家的成功经验分析[M].科学出版社，2015.
[6] 王金霞.绿色税收[M].中国环境出版社，2017.
[7] 任勇.中国生态补偿理论与政策框架设计[M].中国环境科学出版社，2008.
[8] 戴星翼.生态服务的价值实现[M].科学出版社，2005.

思考与讨论

1. 常说绿水青山是无价的,但为何还要定价征收资源税和环境税呢?
2. 有人指出,排污税的征收并不会减少污染排放量,只会使得污染成本转移到消费者身上。你是否同意这个观点?为什么?
3. “谁污染,谁治理”是庇古理论的应用吗?
4. 为什么说“土地财政”是不利于资源节约与环境保护的?
5. 许多学者计算出来的亚马逊流域热带雨林的生态价值非常高,但砍伐者所付出的实际成本相对偏低,而市场价格也较低,即按照市场价值计算出来的生态价值并不能被市场接受。那么,生态价值的计算究竟有什么现实意义呢?
6. 你怎样理解“中性原则”的重要性?在该原则下,即使某种税是为了保护资源或环境,但如果不相应减税也未必正当。请想清楚其中的原因。

第七章 环境治理中的产权工具

第六章以讨论外部性为起点。从经济学立场看,外部性是环境恶化的根源,原因是它扭曲了市场价格体系,进而扭曲了人们的经济行为。对此,庇古开出的药方是针对外部性的税费补贴体系,以此消除外部性,或称为"外部性内部化"。但是,准确核算外部性近乎是不可能的。思路于是转变为以处理好环境与发展关系为导向的税收和补贴体系的完善。除此以外,本章将讨论另一条思路,即通过完善环境物品的产权来遏制和消除外部性。

一、科斯定理与环境产权

1. 科斯定理

首先需要简单讨论一下科斯定理。罗纳德·哈里·科斯是1991年诺贝尔经济学奖的获得者,他的主要学术贡献在于揭示了"交易价值"在经济组织结构的产权和功能中的重要性,发现并阐明了交换成本和产权在经济组织和制度结构中的重要性及其在经济活动中的作用。这一贡献也就是"科斯定理",其内容为以下3点。

(1) 在交易费用为零的情况下,不管权利如何初始配置,当事人之间的谈判都会导致资源配置的帕雷托最优;

(2) 在交易费用不为零的情况下,不同的权利配置界定会带来不同的资源配置;

(3) 因为交易费用的存在,不同的权利界定和分配则会带来不同效益的资源配置,所以产权制度的设置是优化资源配置的基础。

需要指出,上述3点并非科斯本人提出,而是学术界的归纳。理解其观点的基本出发点是认为自由交换可以改善资源配置,也就是帕累托改善。除了资源所有权外,其他法律上明确规定的许多权利也可以参与交换,从环境保护角度来看,这里会涉及排污权或免受污染权。如果这些交换是自由的,法定权利的最初分配从效率角度来看就无关紧要了,也就是说,即使法律所规定的权利分配并非最具效率,会在市场上通过自由交换得到校正。需要注意的是,这仅仅是从效率角度来考虑,初始分配的公平问题并不能通过自由交换解决。

2. 产权与交易成本

为实现自由交换，根本的条件是财产权的明确。更广义的是某种权利或责任的边界的明晰。另一个条件是交易成本。狭义的交易成本是指一项交易所需花费的时间和精力。广义上看，交易成本指的是协商谈判和履行协议所需的各种资源的使用，包括制定谈判策略所需信息的成本、谈判所花的时间，以及防止谈判各方欺骗行为的成本。当然，在考虑所有这些成本时不能忽视制度因素的作用。

产权和交易费用的背后是相关的制度安排。根据交易费用理论，不同的产权制度交易费用是不同的，市场机制的运行是有成本的，制度的使用、安排和变更也是有成本的。一切制度安排的产生及其变更都离不开对交易费用的影响。制度的创新和改善，从根本上讲，是交易费用的下降。

本教程已讨论过环境物品的属性。从产权看，纯私人物品的产权是明确的。我们的眼镜和鞋子可以完美地实现排他性产权，而又是竞争性使用的。对此类物品，可以顺利地实现自由交换，由此发生的交易成本很小。但对于混合物品，特别是水资源、森林和土地之类与生态环境相关的物品，问题就会变得很复杂，如外部性与非市场价值的存在。其复杂性可以从两个方面加以观察。其一，产权是一个权利束，包括所有权、使用权、收益权、处置权等。当一种交易在市场中发生时，就发生了两束权利的交换。交易中的产权束所包含的内容影响物品的交换价值，这是新制度经济学的基本观点之一。其二，水资源这样的事物，可以被视为复合型的资源。以一条河流为例，其产权也许会包括航运权、取水权、污水排放权、捕捞权、鱼类养殖权、娱乐业开发权以及滨水土地开发权等。关于该河道的产权体系就是这两个维度的交织。

3. 外部性内部化的产权路径

回到如何处理外部性的问题上，在第六章我们讨论了庇古主义税费补贴体系。在经济学上，企业通过污染环境规避生产成本的行为，是负外部性的来源。于是，庇古提出要通过征税解决这个问题。赋税使得成本提高了，由此产生一种正确的激励，使生产者减少生产量或自行削减污染。但是，恰当地规定税率和有效地征税，也要花费许多成本。从交易费用的角度来看，确定合理的庇古税费会遇到成本过高的障碍。需要注意的是，常有环保界人士将环境税说成是庇古税，这是不正确的。真正的庇古税必须等于社会成本与私人成本之差。换言之，一家企业通过污染向社会转移了多少成本，就应该向它征收相对应的税收，这才是庇古税。显然，准确计算每家企业的外部性数额，不是任何政府都能够承受的。

于是科斯提出，政府只要明确产权就可以了。如果把产权“判给”居民，也就是让居民享有免受污染权，污染企业就必须给予居民补偿，或治理以减少污染，乃至将企业迁走。如果把产权界定给污染企业，也就是企业享有排污权，在此情形下，如果居民不想忍受过重的污染，也许可以对企业的污染治理进行补贴，或者迁走。由外部性的定义可知，无论何种选择，外部性已经消除。因为谈判过程中的讨价还价，本质上是一种市场过程。据此确定的环境权益价格，是市场机制的结果。也就是说，外部性被“内部化”了。

科斯定理表明，市场的真谛不是价格，而是产权。只要有了产权，人们自然会“议出”合理的价格。但是，明确产权只是通过市场交易实现资源最优配置的一个必要条件，却不是充分条件。产权的作用会受到交易成本的制约。在现实中许多事物的产权是难以界定的，如前面提及的与水体有关的各种权利。在提及的各种权利中，有的权利本身是难以界定的，如河边娱乐或观景的权利。另一些权利虽然可以界定，但需要很高的成本来维护这种产权。

一个典型的案例就是长江口鳗苗资源的枯竭。鳗苗贵于黄金。所以，每逢捕捞季节，北至山东，南至福建，数以万计的渔船便蜂拥而至、狂捕滥捞。对此，较好的方式是发放捕捞许可，对进入的渔船数量和捕捞量设置严格的门槛，从而在资源有效保护的前提下保证渔业的收益。虽然渔政部门也是这样做的，但由于进入的渔船数量过大，执法者根本没有能力进行管理和执法，最终导致资源的衰竭。

在产权明确且得到有效维护的情况下，通过交易可望改善资源的配置。但是其过程依然受到交易成本的制约。交易成本，简单地说，是为达成一项交易、做成一笔买卖所要付出的时间、精力和产品之外的金钱，如市场调查、信息搜集、质量检验、条件谈判、讨价还价，直到最后执行合同、完成一笔交易，都可能费时费力。经济学中的模型通常是极度简化的，如只有一家污染企业和一个受害者。在现实中更可能是一群受害者，也可能有一群污染企业。如果是多个厂家，谁排了污水、排了多少，如何确定各自的责任，需要进行大量的调查摸底和谈判；而如果受害者是大量居民，其意见要达成一致更是耗时耗力。所以，科斯定理需要反过来理解：如果存在交易成本，即使产权明确，私人间的交易也不能实现资源的最优配置。

对于某种外部性，究竟是税费补贴方式还是产权方式更为有效，最终的标准就是包含制度成本的交易成本。需要指出的是，科斯定理的魅力在于它将政府的作用限定在最小范围之内。政府只是使产权明晰，然后交由私人市场去取得有效率的结果，其吸引力也因此更强。政府也必须通过制度创新，保障市场尽可能地完备信息和充分竞争，尽可能地降低交易成本，以达到产权交易的有效性。

二、总量控制与环境权益市场

1. 美国的二氧化硫总量控制与排污权市场

在现实中，诸如钢铁厂与洗衣店之间的谈判不会发生。但随着产权经济学的成熟，将产权工具应用于环境保护领域是一种必然趋势。自 20 世纪 60 年代后期开始，一些学者相继对产权理论在环境领域的应用进行研究。克罗克(Crocker，1966)对空气污染控制的研究，奠定了排污权交易的理论基础。美国经济学家戴尔斯(Dales，1968)明确提出了排污权的概念，指出排污权的初始分配可以缓解超量排放问题。1972 年，蒙哥马利(Montgomery)从理论上证明了基于市场的排污权交易系统明显优于传统的环境治理政策。他认为，排污权交易系统的优点是污染治理量可以根据治理成本进行变动，这样可以使总的协调成本最低。因此，如果用排污权交易系统代替传统的排污收费体系，就可以节约大量的成本。

“二战”后的经济快速增长导致美国能源消费相应增加，尤其是煤电的发展使大气污染趋于严重。至 20 世纪 60 年代，美国东北部的酸雨导致该地区以及相邻的加拿大东南部大片森林遭受毒害。治理势在必行，这导致 1970 年《清洁空气法案》的出台。在该法案架构下，美国环保署(EPA)制定了大气环境标准和行动计划，并为企业规定了二氧化硫排放总量。但到了 70 年代中期，EPA 发现大多数州未能按计划实现规定的大气环境标准，为此国会授权 EPA 拥有不批准未实现环保目标的那些州引入新污染源的权力。但是，行使这一权力又会妨碍相关地区的经济发展，这一矛盾必须解决。

问题的核心在于，实行污染物总量控制，就意味着环境容量已经被承认为一种经济资源，具有了稀缺性。既然这是一种稀缺资源，就应该与其他生产要素一起，追求其优化配置。因此，自 1977 年开始，EPA 出台了相关鼓励企业优化配置排污权的政策。

其一是补偿政策，针对的是那些污染治理未能达标的地区。这些地区的相关企业如果新建或扩建污染源的要求得到批准，就必须从其他污染源那里购买到排污减少信用，方可运行产生污染的设施。

其二是泡泡政策，允许一个拥有诸多污染源的主体能够使用其中的某些污染源减排产生的污染减少信用来履行另一些污染源的减排义务。典型的就是一家拥有若干燃煤锅炉的工厂，为实现其减排义务，选择对其中的一座进行改造，由此产生的减排信用则用于所有锅炉的减排义务。

其三是净得政策，意味着一家工厂要新建、扩建污染源时，如果并不因此导致排放总量的增加，则可以不作为新污染源对待。这意味着工厂可以通过对旧污染源的治理来获得新污染源的建设许可。

其四是银行政策，允许企业将通过治理获得的减排信用储蓄起来，以用于未来产能的扩张或期望以更高的价格售出。

以上 4 个政策共同构成了一种初步的排污权交易体系，有效缓解了各地环境保护与经济发展的矛盾。在此基础上，美国国会于 1990 年通过了《清洁空气法案》修正案，明确认可了可交易排污权这一制度创新。二氧化硫排污权于 1992 年和 1993 年分别于芝加哥商交所和纽约证交所上市。至此，美国二氧化硫排污权及其交易体系基本完善。其基本内容如下。

其一，参加该体系的机构主要是酸雨计划中确定的法定参加者。此外，还有部分选择加入计划批准的自愿参加者。法定参加者主要是作为排放大户的电力企业。

其二，排污许可的分配有 3 种方式：无偿分配、拍卖和奖励。其中无偿分配居主体，约占初始分配总量的 97%。为满足新企业的排放需求，酸雨计划授权联邦 EPA 保留部分排污许可用于拍卖。

其三，许可证的交易。通过交易，发放的污染许可得以重新配置。需要指出，参与交易的主体，包括那些拥有或需要排污权的企业，也有投资者的参与，其作用是能够活跃市场，环保志愿者组织也可能进入该市场。这种多元参与的格局，保证了需求的旺盛，由此也刺激了排污权拥有者的节约动机。

最后是对排污权的审核和监管，以此保证排放许可证与排放量的对应关系。EPA 对参与交易的排污企业进行年度审核。只有在认定本年度许可额度确有结余的情况下，结余部分会被转入可交易账户。

该体系投入运行以来，总体上是成功的。在 1978 年以后的 20 年间，美国空气中二氧化硫的浓度下降了 53%。诚然，所有这一切不能完全归功于排污权及其交易。特别是在美国《清洁空气法案》出台之后，其能源结构发生了重大改善。煤炭让位于更清洁的能源，可以说是空气质量改善最重要的技术因素。需要注意的是，在 1978 年，出台泡泡等 4 项政策之前，美国控制二氧化硫的政策目标并未实现。其基本原因是排污企业没有节约排污许可的动机，而新企业对排污许可的需求增加了排放总量。这充分表明，只有在合理的制度下，减排的技术因素才能发挥作用。

2. 并不有效的流域排污权市场

除二氧化硫外，美国还在流域治理中使用了排污许可制度。从效果来看，只有二氧化硫排污许可和交易体系是令人满意的。如果比较这两个体系，可以发现一些规律性的因素。

一是市场的规模。美国二氧化硫市场是全国性的，需求者众，交易量大，从而能够有效摊薄市场运行成本。流域排污权则不然，其流动必然要受到严格的地域限制。例如，不能让密西西比河流域的排污权流向科罗拉多河。甚至在一个很小的区域内，流动也会受到限制，如不能让排污权向水源保护区或其他类型的保护区转移。这就意味着流域排污权市场是高度分割的，由此会导致其不会享受到规模收益。

二是交易主体的规模。二氧化硫排污许可的交易主体基本上是火电企业，每个企业对排污许可的需求量、实际拥有量和结余量都较大。这就意味着在平均水平上，其单笔交易或单位排污许可的交易成本较小。相比之下，水污染物排放许可的需求在企业间差距很大，多数企业对某种排放许可的需求并不大，导致交易成本的升高。

三是许可管理、审核和监管成本的差异。燃煤发电的煤炭消耗量大，在煤炭品种给定或含硫量给定、设施设备给定的情况下，其监管和审核难度相对较小。流域排污许可则不然。即便是排放量最大、也是最为普通的水体污染物 COD，实现有效监管也非易事，其原因是污染源极为多样化。

这些差别造成的排污许可及其交易制度成败，集中指向一个关键，即交易成本。市场规模小，成交量少，每笔交易的成交额小，审核和监管费用高，导致流域排污许可难以市场化。

3. 欧盟的碳排放权交易体系

从全球来看，除美国的二氧化硫排放权交易体系外，另一相对成功的排放许可交易体系是欧盟的碳排放交易体系。建立该体系的法律基础是《欧盟 2003 年 87 号指令》。据此，欧洲碳交易市场于 2005 年开始运行，欧盟的 28 个国家参与其中。2010 年，该市场成交 1 198 亿美元，占全球碳交易成交额的 84%。

欧盟多数国家为小国寡民，其排放总量和可交易量都不大。如果每个国家都建立自己的市场，规模过小会导致制度、监管、信息成本过高。在欧洲范围内建立单一市场，制定统一的配额发放规则、交易制度和审核监管体系，有效降低了交易成本，这是该市场取得成功的基本原因。

欧盟排放交易体系（EU-ETS）属于限量和交易（cap-and-trade）计划，起因于《京都议定书》中欧盟作出的减排承诺。依据承诺的减排量，欧盟通过内部谈判，对成员国设置排放限额，各国排放限额之和不超过《京都议定书》承诺的排量。从该市场运行的经验来看，除规模和交易成本外，交易的活跃程度还受到配额总量和经济景气度的强烈影响。在 ETS 的第一阶段，排放量的上限被设定在 66 亿吨二氧化碳，排放配额均免费分配。允许使用的清洁发展机制中的核证减排量（CER）和联合履行中的项目减排单位(ERU)的数量平均为总体配额的13%。总体上,该阶段配额分配宽松,有的排放实体分配到的排放额度远大于实际排放量,从而导致市场需求不足。后一个问题出现在国际金融危机。2008年7月1日,ETS创下了28.73欧元/吨的历史最高纪录。但在金融危机发生后,其价格一路下降。由于欧洲乃至全球范围的产能过剩,产业结构转型(去重化工)的过程导致配额需求的严重不振。

三、我国的排放权及其交易市场

1. 我国排放权及交易体系的简单回顾

我国的排污许可证制度试点始于1987年,当时开展试点的城市共18个。在此之前,上海市于1985年颁布了《上海市黄浦江上游水源保护条例》,确定在黄浦江上游水源保护区内实行污染物排放总量与浓度控制相结合的管理办法。1987年,在上海市闵行区环保局的引导下,黄浦江上游水源保护区内的两家企业通过谈判,完成了我国第一笔排放权交易。1991年国家环保局开始排污权交易的试点工作,确定的试点城市是包头、开远、柳州、太原、平顶山和贵阳。2002年,国家环保总局进一步扩大排污权交易的试点,在山东、山西、河南、江苏4省加上海、天津和柳州3市开展二氧化硫排放总量控制及排污权交易的试点。2011年,国家发改委办公厅下发了《关于开展碳排放权交易试点工作的通知》,批准北京、天津、上海、重庆4大直辖市,外加湖北、广东、深圳等7省市,开展碳排放权交易试点工作。除此以外,许多省乃至城市也建立了自己的碳交易机构或环境能源交易所。在太湖水环境治理中,浙江和江苏开展了水污染权交易。

2. 作为指令控制手段的排放许可和总量目标

不难发现,我国排放权及其交易体系的建设经历了相当漫长的过程。1987年的排污许可证试点及其此后的扩大范围,根本性的缺陷是没有总量目标,由此导致许可证失去意义。因为这意味着环境容量尚未被承认为一种稀缺资源,一种上不封顶的许可是不具有市场价值的。这也意味着排污许可未被承认是企业的一种权益。在现实中,排污许可既不被环保部门重视,更不被排污企业珍惜,原因就在于此。

1996年,当时的国家环保总局正式推行污染物的总量控制。做法是依据各省市申报的1995年排污量数据,按东部削减10%、中部保持不变、西部增加10%作为地区的总量目标,下发省市后由地方环保部门按条线分配。总量控制的提出,意味着我国污染控制进入了新的阶段。

但是，该阶段的总量目标显然是失败的。其基本原因来自两个方面。其一，新生产力进入对排放的需求。尤其在中国进入 WTO 后，外资排山倒海般地进入，导致排放需求迅猛上升。而进入 21 世纪后我国重化工业的大发展，更导致排放不可能被限制于原先的总量目标之下。其二，存量企业获得排放许可以后，并无节约的动机。至于投入资金或人力物力以节约排放许可，则更无可能，因为这种节约没有经济上的价值。于是，需求上升猛烈，供给则无人提供，除了打破总量控制上限外别无出路。

直至 2007 年，我国在节能减排的架构下重新提出总量控制计划。总量指标的分配模式基本未变，由国家发改委确定减排目标，再按东中西部和条线分配，然后层层由各级政府按条块切割落实。不同之处在于，“十一五”期间的节能减排有着强有力的配套措施，包括：限制高耗能、高污染产品出口；加大差别电价实施力度，提高高耗能、高污染产品差别电价标准；清理和纠正各地在电价、地价、税费等方面对高耗能、高污染行业的优惠政策；淘汰电力、钢铁、建材、电解铝、铁合金、电石、焦炭、煤炭、平板玻璃等行业落后产能；推进能源结构调整；大力发展可再生能源，抓紧制订出台可再生能源中长期规划，推进风能、太阳能、地热能、水电、沼气、生物质能利用；实施十大重点节能工程；建立健全国家监察、地方监管、单位负责的污染减排监管体制；制订高耗能产品能耗限额强制性国家标准等。

“十一五”期间依赖节能减排推进体系有 4 个基本特点。

首先在于这是一个主要依托国家行政体系推进的计划。国家《“十一五”规划纲要》将节能减排 3 个指标作为约束性指标，要求“十一五”期间单位国内生产总值能耗降低 20%左右，主要污染物排放总量减少 10%。对于上级下达的节能减排目标，地方政府要实行总量控制、自求平衡、不得突破。国发[2007]36 号文件批转国家发改委、统计局和环保总局节能减排统计监测及考核实施方案和办法，明确要求要建立科学、完整、统一的节能减排“三个体系”，即统计、监测和考核体系，并将能耗降低和污染减排完成情况纳入各地经济社会发展综合评价体系，作为政府领导干部综合考核评价和企业负责人业绩考核的重要内容，实行严格的问责制。

其次是产业阀门调控。实行以节能减排为导向的产业政策，通过产业政策的调控，将节能减排的关口前移到项目报批核准阶段。国家不定期修订产业指导目录，主要包括《外商投资产业指导目录》、《产业结构调整指导目录》和《资源综合利用目录》，将产业按政策取向分为 3 类，外商分为鼓励类、限制类和禁止类，内资分为鼓励类、限制类和淘汰类。不符合强制性节能标准的项目，审批或者核准机关不得批准或者核准建设，建设单位不得开工建设，已经建成的不得投入生产、使用。国家对落后的耗能过高的用能产品、设备和生产工艺实行淘汰制度。加大力度淘汰电力、钢铁、建材、电解铝、铁合金、电石、焦炭、煤炭、平板玻璃等行业落后产能的力度。

三是通过税收杠杆的调节促进节能减排和环境友好。出台各种有减有免、有奖有罚、可抵可免、多方优惠之类促进节能减排的税收调节政策，税收优惠涉及消费税、增值税、关税、企业所得税、资源税等税种。

四是财政补助。各级政府每年都安排大量的资金支持节能减排，且扶持力度逐年加大。仅中央财政，2006 年安排 213 亿元，2007 年安排 235 亿元，2008 年安排 270 亿元。一是支持“十大重点节能工程”，二是支持落后产能退出，三是支持高效节能产品，四是设立可再生能源发展专项资金，五是支持污水处理厂和垃圾处理厂建设。此外，国家还在信贷等方面做出努力。

简单地说，从根本上，我国节能减排中使用的总量控制手段与通过明确环境产权，进而通过环境权益市场优化环境资源的配置没有太大关系。这里提出的总量，只是中央拿出的一种可切割的工作目标。配合总量的层层切割，政府深深卷入实施推进的过程。例如，地区党政领导负总责、淘汰落后产能、财政补贴乃至直接的公共投入，都会导致产权趋于模糊而非清晰。因此，行政推进的模式与产权-交易模式存在本质差别。

很难评判两种模式的优劣。如果以实现目标的前提下成本最小化为标准，命令控制型与限量交易型这两种模式在不同的情形下各具优势。一般而言，市场制度较为成熟的社会，以及诸如二氧化硫这样的大宗市场可统一的污染物，后者较具优势。

3. 现有环境权益交易方式的缺陷

由于我国主体上以命令控制模式实施污染控制，所以排放权市场长期以来发育缓慢。迄今较为成型的只有碳交易市场。无论何种环境权益交易，对污染控制的贡献都微弱到可以忽略的程度。而且被我国称为排污权交易的许多案例或做法，本质上并不能称为“交易”。例如，某市通过淘汰家用煤炉，为居民铺设管道燃气。由此获得的二氧化硫减排量，则由一家新的热电厂购得。显然，并非热电厂支付了为居民铺设管道燃气的全部成本。因为该项成本巨大，远超过相应排污权产生的收益。这其实很难算作一种排污权交易，而只能理解为是一种以公共投入为主的排污权置换。类似地，某市以关闭硫磺制造企业用于满足新电厂排污许可所需。诸如此类的置换，显然存在强大的政府干预乃至直接投入，将其称为“交易”实为勉强。

理想的市场要求产权明晰、竞争充分、信息完备。以此衡量我国的环境权益市场，每一条都有很大的距离。例如，某省的一宗交易是某企业购买了 1 000 多万元的“生活污水排污权”。顾名思义，该企业为了获得 COD 之类的排放许可，购买了所在城市生活污水处理的减排信用。但是,这一案例中的糊涂之处太多。首先从产权角度看,城市生活污水的减排信用是属于谁的,恐怕说不清楚。这肯定不能属于城市污水处理企业,因为其处理污水是一种有偿服务,市政当局是付了费的。如此说来,所有权似乎也不能属于政府,因为真正付费的是全体消费者。从减排信用的正当性来说,城市生活污水的减排信用必须满足一些基本条件:该城市的生活污水有着单列的主要水体污染物排放的总量目标;相关污染物的实际排放量小于总量控制目标且经过了核实;这种减少量转变为法律上支持的减排信用;这种信用被合法的所有人拥有。在实践中,如果减排信用的拥有者是政府,监管核实体系就会失效,整个信用体系就会崩溃,因为裁判员上场踢球了。

除几个碳交易市场外,我国环境权益交易的一个重要缺陷是缺乏竞争。对于任何市场,如果没有足够的买家和卖家,缺乏竞争是必然的结果,由此导致难以形成合理的价格机制。实践中,我国几乎所有排污权交易,几乎都由政府主导。比较接近交易的方式,是主管部门牵线下的供求双方谈判,而更为行政化的方式则是政府的深度介入乃至大包大揽。

即便是碳交易市场,其市场偏小、竞争不足的情况依然存在。从 7 省市碳交易试点来看,相关市场各自包括 200～500 家企事业单位,主要是排放大户。市场规模显然偏小,交易清淡。在各自省市发改委的主导下,这些市场在交易所建设、软硬件配置、交易运行规则、数据基础等方面各行其是,极大地提高了建设运行成本。

除了按地域划分市场的做法导致人为市场割裂外,还有一种颇具中国特色的制度因素叫做企业的级别。尤其是在排污权的分配中,我国是按照条块切割的。中央将一部分排污权直接分配给央企,同时分配给各省。省一级也如此,部分直接分配给省属企业,另一部分按块分配。如此一个城市,很有可能存在央企、省企和一般企业这 3 种“级别”的排污权。当这座城市打算开展排污权交易时,参与的企业很可能只有后一类。原因是央企和省企的排污权来自中央和省的环保部门,其流动必须获得这些部门的批准。然而,无论相关部门批准还是不批准,更多的关卡总意味着更高的交易成本。

此外,在那些已经实施了排污权交易的地区,环保部门往往收取很高的费用,甚至可达交易额的半数以上。在这种雁过拔毛的制度下,拥有排污权的企业很难做出让渡的决定。

总之,我国当前兴办排放权市场的热潮,是在法律基础不稳固、对环境权益的属性认识不清、制度不健全的背景下出现的。人们对科斯定理的认识是片面的。对于其中阐述的“只要产权是明确的,并且交易成本为零,那么,无论在开始时将产权赋予谁,市场均衡的最终结果都是有效率的,实现资源配置的帕雷托最优”,环保领域的学者和官员往往只注重产权的明确这一点,对交易成本则是选择性地忽视。

而且他们忽视了即便是环境产权的明晰也是需要高成本的。科斯定理的核心与其说是产权，还不如说是包括了产权制度成本的交易成本。只要交易成本足够低，产权制度就能够建立和发挥作用。

应该理解交易成本在一种产权制度的建立和运行中的关键作用。降低交易成本，主要是政府的责任，更确切地说，是政府制度创新的基本方向。在我国，条块分割将理论上可以统一的巨大市场切割得支离破碎，职能部门墨守成规而抱残守缺，甚至为一己私利而阻碍要素有效配置，是当前环境权益市场交易成本过高、难以有效运行的主要问题，也是改革与创新的主要对象。

从 2017 年年底开始，我国启动了全国性的碳交易市场。在此之前的 7 省市碳交易试点，涵盖范围是 3 000 多个排放企业，年排放约 14 亿吨二氧化碳。2017 年 7 个试点的碳交易价格约为 3～7 美元/吨，交易额约为 6.8 亿美元。全国碳市场的规模涵盖 1 700 多家煤炭和天然气发电企业，碳排放量为 30 多亿吨，约占全国碳排放的 39%。如果碳交易量占碳排放量的比重类似，则估计该市场的碳交易额为每年 15 亿美元左右。虽然宣布全国碳市场“启动”，但是仍需要建立必要的制度和支撑系统，并进行测试。

四、生态和资源保护与产权

除排放权领域外，在更广义的资源和生态保护领域，产权的作用也十分关键。生态破坏严重、资源被掠夺式利用的问题，往往是产权制度存在严重缺陷的缘故。

1. 农村土地制度与耕地保护

从效率立场看，一个国家的城市化不会导致农业和自然用地的缩减，因为城市化的高效率首先体现在土地利用上。我国在城市化过程中出现的农业用地不断减少，进而为保障 18 亿亩耕地红线，各地致力于耕地的增减平衡，又导致自然用地的下降，这种现象是不正常的。当然，其背后的原因很复杂，这里我们主要从农村土地制度角度观察。

需要注意的是，近年来关于我国土地制度的讨论成为学界的热点，在种种观点中有一些是主张土地私有化的，其中的永佃制属于农村土地国家名义所有架构下的使用权私有化。讨论也就从这里开始。

农村土地私有会产生的问题，在新中国成立之初就已经显现。当时通过土改，我国农村土地形成了农户拥有小片土地为特点的私有化格局。体现在法律层面，主要是 1950 年的《中华人民共和国土地改革法》。其中明确提出，“实行农民的土地所有制”、“承认一切土地所有者自由经营、买卖及出租其土地的权利”。

但是,从随后各地工作组的调查情况来看,这种每户一小片的土地所有制并不成功。在土地私有化之后,许多地区迅速出现了土地兼并现象。邓子恢在1953年召开的全国第一次农村工作会议上总结指出:"土改后部分农民因天灾受损,或家中有人重病,或无力耕作等出卖自己的土地。1952年山西省对49村农民调查,在被出卖的718公顷土地中,1949年占3.95%,1950年占30.99%,1951年占51.15%,1952年占13.09%。1953年对湖北、湖南、江西3省典型调查,出卖土地的农户占农村总农户的1.29%,出卖土地面积占农村土地总面积的0.22%。"阅读这段话时,还应考虑到两个因素:其一,这种土地兼并是在正常气候条件下发生的,如果一个地区遭遇重大自然灾害,其结果如何可想而知;其二,当时一穷二白的中国高度缺乏非农就业机会,土地兼并后的失地农民出路何在会成为大问题。由此这个情况理所当然地引起中央的高度不安。

在此背景下,同时也是为了推动农业生产力的发展,我国开展了合作化运动。1951年《中共中央关于农业生产互助合作的决议》(草案)的颁布启动了这一进程。但初级社的土地产权依然是明确的。1955年全国人大颁布的《农业生产合作社示范章程》(实行草案)中,明确提出"(初级社)社员的土地必须交给农业生产合作社统一使用,……社员私有的生活资料和零星的树木、家禽、家畜、小农具、经营家庭副业所需要的工具,仍属社员私有"、"社员有退社的自由"。也就是说,在初级社阶段,农民土地所有权仍归私有,并可以根据自愿的原则退股,而土地的使用权归集体统一行使。

1956年,全国人大颁布《高级农业生产合作社示范章程》,推动初级社向高级社发展。就农村土地制度而言,显著的改变是土地由农民个体私有变成农民劳动群众集体所有,且明确是以"按份共有"为基础的土地股份合作制——单个农民将其受法律保护的土地所有权入股加入集体,并且依据其所具有的股权与其他农民一起对集体土地共同享有所有权。农民可以在符合法律规定的条件下,依照其所享有的份额请求分割"入社的土地或者同等数量和质量的土地"的所有权。此外,农民的住房、宅基地等作为生活资料的房产和地产依然是农民私有。

农村土地制度的根本性转变,发生在高级社之后行政力量强力推动的人民公社时期。人民公社实行了土地等生产资料的公有制。除了农用地等生产资料外,包括宅基地、房产在内的私人财产均被要求交给公社。土地的集体所有性质变得模糊不清。即使在高级社体制下,土地产权依然是明确的,即"按份共有"的股份合作制,不但社员有退社并带走土地的自由,而且不同高级社之间的土地也可以相互买卖(但不可以无偿占有)。到了人民公社,一方面要求社员将土地交给公社,农民还丧失了退社和带走土地的自由。当时还提出人民公社的集体所有制中已经包含全民所有制的成分,并且将逐步代替集体所有制。人民公社导致的"一平二调",出现了大量随意征调土地的行为，打乱了高级社之间土地和其他生产资料的传统界限，彻底模糊了土地产权。由于人民公社政社合一的性质，农村土地事实上的政府所有造成了极为严重的后果。

匆忙推动公社化的原因是复杂的。一方面，当时弥漫于全国的"左倾"急躁情绪确实起到重大影响。人们普遍将集体所有制视为一种低于全民所有制的产权形式，一种注定要消亡的过渡形式。所以，生产组织形式越大越好、越公越好。另一方面，也确实有农业生产力发展，尤其是大规模水利建设的要求。新中国成立初期，我国经过了百年战乱，农田水利可以说是满目疮痍。在资金不足和工业薄弱的条件下，全国性的大规模水利建设只能依靠将亿万农民组织起来，以人海战术的方式推进。

无论如何，"一大二公"的产权形式恶性扩张了地方政府的权力，使之可以随心所欲地剥夺农民和基层的利益，并由此严重损害了群众的积极性。对此，1962 年的《中共中央关于改变农村人民公社基本核算单位问题的指示》和《农村人民公社工作条例》(修正草案)两个文件中明确提出："生产队是人民公社的基本核算单位。……这种制度定下来以后，至少 30 年不变。……生产队范围内的土地，都归生产队所有。""三级所有，队为基础"的集体土地所有制自此被固定下来，成为农村稳定和发展的基本制度。

改革开放以后，以家庭联产承包责任制为核心的农用地改革在全国范围内迅速铺开。在此后的 30 多年中，农村的方方面面发生了巨大变化，但在土地制度的改革和完善上却显得步履艰难。

在土地的所有制上，人民公社解体之后，原先的"三级所有，队为基础"是否还存在，没有一个明确的答案。原先的人民公社解体了。公社是政社合一的体制，虽行使政府职能，但它还是一个经济组织。无论这种制度安排是否合理，但在理论上，全体社员是公社土地的所有人，而公社则是这种所有权的代理人。乡镇政府并不具有这一角色。需要特别注意的是，作为一级政府，乡镇政府拥有农村集体土地所有权会引发很多问题，尤其会导致行政权力对农民集体权力的侵害。一些年来，我国耕地的大量流失，污染源在农村蔓延，以及农民的土地权利被剥夺、被流转、被上楼、被进城等，都与此有关。

在三级所有的另一端，由于生产队消失了，其覆盖范围内的农村组织是村民小组。但依据《村民委员会组织法》，村民小组并非一种正规的组织，更不是集体经济组织，显然无法代表组内全体农民的土地所有权的相关利益。于是，三级所有的制度实际上已经不复存在。在实践中，村委会更类似于农村土地所有权的代表人。《村民委员会组织法》也赋予了村委会依法管理包括土地在内的集体资产的权力。

问题并未真正获得解决，存在 3 个使得农村土地产权制度完善化的障碍。一是村集体内部交易成本过大。我国行政村小的有几百人，大的规模可达四五千人，内部形成谈判、沟通和统一意见的成本很高。况且在很多地区，农村的中青年已经走空。因此，普通村民的涣散状态不可避免，一盘散沙的村民不可能对组织化的村基层组织形成有效制约。二是村基层组织的行政化。村委会应该是处理村公共事务的组织，在现实中，村基层组织包括村委会和党组织越来越官僚化和行政化，这是不争的事实，其日常工作的主体是完成上级下达的任务。加上在多数地区，村基层组织还需招商引资、发展经济，上级政府对此是有考核的。应对所有这些工作，用以应对村民关心的村内公共事务的精力就极为有限，村民与基层干部之间的关系通常是淡漠的。三是基层组织的利益主体化。早期发展集体经济，包括兴办乡镇企业，目的是为群众创造更多的经济机会。但后来市场经济高度发展，农村群众有了自主外出打工经商的选择，集体经济的这一作用已经弱化，其受益者越来越局限于以基层组织为核心的小部分人。也就是说，基层干部与群众之间越来越缺乏利益纽带。

行政化是这些问题的核心。在法律上，村委会是村民的自治组织，与政府间没有上下级关系。政府依法进行管理，而村委会依法开展村务活动。在现实中，村委会与乡镇政府之间确实存在明确的上下级关系。政府以行政方式向村委会布置任务，考核其工作。村基层组织则眼睛向上，越来越脱离群众。因此，基层组织作为集体所有权的代表能否得到集体成员的认可，是有疑问的。

农村土地所有制中存在的这些缺陷，使地方政府能够较为容易地侵害农民的土地所有权，这也正是我国土地尤其是耕地不断流失的重要原因。因为在这样的格局中，普通农民没有明确的话语权，而地方政府却能够较为容易地贯彻自己的意志，因为村基层组织已经成为他们的“下级”，对“上级”只有服从的义务。在任何地区，农业都不可能拉动经济的长足发展，也不可能为地方政府带来税收上的好处；而将农业用地转化为建设用地，对地方政府来说有着致命的诱惑。这两方面因素的结合，必然导致对土地资源的滥用。

2. 农地承包权面对挑战

在农村土地制度规定的产权束中，第二项产权为土地的承包权。这是改革开放以后出现的权利，获得者为农户。在过去的几十年中，承包权总体上趋于强化，越来越成为一种产权。在联产承包责任制的实施初期，基层组织往往会因人口的变动、土地的肥瘦或其他理由频繁调整农民的承包田。由此造成的问题是农民不愿意对土地进行长期投入。另外，在规模化或种植基地之类的旗号下，地方政府也会随意收取农民的承包田。在历届中央强调稳定土地承包关系的举措下，这些问题已经得到纠正。

2014年中央农村工作会议进一步突出强调了农民的土地承包权，指出“农村集体土地应该由作为集体经济组织成员的农民家庭承包，其他任何主体都不能取代农民家庭的土地承包地位，不论承包经营权如何流转，集体土地承包权都属于农民家庭”。实际上，这等于承认了农户对土地的“终极承包权”。

农村土地制度的复杂性在于承包权之下还出现了“经营权”。顾名思义，这是经营土地的权利。这种权利可以是承包者自己经营土地，也可以通过流转的方式获得。在农村土地中，农用地和经营性集体建设用地是可以通过流转而获得经营权的两类土地。由于近年来国家鼓励农业的规模经营，耕地的经营权更受到政策的鼓励。

于是就需要观察所有权、承包权和经营权三者之间的关系。首先，一切产权的核心都是收益权。一种产权如果没有利益，也就没有存在的必要。古典经济学中的生产力三要素是土地、资本和劳动。其中，劳动者获得工资；投资者获得投资收益，如果是通过土地流转获得经营权的，其角色就是投资者；而地主则获得租金。这就产生了一个问题：在所有权和承包权之间，究竟谁反映了“地主”的利益？就耕地而言，事实上的地主是拥有承包权的农户，因为耕地流转的租金是由农户捕获的。甚至在一些地区，集体通过行政手段将农户手中的土地集中，但租金还是由农户获得。

所以，当前我国农村农业用地的所有权和承包权，其实是严格意义上的所有权的分裂：所有权内涵的收益权归农户。由于这是“终极承包权”，还包含了一定程度的保障功能，成为外出打工的农村劳动力的退路。它依然是掌握在集体手中的“所有权”，包括防止土地私有化以及兼并的权利、保障土地用途的权利等。

这并不是说，所有权和承包权之间的边界因此就完全清晰了。除前面提及的，地方政府容易通过行政体系侵害集体的土地使用权，还有一些问题导致耕地保护中的不确定性。一个问题是承包权的实现方式。在农村空心化和农业劳动力发生短缺的趋势下，承包田在手的农民不一定有动力实际耕作自己的土地。另一方面，各地土地确权工作因历史和其他原因颇为困难。确权不一定就是将土地明确到户，也可能是确权到组，甚至只是明确土地的股份形式。承包权未必与土地对应，而且其方式是可变的。其优点是适应了农村劳动力不足的趋势，缺陷是可能造成无人对土地质量负责的问题，也就是不会有人对土地进行长期投入，以及改良土壤、消除污染和建设农田水利设施。

承包权与经营权之间的关系也影响着耕地或农业的可持续性。土地经营者是通过流转获得经营权的，但农户又拥有“终极承包权”。这就意味着，农户可能会不断提高对租金的诉求。且经营者越成功，提高租金的诉求也就越强烈。这种经营者与承包权人之间的博弈是一场没有终点的竞走，且主动权在“终极承包权”一方。

既然如此，经营者的行为短期化就是一种可以预期的理性结果。例如，人们很难像法国的庄园那样营造百年品牌，很难对职工进行系统培训，很难长期坚持土壤改良和水利建设等。

地租是土地所有者凭借土地所有权将土地转给他人使用而获得的收入，对此无可厚非。无偿利用土地也会带来非效率。如果地租出现无节制上涨，同样会产生负面影响。在农业领域，这种影响体现于两点：一是侵蚀国家的农业补贴，二是阻碍生产力的提高。以粮食等大宗农产品的生产为例，如果没有国家的农业补贴，经营者大致上处于微利甚至亏损的水平。补贴才能使经营者获得可以接受的利益。但按照当前农村的地租水平，经营大宗农产品又会变得利益甚微。由此造成的后果就是，外来资本通常不愿意从事大宗农产品生产，更多地是进入经济作物乃至高附加值作物的生产。

另一方面，为了提高农业生产力水平，经营者应该在政府的帮助下投入于土地整理、水利建设、土壤改良，以及机械化和设施化。在更高的层面，政府需要直接投入或扶持市场化的专业服务。所有这些投入有一个共性，都是针对生产力的长期提高的投入。以此投入，长期受益。于是问题来了，由此产生的利益应该由谁获得呢？从道理上讲，谁投资，谁受益。在实践中很大一部分利益是由承包权人获得。这一现象严重抑制了经营者的投资积极性。

值得指出的是，政府和学界都有一颇具市场的观点，认为提高租金是“提高农民收入”的重要路径。也有学者认为，地租是农民的“财产性收入”。从以上分析不难发现，过高的地租其实是攫取国家的农业投入和投资者的正当利益，对农业生产力的提高有着重大阻碍作用。况且不劳而获的地租对农民自身的发展也没有好处。在一些地方，大量农户转变成为依赖房租和地租生存的食利阶层，这一现象值得关注。

由此涉及土地的“三权分置”。按当前较为主流的说法，集体所有权的核心是处置权，以控制和约束其他权利的不规范行使；农户承包权的核心是财产权，经营权的流转不能影响农户承包地的财产权益；土地经营权的核心是收益权，对应的是经营者的投入。这意味着农地内涵的经济利益应该区分为地租和经营收入两块。在实践中地租究竟应该如何确定，并没有一种合理的准则以指导操作。

一种可取的思路是目标导向。我们希望经营权流转，并吸引资本进入农业；希望由此形成的经营主体能够切实提高农业生产力，以可持续和环境友好的方式从事农业；希望为此扎扎实实地投入于农田基本建设、农业的设施化和信息化，认真培养新一代农业劳动者。要做到这一切，一个基本的前提就是这些投入产生的利益由经营者获得，不会被承包权人侵蚀。由于农业的弱势产业特征，这些收益通常达不到社会平均利润，因此需要政府的补贴。换言之，真正的“种田人”才能享受农业补贴。相关补贴同样不应该被承包权侵蚀。如此才能保证农业的长治久安。

3. 农村集体建设用地的优化配置

农村集体建设用地分为两类：一是经营性建设用地，一是宅基地。经营性建设用地包括原乡镇企业用地，以及原先集体经济时期的养殖场、打谷场之类的生产性用地。在经济较为发达地区，农村的此类用地比重较大。尤其是乡镇工业用地，其何去何从已经成为足以影响土地保护和环境整治的重大因素。

乡镇企业也就是人民公社时期的社队企业，起源于20世纪70年代，曾对发展农村经济、消纳农业剩余劳动力起到重大作用，也为苏南等相关地区后来的经济起飞奠定了坚实的基础。正因为如此，乡镇企业用地在20世纪80年代及其之前相当宽松，基本上只要有项目需求，用地都能够得到满足。

到了20世纪80年代后期至90年代，乡镇企业的缺陷已充分显露放大。主要问题包括“二国营”病，即人浮于事、官僚主义和缺乏激励，把持企业的基层组织的利益主体化倾向，以及人才和技术短板等。民营经济的兴起和外来资本的涌入，使乡镇企业迅速失去竞争优势。于是，以苏南为代表的乡镇企业发达地区开始改制转型，其中主流模式是转制为私有企业，少量的则是转型为股份制乃至上市企业。

从效果来看，这种转制主要是让基层组织卸下了亏损企业的包袱，但事实证明多数企业并没有因此焕发活力，进一步的后果是多数接手企业的私人老板都未能将原来的企业维持下去，而是很快停业，并将其获得的厂房和土地转租，其用途五花八门，如作为货物堆场和仓库、生产其他产品、改造为办公场地和宿舍等，甚至成为地下加工点之类。这在多方面产生了重大负面效应。一是低效率的土地产出。乡镇工业用地也是工业用地，但其单位面积土地的产出与其他类型的工业用地相比是最低的。非但如此，这些企业对地方财政和本地农民就业的贡献也越来越小。二是环境污染。大多数利用村级工业用地从事产品生产的，都是规模小、技术水平低、环保配套不善的小企业，甚至是一些小作坊。污水、粉尘、噪声造成的污染不可忽视。且这些污染源往往与民宅犬牙交错，扰民问题及由此引发的社会矛盾突出。三是导致村落的脏乱差。除小作坊式企业往往败坏村容村貌外，不适当的集体经营性建设用地使用方式会导致大量外来人口集聚，形成自我强化的灰色产业量，进而形成密度极高的聚落。由于缺乏必要的管理和基础设施，成为违章搭建、河道黑臭、垃圾散落、污水横流的地方，又以城乡结合部为典型。

在农村趋于空心化、农村劳动力大量进入城市、农业劳动力已开始出现短缺的情况下，我国农村经济已有整体转型的必要。这种转型集中体现在工业的退出。相应地，农村工业用地部分退回农业，部分则向服务经济转型。这里所指的“服务”

包含 4 个方面内容：一是农业向服务业的延伸，主要指乡村旅游和体验农业；二是提供景观、环境净化、生态系统保护和维护生物多样性，由于此类服务的非市场特性，其回报应主要来自政府的购买；三是特色产品的生产，主要生产那些植根于地方文化和生活方式特产，其性质是传统文化保护；最后是有需求的地区可以吸纳城市因缺乏土地而无法充分供给的需求，典型的有养老设施、低成本创业园区、廉租房和面向外来打工人员的员工公寓等。

需要指出的是，传统的农村工业用地其实已经失去集体经济的属性，只是基层组织的收入来源，普通农户难以从中获得实质性利益。所以在上述转型过程中，应该注意塑造一种新型的集体经济，将集体经营性建设用地折算为股份，并将其中合理的部分确权给村民。中央强调的“保护农民群众的财产权”应该包括这一部分。在此基础上，可以进一步尝试吸引农民以闲置宅基地甚至住宅入股，以盘活更多的农村闲置土地。

我国现有农村宅基地总面积约 2 亿亩。理论上，按照我国农村宅基地的标准，至少可以释放 1 亿亩以上的土地潜力。从长远来看，随着城镇化逐步完成，甚至可以节省出更多的土地。但农村宅基地的情况非常复杂，推动其有效利用会遇到很多困难。农村之所以发生这种过量占用宅基地的情况，部分是由于一些地区，尤其是偏远地区对宅基地的管理不严格；另一些则是发生于特定时期。尤其是在改革开放后的大包干时期，公社体制瓦解，土地承包到户，基层组织涣散，致使很多地区发生了农民不经审批而建房的现象。即使在上海这样的地区也未例外。1979—1985 年，上海平均每年新建农村住宅 990 万平方米；1987 年达到顶峰，有 11.24 万户建住宅约 1 318 万平方米。至 1990 年年底，沪郊农民共投资 101.05 亿元，为前 30 年的 8.7 倍，建成住宅约 11 200.6 万平方米（邱川，2006）。这一时期建房基本上是只要生产队同意就可以自行兴建，普遍存在宅基地面积超标和“一户多宅”的现象，可以说是放任自流。对上述违规占用现象，需要通过系统整治加以治理。

更重要的是，由于农村的空心化，宅基地已经出现大量闲置的现象。其中又可区分为 3 种类型。部分人已经长期生活居住在城市，子女在城市接受教育，但农村尚有闲置的住房；部分人虽然在城市长期工作生活，但有叶落归根的打算；还有部分人则是候鸟型的打工人口，逢年过节乃至农忙回家。也就是说，当前的城镇化存在明显的梯度。前述第一类人口属于完成了城镇化的；第二类人并非真正的进城人口，但可以认为其子女已不可能回到乡村。从长期趋势看，这 3 类人的变化是单向的。后一类向前一类发展，但通常很难有反向的变动。

其中的政策含义相当丰富。其一，城镇化是不可逆的过程。但是，由于某些制度原因，农民获得城镇户籍所能得到的好处并不多，从而使城镇化过程较为缓慢、复杂、拖泥带水。其次，进城农民与土地尤其是与宅基地的关系非常复杂。对故乡的留恋，因打工者身份而对所在城市的漠然，土地的保障作用，对土地权益未来价值的预期等，是导致进城农民不愿意放弃土地的原因。从法理上，所谓以土地换户籍或保障的规定没有什么道理，反而阻碍了城镇化进程。

促进闲置土地资源优化配置的关键还是产权。就宅基地而言，当前农户获得的是使用权。但在何种程度使之成为一种财产权，有颇多含糊之处。国家禁止城市资本购买农户的宅基地使用权的决定很有必要，因为在现金泛滥的当前，洪水般的资金涌入农村购买宅基地，其后果相当严重。但是，如果宅基地使用权不能成为一种财产权，其必然的结局就是这种权益不会流动，严重闲置的土地资源难以盘活。不得不说，这是我国城镇化过程不断消耗土地、致使耕地数量不断下降的最主要原因。

宅基地使用权的物权化意味着可以通过市场流转。在国家耕地增减挂钩的规定引导下，各地出现了一些通过整理农村宅基地、复垦，然后换取城市建设用地指标的模式。较为普遍的实践模式有 4 种。一是政府直接出面建设农民新村或新市镇，让一个地区的农户集中居住，节约的土地复垦以平衡城市建设用地的需求。二是投资者进入，在农户自愿的前提下建设新村或新市镇，节约的土地由投资者开发或出售给政府的土地储备中心。三是集体出资或与开发商合作进行新村建设和土地整理，在节约的土地上建设小产权房用以出租。四是重庆等地的“地票”模式，允许闲置的宅基地复垦并给予“地票”，可以在土地市场出售。

上述实践中的多数方式需要政府承担主要责任。其中会产生两类风险。一是农民“被上楼”。农民住进新村之后，生产生活诸多不便，就业机会不足，生活成本上升，于是怨言四起。二是政府出面动迁，导致并村和土地整理的成本过大。

在确权并使用权物权化的条件下，农村闲置宅基地会产生更多、更有效的配置方式。使用权成为农民的一种财产，意味着可以出租、转让、入股。如果折算为股份参与合作经济或有外来投资者参与的股份制经济，就意味着农民手中的使用权是可以虚拟化的，最终会转变为收益权。这一过程与农村空心化后的镇村体系重构结合，能够最大化地减少土地的浪费和闲置。

4. 水权与水资源保护

我国水资源相对匮乏。人均水资源大致处于世界中等偏下①，且全国降水分布严重不均。如果比较人均拥有的水资源量，则干旱的西北地区远高于东南地区。例如，宁波人均水资源占有量不足 600 立方，而新疆在 2 000 立方以上。从单位面

---

① 通常的说法是我国人均水资源量为世界平均水平的 1/4。但考虑到亚马逊河与扎伊尔河的流量占世界水资源总量的 1/3，而其流域人口规模很小，因此，我国的人均水资源处于中等水平。

积降水比较，形势就反过来了。也就是说，虽然表面上南方水资源较为丰富，其实真正可称水资源丰富的地区很少。尤其是人口、农业和重化工业的水资源需求都很大的华北，压力极为沉重。

问题可以从另一面来看。水资源稀缺性上升，而我国缺乏一种能够使之得到优化配置的制度架构。长期以来，我国主要是从技术上推进节水，制度建设则相对滞后。其中，用水主体的责任和利益边界不清晰是很大的问题。重视水源地建设和水土涵养能力者得不到足够的奖励，而忽视者可能没有什么过错；注重水质保护者没有实质性的好处，而放任污染者得不到惩罚；至于用水，个人、单位、地区的水消费长期以来缺乏管制或处于管理不严的状态。

2012 年 1 月，国务院发布了《关于实行最严格水资源管理制度的意见》，核心内容包括实施“三条红线”和“四项制度”。在“三条红线”中，一是确立水资源开发利用控制红线，到 2030 年全国用水总量控制在 7 000 亿立方米以内；二是确立用水效率控制红线，到 2030 年用水效率达到或接近世界先进水平，万元工业增加值用水量降低到 40 立方米以下，农田灌溉水有效利用系数提高到 0.6 以上；三是确立水功能区限制纳污红线，到 2030 年主要污染物入河湖总量控制在水功能区纳污能力范围之内，水功能区水质达标率提高到 95%以上。为实现上述红线目标，进一步明确了 2015 年和 2020 年水资源管理的阶段性目标。在“四项制度”中，一是用水总量控制，加强水资源开发利用控制红线管理，严格实行用水总量控制，包括严格规划管理和水资源论证，严格控制流域和区域取用水总量，严格实施取水许可，严格水资源有偿使用，严格地下水管理和保护，强化水资源统一调度；二是用水效率控制，加强用水效率控制红线管理，全面推进节水型社会建设，包括全面加强节约用水管理，把节约用水贯穿于经济社会发展和群众生活生产全过程，强化用水定额管理，加快推进节水技术改造；三是水功能区限制纳污制度，加强水功能区限制纳污红线管理，严格控制入河湖排污总量，包括严格水功能区监督管理，加强饮用水水源地保护，推进水生态系统保护与修复；四是水资源管理责任和考核制度，将水资源开发利用、节约和保护的主要指标纳入地方经济社会发展综合评价体系，县级以上人民政府主要负责人对本行政区域水资源管理和保护工作负总责。

在“三条红线”中有两条与总量控制有关：一是水资源开发利用的总量，二是排污总量。前面已经指出，总量控制意味着相关的环境资源要素出现了稀缺。在交易成本可以接受的情况下，产权工具能够促进资源的优化配置。如果仅仅依靠自上而下地分配总量，则配额的获得者不会产生节约的动机，更不会为节约配额而进行投入。一旦配额物权化且可以让渡，成为拥有者的一种财产，人们就会通过完善管理、技术进步等手段实现配额的节约。

于是，水权概念得到重视。顾名思义，水权制度就是通过明晰水权，建立对水资源所有、使用、收益和处置的权利，形成一种与市场经济体制相适应的水资源权属管理制度。在这一产权体系中，政府代表国家行使水资源的所有权，而国家所有权的行使更多地表现为政府对于水资源的管理行为。我们常说的水权，主要是指水资源的使用权。其取得需政府许可，这是政府代表国家行使水资源所有权的权能让度水资源的使用权给单位和个人的行为。但是需要注意，水权在国际上尚无公认的定义，原因是水资源的复杂性。水体本身既是水资源的载体，同时又是水体生态系统的载体。从资源角度看，水资源有着用水、灌溉、发电、航运、养殖等各种效用，且这些功能之间往往相互冲突。所以，政府有必要行使水资源的所有权，以实现社会利益的最大化。水资源的使用权，一般是政府特许的对某种功能的使用。

发电与抗旱用水的矛盾是典型的不同用途间的冲突。2006 年重庆大旱，嘉陵江重庆段水位逐日下降，取水口全部暴露，无法正常取水。但金沙江上游的 50 多座电站却要截留发电，不愿放水救灾，后来在国家水利部的干预下才开闸放水。这一案例说明了国家拥有水资源所有权的重要性，同时也表明使用权的界定并不简单。在这里企业的权利与公共利益发生了矛盾。虽然国家出面干预是一种办法，但如果要建立水权制度，相关利益主体的责任和权益边界必须尽可能地界定清楚，并以法律形式予以固定。

水权中的另一个复杂问题是上下游关系。我们不难发现，在绝大多数流域，下游地区经济较为发达，而上游地区则生态条件较好。如果上游地区不能努力保护其森林和其他生态系统，则会发生水土流失，削弱区域的水源涵养能力，由此会减少下游地区可利用的水资源量，因为水资源会以洪水的形式在短期内一泻而空。或者上游地区为了发展经济而污染环境，也会严重损害下游的利益。人们会提出，上游可以拥有水权，下游对水资源的利用必须对上游进行相应补偿。这一观点看似有理，但实际操作是极为困难的。上游地区而非全体国民拥有水资源的所有权是讲不通的。更何况在不同的地区、不同的季节，水资源的价值会完全不同，同时又不可能通过某种充分竞争的市场来确定这种价值。所以，发达国家更多的是通过转移支付来平衡上下游之间的利益关系。

还有许多其他的问题。如水网地区权利和责任的认定问题，或在一条串珠状城镇群中，河流每流经一个城镇都会受到某种污染，即便所有城镇都能够达标排放也是如此，于是我们可以视之为一种价值递减的过程，对此我们如何界定各自的责任和利益呢？总之，试图建立某种类似二氧化硫排污权市场的水权市场是不可取的，那样会导致制度或交易成本过高。

迄今为止，我国水权及其交易制度的应用主要分为两种情况。一是干旱地区的河流水量分配。早在 20 世纪五六十年代，黄河流域相关省份就已经开始谈判解决引水份额。1987 年，国务院批准《黄河可供水量分配方案》，要求沿黄河各省区制定各自的用水计划，以此作为各自引水量的基础。至20世纪90年代，由于沿黄省区发展灌区农业和兴建调水工程，在没有建立水量分配实施机制的情况下，各省过度引黄的问题突出，黄河多年断流。1999年，黄河水利委员会正式实施对流域水资源的统一调度，引黄各省每年申报用水需求，水利部审批后由委员会严格监管，其后连续3个特枯年份黄河也没有断流。

由于对取水量实行总量控制，部分省区内开始了较为典型的水权交易。如内蒙古鄂尔多斯市通过发展节水农业，置换出用水指标调剂给其他城市。为了遏制西北地区的生态恶化，国家在河西黑河、石羊河和疏勒河流域，以及新疆塔里木河实施用水总量控制，也出现了地区间的用水指标调剂。目前看来，这种地区间的水指标调剂会是我国水权市场的主要形式。它有3个基本要素：一是存在总量控制目标以及分解落实的运作体系；二是对取水行为有效监管；三是以流域为单位，构成地区间的谈判和交易平台。

水权交易制度不可忽视交易成本。上述交易架构要将交易成本控制在可以接受的水平，有3个要点是必须注意的。最基本的一条是取水点必须规模较大。在干旱地区，河流取水者应该是地方政府或大型耗水型企业。如沿黄各省的省一级可以在干流设置若干取水点，然后再分配给下级政府或大型企业。只有监管严格，一个地区受到经济发展对水资源增加的需求压力，才会致力于节水，或向其他地区购买水权。有了较为强烈的需求，才会刺激相关利益主体节约水权。另一方面，当前水权的转让往往有上级政府干预的成分。由于利益相关方的激励不充分、参与面不宽，因此难以吸收技术和资本进入。也就是说，水权交易市场机制的不健全抑制了节水产业的发展。

这是水权制度的核心所在。为建立一个可以拉动节水产业的水权市场，制度创新的方向是信息的公开、透明、充分；鼓励更多的市场主体参与；设计允许和鼓励公平竞争的机制；让社会资本有进入并获得利益的空间。

另一类所说的水权交易实践，本质上是一个地区向另一个地区购买原水的行为。较为典型的案例就是浙江义乌向东阳每年购买5 000万方原水。简单地说，义乌需要从东阳的水库引水，其付出包括两部分：一是一次性出资2亿元，获得永久性的引水权；二是为每立方水支付0.1元。相关协议签订于2000年。目前，类似的实践已在许多地区发生。

不难发现，在这笔交易中，每立方水0.1元的费用属于原水的水价。而2亿元的一次性开支并非如许多文章声称的那样，是水权的价格。水源地是水库，是需要投入的。引水渠也需要建设和管理。因此，这笔钱与其说是“水权”的价格，还不如说是对建设投资的一种补偿。

如果承认这是一种水权交易，那么对水权就必须重新认识。从经济学的立场来看，有用性并不足以产生价值，取之不尽、用之不竭的事物是没有市场价值的。只有稀缺而又有用的东西才会产生市场价值。马克思认为河里流动的水没有价值，这一观点是正确的。可以设想这样一种情景。有一条河流，古代某年那里只有一家人家。其生活生产用水与这条河流水体相比，只是沧海一粟，取之无禁，用之不竭。显然，河水对这一家人而言，有效用但没有市场价值。后来，河边陆续增加了一些人家。大家都可以从河里取水，并未发生因一些人取水而另一些人感到水流不足。只要未发生竞争性使用，就意味着不存在水的稀缺性，所以市场价值依然不存在。

随着人口的继续增加，终于到了某个时点，水的稀缺性发生了。在传统农业社会，往往是在大旱之年发生严重的农业缺水。为应对水荒，会发生械斗、兴起地域性水利合作组织和谈判平台，官府也会兴修水利并进行配额分割。人口越增长，经济越发达，水资源的需求压力也不断加大。为应对水资源的短缺，必须在节水技术工艺、水利、水土保持和用水管理等领域持续投入。

回到马克思的立场，我们会发现河里流动的水现在有价值了，因为为了稳定和增加水资源的供给，人类对水系进行投入，包括劳动和资本的投入。水体已经不再天然，已经渗透了人类的技术、设计、管理、工程等带来的效应。

如果认为义乌向东阳购水是一种水权交易，就应该认识到，这种产权的来源并非天赋，而是来自对水资源的投入。水权是由弥补水资源短缺的投入决定的，其中分为两种情况。如果是国家投入，则带有公共物品的性质。历年来国家兴建的大型水利工程、对水土保持的投入、森林保护等，都具有稳定和发展水资源的作用，但没有必要由国家获得通常意义上的水权，因为本质上水权指的是使用权。其次是地方政府的投入，包括修建地方所有的水利设施、水源涵养林建设等，尤其是水库的蓄水，其使用权主要应归于地方。无论如何，使用权作为投入的回报，水权长期定义含糊的弊病可以得到解决。

以此为原则，还可以分析沿河水量分配的产权性质。其实分配给一个地区的配额并非水权的本质，真正分配给一个地区的，其实是节水的责任。假如一个地区传统的用水方式每年需 1 亿方水，如今获得的配额为 8 000 万方水。这就意味着该地区需要承担节约 2 000 万方水的责任。履行这种责任的路径有两条：一是推进节水技术和改善用水管理，实质性地减少生产生活用水；二是购买其他主体富余的配额。

5. 林权与林业资源保护

顾名思义，林权就是法律确认的对森林、林地所享有的权利，包括对森林的所有权、使用权和处理权以及对林地的使用权。与耕地相比，林权更为复杂。在我国，森林主要属于国家所有和集体所有，国家拥有国有林场，而农民集体拥有集体林地。此外，机关、团体、部队、学校、厂矿、农场、牧场等单位，在政府指定的地方种植的树木，归种植单位所有。全民所有制单位营造的林木，由营造单位按照国家规定支配林木收益。集体所有制单位营造的林木，归该集体所有。农民在房前屋后、自留地、自留山和集体组织指定的地方种植的树木，归农民个人所有。集体或者个人承包全民所有和集体所有的宜林荒地造林，承包合同另有规定的，按照合同规定执行。

这就意味着林权必须分为林地和林木的产权，两者是可分离的。林地的所有权与其他土地一样，分为国有和集体两类。对于附着于其上的林木，所有权较为多元。相应地，林权证也会对林地和林木分别作出认定。

改革开放以后，与耕地的联产承包责任制以及后续的配套政策相比较，我国林地制度的改革相对滞后，尤其是集体林地长期产权不清、责任不明，社会资本难以进入。为此，2003 年以《中共中央、国务院关于加快林业发展的决定》为标志，中央启动了林权改革。

文件强调："进一步完善林业产权制度。这是调动社会各方面造林积极性，促进林业更好更快发展的重要基础。要依法严格保护林权所有者的财产权，维护其合法权益。对权属明确并已核发林权证的，要切实维护林权证的法律效力；对权属明确尚未核发林权证的，要尽快核发；对权属不清或有争议的，要抓紧明晰或调处，并尽快核发权属证明。退耕土地还林后，要依法及时办理相关手续。"围绕林业产权改革，该决定提出了一系列具体举措。

《中共中央、国务院关于加快林业发展的决定》要求加快推进森林、林木和林地使用权的合理流转。"在明确权属的基础上，国家鼓励森林、林木和林地使用权的合理流转，各种社会主体都可通过承包、租赁、转让、拍卖、协商、划拨等形式参与流转。当前要重点推动国家和集体所有的宜林荒山荒地荒沙使用权的流转。对尚未确定经营者或其经营者一时无力造林的国有宜林荒山荒地荒沙，也可按国家有关规定，提供给附近的部队、生产建设兵团或其他单位进行植树造林，所造林木归造林者所有。森林、林木和林地使用权可依法继承、抵押、担保、入股和作为合资、合作的出资或条件。积极培育活立木市场，发展森林资源资产评估机构，促进林木合理流转，调动经营者投资开发的积极性。"

在此基础上，《中共中央、国务院关于加快林业发展的决定》要求放手发展非公有制林业。"国家鼓励各种社会主体跨所有制、跨行业、跨地区投资发展林业。凡有能力的农户、城镇居民、科技人员、私营企业主、外国投资者、企事业单位和机关团体的干部职工等，都可单独或合伙参与林业开发，从事林业建设。要进一步明确非公有制林业的法律地位，切实落实'谁造谁有、合造共有'的政策。统一税费政策、资源利用政策和投融资政策,为各种林业经营主体创造公平竞争的环境。”

很明显,林改的核心是产权改革,期望通过明晰产权保障林农和其他经营者的利益,以此促进林业要素的流动,吸收社会资本进入林业。应该说此后的林改取得了一定的效果,尤其是速生林的发展,基本上是由社会资本推动的。总的来说,林农和其他营林主体的积极性尚未充分调动,林业的可持续性还有待加强。

有人将林改比作当初农业的联产承包责任制,其实林业改革的难度或复杂性远远超过农业。因为林业与其他产业相比,以下 3 个特点是其独有的。

其一,第一产业与第二、第三产业相比,林业既处于决定性的基础地位,又处于弱势地位。林业在第一产业中与其他部门相比,也没有优势,甚至更处于弱势。也就是说,第一产业的产出要提高若干百分点,譬如 10%,其难度比第二、第三产业要大得多。林业的产出要有所提高,其难度要大于种养殖业。否则,古代人类就没有必要将森林改造为农田了。众所周知,处于弱势的产业较难以吸收其需要的生产要素进入。

与第二、第三产业相比,农业是弱势而重要的,林业在农业中的地位也是如此,这种弱势是天然的。因此,在任何国家对农业和林业的扶持都是必要的。林业要发展,不能完全依靠市场的自发调节。各类政策作为一个整体,应该能够保障社会平均利润水平的实现,如此才能有效吸引社会资本的进入。

其二,林业回报周期较长。在那些经济已经步入成熟阶段、制度较为完善的社会,这一问题的影响相对较小。在我们这样一个同时处于经济高速发展、社会深刻转型、内部差异巨大的国度,通常会有较高的社会贴现率。这导致的就是我们通常看到的急功近利、利益短期化倾向。这种现象越严重、越普遍,无论是政府、企业,还是公众,对长远利益的兴趣也就越低。林业由此受到的影响是不言而喻的。

一个相关的问题是现有产权制度的缺陷或不稳定性。尤其是集体林权制度,其林地所有权属于集体,林地使用权可能属于农户、村民小组或村集体,而林地使用权可能又与林木所有权分离。受这种复杂而不清晰的产权制度影响,经营主体难以作出对林地进行长期投入的决定。特别值得关注的是两种情况。一是林农对自营的林地,或由于资金限制,或由于回报周期太长,更重要的是,对其林权的长期稳定性信心不足,因此不愿意投入成材期较长的林木品种。所谓林权的稳定性问题,固然可能来自国家政策的改变,也可能来自基层组织林农权益的剥夺。例如,基层组织可能会调整责任山,可能会将农户的林地收归集体经营,在现实中这样的事件并不鲜见。况且从法理上讲,作为集体土地所有权的代表人,基层组织这样做并不违法。另一种情况是外来的投资者对经营的林地,由于林地与耕地的规模经营相类似,集体掌握土地所有权,农户掌握使用权,而投资者获得经营权,通常经营者倾向于种植那些尽可能见效较快的项目,而不是那些回报期较长但回报也高的项目。之所以如此,是因为掌握了承包权或使用权的林农随着林地价值的不断积累,会无休止地提出重复谈判要求。

其三,林业是一个难以获取其全部正当利益的产业。也就是说,林业的发展具有强烈的正外部性或收益的外溢性。当然,林业内部也是需要分类的。生态公益林的收益主要为全社会获得。其中,水源涵养林之类受益的是一个地区、一个流域或一座城市,而三北防护林这样的工程以及自然保护区受益的则是全国。即使其他类型的林地,只要是具备涵养水源、防止水土流失、净化环境、保护生物多样性等作用的,无论这些作用的强弱,社会都从中获益。如果对这种外逸的收益不给予足够的补偿,那么,作为天然弱势产业的林业,其处境自然更为艰难。

由外部性看问题,当前的林业制度存在不少问题。首先,那些主体上是全社会受益的森林,较为典型的是三北防护林和国家级自然保护区,应该视为全国性的公共物品,其建设和管护投入应由国家承担。地方级的水源涵养林、省级以下保护区、天然林以及各类以保护为主要目标的林地,相应的投入应该由地方政府负责。理由是这些林地的存在对所有人都有好处,唯独对经营者自己没有利益可言,因而完全符合公共物品的性质。

我国公益林的政策与该原则相比多有不符之处。一是造林常常遵循"三个一点"的套路,即"国家出一点,地方拿一点,农民掏一点"。且前两个"一点"经过层层雁过拔毛,真正到农民手里所剩无几。"三个一点"的错误在于,既然生态公益林是公共物品,其供给责任就不应该由农民承担。二是在公益林地经营过程中农民的报酬过低。这里指的是集体林地中被划为公益林部分的管护,农民难以从中获得合理收入,因而需要政府补贴。但补贴长期过低,很难获得农户必要的劳动投入。三是在公益林尤其是在保护区和水土保持林的建设中,存在无偿或低偿剥夺农民林地的现象,其共性是农户种植的用材林因为生态保护和自然保护规划而被划入保护区。林农获得的补偿过低,甚至未得到补偿,从而导致官民之间的冲突。更重要的是,虽然建设保护区或公益林是必要的,但对林农正当权益的侵犯严重阻碍了人们投资于林业。

推荐阅读材料

[1] 罗纳德·H·科斯等.财产权利与制度变迁[M].上海人民出版社,2014.
[2] 泰坦伯格.环境经济学与政策(第5版)[M].人民邮电出版社,2011.
[3] 吴健.排污权交易:环境容量管理制度创新[M].中国人民大学出版社,2005.
[4] 科尔.污染与财产权:环境保护的所有权制度比较研究[M].北京大学出版社,2009.

[5] 索尼亚·拉巴特，罗德尼·R·怀特.碳金融，碳减排良方还是金融陷阱[M].石油工业出版社，2010.
[6] 戴星翼，江兴禄.探路人的足迹：永安集体林权制度改革研究[M].中国林业出版社，2006.

思考与讨论

1. 一旦明确了空气的所有权，就可以解决空气污染问题。你是否支持这个观点？请给出理由。
2. 农村垃圾乱倾倒在河边、路边、沟渠等地，形成不规范的垃圾堆放点，造成污染。请从产权角度分析这一现象，并讨论能否通过合理的制度安排进行治理。
3. 如果考虑交易成本，基于总量控制的排污权交易市场机制是否比命令控制模式（如设定技术标准/排放标准）更有效率？为什么？
4. 我国西北地区草原退化严重，需要进行大规模的生态修复。你认为草原生态修复的投入主体应该是谁？试分析在这一治理过程中运用庇古的税费补贴工具与科斯的产权工具各有什么利弊。

第八章 环境治理中的社会机制

一、社会机制

1. “社会”的含义

“社会”(society)一词颇为复杂。在不同的场合，其含义有很大差别。在社会学中，社会指的是由有一定联系、相互依存的人们组成的超乎个人的、有机的整体。它是人们的社会生活体系。例如，我们将人类历史区分为原始社会、农业社会、工业社会等，指的是以生产方式为分界，不同历史阶段所有人及其关系的总和。当我们谈论“社会进步”、“社会不公平”或“社会总财富”，其中的“社会”含义也是如此。

社会的第二种含义指的是一种机制，对应政府和市场。这是一种介于“国家”和“个人”之间的广阔领域。它由相对独立而存在的各种组织和团体构成。它是国家权力体制外自发形成的一种自治社会，是衡量一个社会组织化、制度化的基本标志。从社会契约论立场来看，个人为了获得自己不能生产或生产无效率的某些服务，最典型的就是社会秩序、安全、基础设施这样的公共物品，必须将自己的部分权利和财产让渡出来。或者是让渡给由共同利益或兴趣的人们形成的组织，或者让渡给国家。前者被称为“社会”，包括社区、俱乐部、慈善组织、协会、行业公会、宗教组织等。

社会作为一种机制是有前提的。最重要的前提就是对有限政府有着明确的认识。政府与公众说到底是一组契约关系。公民将权力授予政府，但并没有将所有权力都转让，同时政府的资源是有限的，因此政府必然有限，政府的作为是有其边界的。其边界之外的事情，应该由市场和社会承担。所以，有限政府的实质是建立在市场自主、社会自治的基础之上。政府应当有自知之明，意识到自身能力的有限。因此，政府应该注意与市场和社会的协同，三者结成伙伴关系，共同应对社会、经济和环境领域的挑战。特别需要指出的是，在现代国家治理体系中，结构要素正是政府、市场和社会。

2. 作为治理要素的社会应具有的特点

社会作为治理结构的重要成分，必须具备两个基本特点。其一，社会必须是有组织的，而非一盘散沙。由此涉及“社会”的第三种，而且是颇具我国特色的含义。

在该语境中，“社会”对应的是“单位”。后者是高度组织化的，前者则高度分散。“社会人员”意味着各种单位之外的人员，“社会车辆”则是政府和单位之外的车辆。于是，“社会”就异化为具有高度贬义的称呼。如果这样的意识成为一种文化现象被人们广为接受，我国的社会机制就很难成长起来。改革开放以来，我国市场机制的培育总体上是成功的，但社会机制的建设严重滞后，与此颇有关联。

其二，在组织化的基础上，“社会”必须是独立的。所谓独立，指的是独立于政府。真正的社会组织，不能成为政府的下属或跟班。因为如是，社会组织就成为政府的延伸，不仅消灭了社会机制，也使得政府变成了无限政府。所以，真正的社会组织必须是自组织、自运行的。它们在法律的框架内运行，或者是代表一群人或企业的特殊利益群体，或者是志同道合的兴趣组织，或者是利他型的公益组织。当其利益或兴趣与政府发生交集的时候，两者成为伙伴，但不应该是上下级关系。各级党组织应该高度重视社会组织的作用，加强引导并通过广大党员在社会组织中的积极作用来实现党的领导。政府机构则需要避免直接指挥社会组织。以下谈及社会的时候，主要指现代治理结构中的社会机制。

在组织化的社会中，最为重要的社会组织有以下 3 类。

第一类是社区组织。社区的本义是共同体。这意味着一个规定的空间内有一群人或一群实体为了处理共同关心的问题而实行某种程度的联合。这里有 3 个基本的要素。首先是规模，包括空间和成员数量。规模如果太大，成员之间相互了解和磋商的成本会变得太高。他们之间的联合因此很难是自发和自愿的，从而需要诉诸官僚体制。如此，也就不是“共同体”了。其次，这群人有共同的利益或兴趣。他们有某种共同需要解决的问题或某个共同追求的目标，从而产生了联合的必要。最后，为了达到共同的目标，他们需要某种程度的组织，有某种约定，乃至制定规则。如果具备了上述 3 个条件，一个共同体就产生了。在我国，有坚实法律支撑的社区自治组织是村民委员会和居民委员会。业主委员会拥有较强的法律基础，在社区事务中的作用处于上升之中。其他还有一些非正规的组织。

第二类是各类协会，包括行业协会和学术技术协会等类型。从环境保护的立场出发，最为重要的是行业协会。在多数情况下，企业的发展有利于社会。于是，企业可以作为社会利益代表，向政府提出某些要求，以利于自身的发展。我们的政府是关心企业的，但如果政府直接与企业对话，显然只能关注到少数企业，广大中小企业的意愿很难被及时反映在政府的决策过程之中。行业协会的一个重要功能，就是提供了一个企业与政府沟通的平台。行业协会代表众多企业、尤其是中小企业的意愿，能够与政府和立法机构进行经常性的对话，从而优化企业和产业政策与法律法规，为企业创造更好的发展环境。为了有效地执行这一功能，行业协会必须经常倾听企业的意见，认真研究产业和市场趋势，收集和分析与行业有关的统计资料;为了更好地为企业服务,行业协会也必须组织行业内的各种交流活动,向企业提供有关开拓国际、国内市场的咨询等。如果行业协会真正代表企业的利益,是真正为企业服务的,则这些活动或功能会自动地发育。

在为企业服务的同时,行业协会通常还必须承担行业自律管理职能和某些社会职能。在自律管理方面,包括制定行规行约,实行行业的自我管理,制定或参与制定技术标准、经济标准和管理标准,组织推进标准的实施,开展行检行评,承担本行业生产许可证的发放,对不符合质量标准的企业进行监督检查,建立行业内部价格协调机制,保护公平竞争等。所谓社会职能,典型的例子是执行不销售酒精饮料给未成年人、禁止销售受保护野生动物制品。在发达国家,这些规定通常是由行业协会执行的。在日本,甚至连粮食安全这样的重大责任也是由农业协会承担的。在行业产品和工艺环保标准等方面,行业协会甚至可以成为最为重要的推动力。

从本质上讲,行业协会应该是自治的。但我国的情况比较复杂。部分协会是计划经济时期的行业主管部门转制而来;部分协会则是作为政府机构的附属部门;另一部分主要在竞争性行业,很大程度上形成了行业自治性质的协会。严格地说,前两类协会只是政府某种形态的分支,是无限政府的体现。对各类协会进行改革,尽可能剥离其对政府的依附关系,是中央深化改革的一项重要内容。

第三类重要的社会组织是非政府组织(NGO)、志愿者组织。准确地说,后者是前者的一个子集,因为NGO还包括学校等在我国被称为“事业单位”的非政府机构。在我国,还有民间非营利组织和公益性社会组织的提法,后者也是前者的子集。一般,公益性社会组织的服务范围集中在养老、助残、扶贫、生态保护和环境领域。此类组织大的如很多著名的国际组织,如世界自然基金会、“绿色和平”等,小的则如学校的学生社团和街道的志愿者组织。

3. 治理

党的十八届三中全会提出:“全面深化改革的总目标是完善和发展中国特色社会主义制度,推进国家治理体系和治理能力现代化。”将推进国家治理体系和治理能力现代化作为全面深化改革的总目标,其意义极为重大。

其中的关键是理解治理与统治的区别。这不是简单的词语变化,而是思想理念的变化。从统治走向治理,是人类政治发展的普遍趋势。从政治学理论看:其一,统治的主体是单一的,就是政府或其他国家公共权力;治理的主体则是多元的,除了政府外,还包括企业组织、社会组织和居民自治组织等。其二,统治是强制性的;而治理虽然可以是强制的,但更多是协商的。其三,统治的权力来源是强制性的国家法律;治理的权力来源除法律外,还包括各种非国家强制的契约。其四,统治的权力运行是自上而下的,治理则是自上而下与自下而上的结合。其五,统治所及的范围以政府权力所及领域为边界，而治理则以公共领域为边界。

在国家治理体系中，政府治理、市场治理和社会治理是次级体系。这就意味着，政府为了实现从统治向治理的转型是需要伙伴的。在应对各类社会问题的挑战时，主要的伙伴就是各种社会组织。其中含有两层意义：一是社会必须是有组织的，而非一盘散沙的乌合之众；二是政府需要的是伙伴，而非应声虫或小伙计。既然是伙伴关系，政府与企业组织和社会组织之间的关系就应该是对等的。各方就某一治理目标构建合作平台，通过沟通对话甚至争吵妥协并最终达成一致，制定共同遵守的规则，依据这些规则贡献资源和采取行动，这才是治理。当然，政府的主导作用是不可否认的，“政府掌舵，社会划桨”会是一种基本格局。无论如何，政府与社会的伙伴关系不能异化为老板与伙计的关系。

与之相对照，我国当前政府与社会的关系距离社会治理的要求还很遥远。近年来，虽然各级政府已经相当强调公众参与，也出台了各种有利于社会各界的参与机制，但在本质上其包揽各种事务的惯性并未得到克服。无限政府引发的问题尚未真正引起警惕。所谓的公众参与，有些流于形式。

在环保领域，我国也同样远未形成现代治理体系。其中的核心问题就是社会机制未能建立。表现在以下 3 个方面。

首先，公众在环境保护领域中参与的组织化程度很低，参与也往往是被动的。当前一般的公众参与，通常都是官方组织的活动。由官方确定主题，通过行政体系发动动员。说到底这并非真正的社会自组织、自运行的公众参与，而是无限政府的体现。

其次，由于社会的无组织状态，群众往往难以有效表达自身的环境诉求。当居民遭受负面环境影响乃至生命财产损失时，主要的维权渠道是向相关政府部门投诉，其次是向相关媒体投诉。当此类渠道不通畅时，环境问题就很容易转化为社会矛盾。最常见的现象就是污染企业周边的居民，由此产生的厂群矛盾如果得不到政府的及时处理，转化为官民矛盾乃至尖锐冲突是很自然的结果。其中关键症结就在于缺乏社会组织的缓冲。如果有这样一种能够代表群众环境权益的组织，既能够代表群众与政府对话，又能够将政府的各方面信息在公众之中传播，将群众组织起来凝练自身的意愿，则当前诸多由环境问题引发的社会矛盾完全可以得到有效缓解。

最后，群众投身于环境保护的主动性和自觉性严重不足。这不是宣传教育不足的缘故。以上海的生活垃圾分类为例，市民中表示支持和知晓其重要性的比重高达 90%以上，由此可见政府和媒体的宣传力度。在实践中仍有居民并未开展垃圾分类，这种言行不一的现象折射出我国社会建设的滞后。

对此，一些人喜欢归因于“素质”问题，也就是说，是市民个人素质普遍较低而缺乏环境友好的行为。这种解释似是而非，真实的原因是社会机制的缺乏而导致的行为失范。在计划经济时期，人的行为是由单位管着的。由于职业过度稳定，任何被认定不端的行为都可能影响到一个人的前途，其中既包括单位内的行为，也包括单位之外的行为。同时，由于人们的居住生活空间极为稳定，日常行为也会受到邻里关注。生活在这样的环境中，一个人如果有什么损人利己、损公肥私或不关心不爱护公共物品的行为，社会和单位对他的制约会是严厉的。居委会也会将居民组织起来，维护公共环境的清洁。直至 20 世纪 90 年代中期，在上海少数居委会还保留着周末组织全体居民义务劳动的好习惯。在这样的氛围中，人们能够养成良好的公共行为。

相比之下，随着改革开放中传统单位体制的解体，我们的“社会”变得涣散。工作的流动性和保障的社会化导致单位对个人的约束极度衰减。在另一方面，虽然说“单位人”转变为“社会人”有其积极的方面，但由于社会的组织化程度很低，造成的副作用也非常强烈，这是群众公德水平下降的主要原因之一。

以下将探讨环境保护的社会机制的建设与加强，包括社区层面的环境保护机制、环保领域的社会公平问题、公民环境权益等。

二、社区环境保护机制

1. 社区的本质属性

社区，现在已经成为人们非常熟悉的一个名词。如果认真想想，在现实中究竟什么是社区，我们的社区在哪里，这些问题还真不好回答。一些年前，我们的政府内部还有过一次关于什么是社区的争论。一方认为社区指的是居委会覆盖的居民区，一方则认为社区是街道办事处管辖的范围。

这场争论的背后有着公共资源配置的考虑。公共管理和公共服务的机构设置、人员配置或设施建设，有的放在居委会层面较为合理，有的则放在街道层面较为适宜。应该说在我国社会转型进程中，公共管理和公共服务进行这样的探索是必要的。问题在于，政府公共资源向基层的投放或政府管理重心的下移就是社区吗？如果街道或居民区就是社区，“社区建设”也就是“街道建设”、“居民区建设”或“基层建设”，我们对关于社区的争论完全可以付之一笑。如果将社区理解为一个庞大的科层制管理体系的最底层，它到底应该叫什么其实没有多大意义。

社区(community)的真实含义是共同体，本质属性是自治。居民区的退休老人要在一起练练拳操、扭扭秧歌，为此组织起来，住宅小区的业主委员会，都可以算作比较典型的“社区机制”。在某些发达国家，如果几千户居民通过沟通，认为他们在一起共建、共享某些重要的基础设施是最有效的，则可以建立一个“市”。美国许多这样的市连政府也没有，而是由选举出来的市长带着一群志愿者管理其公共事务。这样的市是地道的社区，因为它是自治的。为了引导游手好闲的年轻人，母亲们联合起来促进社区就业；为了促进生活方式的环境友好，人们动员邻居步行上班；为了救助某个困难家庭，邻里举办募捐午餐；为了居住环境的优美，发动每户每个星期六出动一人清理公共地带的散落垃圾。诸如此类，其自发和自理色彩非常鲜明。这样的活动较为普及，我们就可以说“社区机制”发育了。

因此，我们可以从实践角度给“社区”下一个不那么严格、但具有操作价值的定义：社区，是一种处理小区域社会中公共事务的机制，其特点是自下而上的组织和运行方式。对这一简单定义还可以作两点补充。其一，社区主要涉及小地域公共事务，是社会性的。类似组织方式如果为了满足一群人的文化娱乐需求，其实就是俱乐部机制；为了实现经济目标，则是合作社机制。其二，社区机制不存在固定的组织和规则体系要求。一般涉及的地域越小，处理的公共事务越简单，规则体系和组织结构也就越简单；反之，亦反之。

按照这样的定义观察我国社会，我们应该承认“社区”是缺失的。前些年热热闹闹的“社区建设”，其本质是政府的基层建设，相关过程都是自上而下的。非但学术界有此认识，即便政府，也在为社会管理和社会发展中缺乏伙伴而头痛。

有人会认为，我国的村委会和居委会是自治的，因而是一种主流的社区机制。在法律意义上，这种观点是对的。但从实践看，这种观点是错的。无论居委会还是村委会，真正意义上的自治都未能实现，这是无须讨论的现实。

2. 村居基层组织的演变

村居基层组织的演变相对复杂。我们可以从居民委员会（以下简称“居委会”）的演变理解其自治性是如何逐步丧失的。居委会形成于新中国成立初期，最早出现在上海。当时的上海还笼罩在国民党飞机轰炸的阴影下，因此在政府的引导下，以里弄为单位，成立了居民防空委员会。后来战争阴影散去，该委员会转变为居民委员会。

居委会的干部都是由居民选出，其构成主要是热心公益的青年家庭妇女，所以又被称为“小辫子干部”。她们带领居民通下水道、清除垃圾、助老济困、调解纠纷，在居民中拥有很高的声望。另一方面，居委会作为官方唯一认可的基层组织，从20世纪50年代中期开始了正规化和行政化的进程。在待遇上，居委会干部是“集体编制”。活动经费除居委会通过兴办“小集体”经济组织外，主体上由政府下拨。而完成上级任务，也占据了居委会日常工作越来越高的比重。

无论如何，“小辫子干部”与居民之间那种血肉相连的关系依然存在。对于他们中的许多人，都可以说在居民区内无人不识：居民区内无人不识他们，也无人是他们不认识的。甚至一些居委会干部可以声称，没有哪户居民家他们没去过，也没有哪户居民没有上过他们的家门。之所以如此，与住房体制改革之前的居民区长期稳定也颇有关系。

至20世纪90年代，从"小辫子干部"一路走来的居委会老大妈们陆续到了退休年龄，其后继无人的矛盾也浮上水面。适逢当时国企改革，大量职工下岗，其中不乏年富力强的企业中层干部。于是，大量企业干部被安置到居委会。居委会主要干部的待遇也转变为全民事业编制。这一改革的结果使居委会干部成为富有吸引力的岗位，甚至大量吸收本科生和研究生进入。如此一来，居委会干部与居民之间那种应该存在的血肉关系就被割断了。当普通居民上班的时候，居委会干部们也上班了，当居民回到家里时，居委会干部也拎着包回家了。同时，房改导致了居民的流动性增加，出现了所谓"人户分离"的现象，即：户口在原来的居住地，而人实际生活在新居住地。由此导致对社区管理提出了一系列新的要求。另一方面，在"管理重心下沉"的旗号下，政府部门将大量事务、统计和考核任务压给居委会，使之全力以赴完成这些任务也力有不逮。在此情形下，可以说居委会完全行政化了。

客观地说，我国关于村民委员会和居民委员会的两部组织法是很好的法律，给社区自治奠定了坚实的法律基础。由前面的讨论可知，之所以这两类基层组织都存在过度行政化的问题，各级政府的无限政府倾向是主要原因。特别是进入21世纪以来，地方政府的财政收入连续多年高速增长，由此也助长了大包大揽、政府边界无限扩张的倾向。

这里需要考虑一个问题，我们为什么需要社区机制，谁需要社区机制。由于这里将自治视为社区的本质属性，问题也就可以转变为谁需要以自治方式处理小地域内的公共事务。

有很多人会说是群众希望社区机制。只要略加思考，还是容易发现这在很大程度上是一种错觉。作为老百姓的个体，人们更为偏爱坐享其成。我们更希望政府为老百姓做好事、办实事；我们希望得到蓝天碧水、芳草如茵；我们希望太平无事、天下安定；我们希望环境洁净、有序文明。我们希望获得一切好东西，但只要可能，又希望无须自己操心。这种白搭车心理来自人的天性。

那么，政府是否希望看到一种健康的社区机制，从而能够承担部分社会责任呢？从表面上看是的，甚至官员们也抱怨社会机制不发育，许多问题的解决缺乏接盘人、合作者。他们会感叹发达国家此类机制的健全，甚至会羡慕人家的百姓"素质高"之类。略加剖析，我们会发现，这些官员或部门也不是真心希望社区自治局面的形成。他们希望的"群众参与"，其实是一种一呼百诺的局面，希望规则由自己制定，场面由自己主持，决策由自己拍板。其他参与者，无论普通百姓、社会组织、学者专家乃至其他政府部门，都是鼓掌者、叫好者、跟班或伙计。这也是一种人之常情。这样的局面，其实更是政府的无限扩张。

所以，培育社区自治机制的价值，从社会利益的高度才能得到合理描述。这种价值主要体现在两个方面。

一是提高公共资源配置的效率。公共管理的产出在多数情况下无法以货币衡量，因此效率更多地是指实现公共目标的成本下降。当市场和政府部门双重“失灵”时，社区机制能够弥补市场和政府的缺陷。20 世纪 90 年代我们计算过一个社区图书室的服务成本，大概一个人次的综合成本约为 12 元，相当于一本新书的价格。对此，我们至少可以探讨如果用志愿者组织来管理，其效率提高的可能性。另一方面，社区机制在提供诸如“共融”、“和谐”等抽象型公共物品服务方面更具有优势。

政府在响应百姓多样化、个性化需求方面通常是无效率的，因而需要形成来自社会的补充机制。认识不到这一点，将自己想象成为普洒甘露的观音菩萨，硬要“横向到边，纵向到底”，就是干了不应该由自己干的事。狗拿耗子为什么不对？狗狗们听到这样的批评会感到委屈，但没办法，因为由他们抓耗子，消耗的能量会超过捕获的能量。这一规律决定了猫狗之间的分工。否则为什么不叫老虎也抓耗子？那岂不是更轰轰烈烈，更吸引眼球？为了不断优化公共资源的配置，市场、社会和政府需要有合理的分工，承担各自的责任，享有与此相应的权利。同时，很多公共使命需要政府加市场或者政府加社会的混合机制完成。其中，“社会机制”最重要的成分是社区。

二是通过社区机制的参与实践，加快居民转变为现代公民的步伐，从而与发展城市现代化的目标相适应。通过公众参与推动人的进步，最起码的要求是在居民中培育强烈的共享意识、权利和责任相对应的意识，在我们的社会建立起共享文化。通过组织化参与，让普通市民学会如何维护自己的合法利益，并在与他人的互动中知道，只有坚守自己的承诺、履行自己的责任，自己的权益才能获得他人的尊重；让居民在这样的组织里学会通过谈判解决纠纷、宽容和妥协。很明显这是一种现代文明的教化过程，意味着现代公民社会的培育是真正意义上的人的全面发展。

在这一方面，社区自治的价值显得尤其重大。因为那里的问题更贴近百姓的生活，人们更容易发现和认同这些问题。如果大家感到某个问题需要团结起来共同应对，就有了将这些人联系起来的纽带。在公共机构和社会组织的帮助下，相关的合作或共同行动更容易变成现实。在这样的过程中，人们会变得更加注意他人的想法，学会沟通、组织、协商、宽容。所谓和谐社会，并不意味着没有矛盾，而是存在着防止矛盾激化的机制。显然，此类过程如果成为普遍现象，而不是处处依赖“青天大老爷为小民作主”，和谐社会才有了持久的动力。

3. 社区环保机制的内涵

社区环境保护机制意味着以社区为单元，居民广泛而有组织地参与环境保护。梳理国际上以社区为基础的公众环境保护，这种机制可归纳为以下内容。

首先，允许乃至鼓励社区居民有组织地在法律的架构内保卫自身的环境权益。这一机制的作用应该被视为环境保护的决定性力量。要理解社区环境保护力量的重要性，20 世纪 70 年代发生在美国的拉乌运河事件颇具代表性。

拉乌运河是一条中途下马的运河工程，后被转卖给一家化学公司用于废物填埋处理。1953 年，霍克化学公司将大半已被废料桶填塞的河道填平，再转卖给地方教育当局用于修建儿童娱乐场所。20 年以后，因废料桶破裂导致有毒物质泄漏，危害学童和附近居民的健康。终于到了 1978 年，一位名叫路易斯·吉布斯的家庭妇女挺身而出，组织当地居民起来抗争。当时的美国，无论政府还是法律体系，公众的环境权益尚未被完全承认，因此，当地群众的努力遇到重重困难。在此过程中，媒介给予这些居民以强有力的支持，它们大量报道事态的发展和政府对居民的冷漠，使事态不断扩大，从而使拉乌运河事件成为全美的大事。这一事件的直接结果是当时的美国总统卡特决定，由联邦政府和纽约州政府联合出资 1 500 万美元疏散当地居民。但是，它更为深远的影响是导致基层群众反污染运动的迅速蔓延。至 1990 年，全美的社区性群众环境保护组织已达 5 000 多个。拉乌运河事件的影响还扩散到其他发达国家，使环境保护最终成为真正的社会运动。

地方群众性环保组织之所以在西方国家得到普及，根本的原因是无论其法治如何健全，老百姓以个人的力量与企业和政府在环境权益方面进行较量总是弱小的，只有数量足够的一群人以同一种声音说话，他们才有力量与企业或政府相抗衡。另外，如果一个人以法律途径谋求解决问题，其成本显然过大，而许多家庭以同一身份出面，成本的均摊将使所有人受益。况且环境污染的危害往往具有区域性和集体性，在一个特定的区域内，通常是所有人都会在不同程度上受到某一污染源的侵扰，在这种情况下，社区性群众环境保护组织以社区所有成员代表的身份出面是最适宜的。

在我国，具有国家专项法律支持的社区组织是居民委员会和村民委员会。要建设健康有力的社区环境保护机制，必须充分发挥这两种社区组织的作用，而要代表社区居民环境权益最适合的，也是这两个委员会。

前面已经指出，当前居委会和村委会都存在过度行政化的趋势。基层干部忙于应对政府的任务，与社区居民的关系越来越淡漠。基层组织的经费基本来自政府，因此无论政府部门还是基层干部，都认可两者之间的从属关系。除了这些原因，还需要注意基层组织与居民之间以及居民中间，当前缺乏共同利益的纽带。基层组织只有不断带领群众去解决社区内人们共同关心的问题，一起去应对那些能够影响到社区居民利益的挑战，干群关系才能越来越密切。

具体地说，基层组织应该拥有代表社区居民，就社区环境问题与政府和企业沟通、交涉、谈判甚至诉诸法律的资格。住宅区受到隔壁污染企业的侵害，鱼塘受到污水的污染而出现大量死鱼，诸如此类的事件发生在我国，受害者的投诉往往因污染者的强势、地方政府对污染者的保护、部门间的扯皮推诿、取证的困难而难以获得及时正确的处理。更多的居民受到的环境困扰则因为损失较小或难以确认、不知道通过何种渠道取得帮助、处理问题的程序过于复杂等原因而无奈放弃自己的合理诉求。当然，因为问题的积累，在社区居民无组织的情况下，环境问题最终会转化为所谓群体性事件。我国因环境问题导致的日益频繁的群体性事件，绝大多数是社区性的。发生群体性事件的一个重要原因，就是基层组织与社区居民的关系过于淡漠、涣散。因此，让基层组织成为群众环境权益的合格代表，无论是保障群众环境权益，还是促进社会和谐，都是必须的。

强化社区层面的环境保护机制还会产生一些重要的积极影响。污染企业的行为会受到更为有效的监督，因为不仅有环保部门的监管，还加上无数双眼睛的关注；在强大的社会压力下，企业会主动改善自身的环境行为。在招商引资的过程中，无论企业还是政府，都会考虑到民众的态度，并采取防患于未然的决定。例如，企业选址会尽可能与聚落相隔离，甚至为了避免与居民发生冲突，会有不断增多的企业愿意进入工业园区。

其次，作为一种较小空间中的人类共同体，社区环境保护机制应该包括成员之间的沟通、协商、制定规则和采取共同行动的机制。当我们谈到“社区环境”问题的时候，总是包括两种类型：一是社区受到外来因素的侵害，典型的就是污染企业对社区的影响。在此场合，需要社区集体地维护自身环境权益。二是社区自身的环境问题，诸如餐饮油烟气扰民，大妈广场舞噪声，与“脏乱差”相关的乱搭建、乱设摊、乱张贴、乱扔垃圾等陋习，以及宅前屋后不洁之类，都属于这一范畴。不难发现，产生这些问题的人和受困扰于这些问题的人都是社区成员，甚至受害者本身也属于加害者之列。

在这些问题的背后，是社区自治机制的缺失。社区成员在面对共同的问题和公共事务时，缺乏采取共同行动的价值认同和制度安排。其中包括人们对社区的认同，将这个小尺度空间视为自己的家园，并愿意为之付出自己的情感、汗水和财富；包括人们对公共环境行为规范的认同，不遵从这种规范的人会被邻里看不起，反之则受到尊敬；当人们因为社区内部的环境问题而产生纠纷时，会有制度化的流程和平台供人们沟通、谈判、妥协并达成解决方案；当社区需要投入劳动或资金以改善环境时，社区应该有相应的议事议程和决策机制。所有这一切的综合，能够有效维护和改善社区环境。

建立这种自治机制并不容易。阻碍其发育成长的因素很多，如居民的“白搭车”心理。对环境质量要求的提高并不意味着人们自己愿意付出，人们更希望能够免费地获得优美的环境。另一方面，政府则可能倾向于大包大揽。这里要特别强调的是，我们长期的小农社会传统也会产生较强的负面作用。

在传统的小农社会，人们可以自给自足，对公共物品不负责任，这种对公共物品的漠然是与传统社会相适应的，也就必然与现代化发生尖锐的矛盾。随着人们对于公共服务的需求增长，以及公共活动领域的扩大，公共物品的供给和维护变得越来越重要。

这种矛盾的基本表现是，虽然人们对公共物品的需求增加大，但是投入的积极性却很低落。在农村当前的管理体制下，这一现象显得更为严重，其基本原因是村基层组织的过度行政化。长久以来，在农村基层组织的行动机制中，行政推行的色彩越来越浓，这种机制对于政府来说是驾轻就熟的，对于基层组织来说也是省时省力的。但是，当这种运行机制在农村推行得过于频繁时，问题就越来越明显。因为行政推行是对上负责，基层组织脱离草根性质使得农民对于基层组织产生疏离，而作为基层社区的组织者和管理者，农民对其疏离本身就意味着社区的涣散，也就意味着行政推行的成本将逐渐上升。这种趋势与我国小农文化结合，使农村公共物品的建设、维护和运营遭遇重大困难。

另一方面，如果社区公共物品的建设不是社区全体成员通过协商而达成的集体意志的实现，而是政府或者基层组织“为老百姓办好事”，需要注意的是，这两种实现方式具有本质的差别。前者是典型的自治，后者却是一种善政。对于社区成员而言，前者有责任参与，后者只是一种公共物品的享受者，他们是无须做出贡献的。当老百姓称赞政府在为他们干好事、办实事的时候，通常这意味着无须自己掏腰包做出贡献。在这种意识下，群众为公共物品的供给和维护承担义务的责任感会弱化，对于政府和基层组织的依赖性增强，这样一种既疏离又依赖的若即若离的状态本质上依旧是传统社会小农与官府关系的延续。这导致为基层公共物品的积累形成一种较为尴尬的局面。一方面，居民对于基层组织在公共物品的供给上认为理所应当，在心理上解除了个人为满足社区需要在供给和维护公共物品方面的责任，在这种情况下，群众显然不会朝如何奉献以增进共同的福利这一方向思考问题。在公共物品的建设上，人们会表达其愿望，然后由当家人去操劳，普通群众会更倾向于使用建成的公共物品。但是另一方面，群众又对基层组织缺乏信任，这种不信任是由于行政推行导致的群众对于社区事务缺乏话语权和影响力造成的。

对于政府而言，缺乏建设和维护社区公共物品的机制会造成一种令人尴尬的境况。习惯于政府“为老百姓办还是干实事”的群众在提出公共物品的需求时是没有预算约束的。于是，官员们可以因为某些方面的改善而获得老百姓惠而不费的夸奖。从长远看，不受预算约束的群众永远会产生过高的期望。

从公共物品理论的视野观察，公共物品是可以区分为不同层面的。较低层面的是俱乐部物品和社区物品。其边界比较清晰，受益者较为明确，因此建设方式也以合作或收费方式展开。社区公共物品应该是自治的，大致上包括3种方式。

其一，社区环境基础设施的建设和维护，主要指村落污水处理设施、有机废弃物的堆肥设施及其省力化施用设施和装备、养殖业废弃物的处置和资源化利用系统。原则上，政府应该对此进行投入。典型的如日本的"官办民营"，由政府建设，但由农协或村委会管理运行。多年来的经验表明，我国农村环境类基础设施建设相对容易，但长效运行机制普遍难以建立。造成这种状况的原因，可能与村基层组织经费不足有关，但更重要的是社区缺乏自组织能力。

其二，对社区容貌的改善和维护。由此要求社区基层组织有良好的管理能力，也要求人们有关心家园的自觉。在农村，宅前屋后的清洁应该是村民的日常自觉行为。在城市，也应该养成各种良好习惯。因此，社区需要注重营造一种尊重家园的文化。上海有的街道直至20世纪90年代中期还保留着周末志愿劳动的传统，在约定的时间内，每户人家都会有人参加对社区公共地带的打扫。

其三，建立相应的规则和解决内部环境纠纷的平台。无论城市还是农村社区，都会有各种细小环境问题引发的纠纷，因此需要集体地制定规则。中共十八届四中全会公报特地指出村规民约的重要性。在相应规则中应留有让社区成员之间通过对话解决问题的空间。让人们在对话、协商、争吵和妥协中学会怎样与他人达成共识，让人们懂得只有尊重他人才能得到尊重的道理；同时，也让人们通过共建家园，逐步培养起对社区的认同感乃至自豪感。

4. 邻避问题及其缓解

邻避效应(not-in-my-back-yard)，是指某地居民因担心建设项目对身体健康、环境质量和资产价值等带来诸多负面影响，从而激发人们的嫌恶情结，进而采取坚决的、高度情绪化的集体反对甚至抗争行为。

在多数情况下，人们的邻避情绪针对的是某种类型的环境问题，如工厂、机场这样的重大噪声源或垃圾处理设施等。也有一些被人嫌恶的事物或现象很难被归类于"环境问题"，典型的是火葬场和医院。更广义地，"孟母三迁"也是一种邻避行为。西方国家社区也会发生因为迁入了不受欢迎的邻居而抱怨、投诉或抗议的问题。

总之，邻避是很正常的现象，没人愿意自家门口摆着一个自己不喜欢的东西。至于群众的要求，可能是合理的，也可能是不合理的，也不能用"好"与"不好"的标准去衡量。从积极的方面看,邻避的盛行表明公众环境觉悟的觉醒。我国邻避运动的发展,可以视为公民环境维权意识逐步增强的表现。邻避运动也在推动各级政府反思过往的发展方式。诸如产业"分布散、规模小、质量低"的问题,以及规划混乱,污染源和其他扰民设施与居住区犬牙交错、夹杂不清的问题,在来自民间的压力下,将会逐步得到治理。在一些情况下,邻避问题也会对社会经济发展造成一定伤害。我们要思考的是如何将邻避问题控制在一定烈度之内,令公民正常的环境诉求有表达渠道,将问题解决方式纳入法制轨道。

近 10 年我国邻避运动多发,从根本上讲有 3 个原因。

首先,自 2002 年始我国进入改革开放以来的第三轮经济增长大潮。本轮经济增长的特点是靠发展重化工业和大规模投资驱动。各地政府也主要依靠上马钢铁、水泥、化工等行业的大项目以及大型建设项目来拉动 GDP 增长。在重化工业生产过程中较容易产生环境问题,产生污染的企业多了,自然会引发"厂群矛盾"。此外,"散、小、低"的生产格局也更易触发邻避问题,其核心因素是"散"。因为分散,污染企业难以避开居民点。尤其是过去的乡镇企业经过 20 世纪 90 年代的改制后,其用地和厂房一般归私人占有。这些私人老板总体上并没有经营上的优势,往往将厂房和土地分割转包,导致更差的小企业进入,由此也会加剧居民与企业之间的矛盾。需要注意的是,不是只有工业项目才会触发邻避问题,大量市政公共设施建设,包括加油站、医院、通信基站甚至菜市场等,都会引发附近居民的反感。因此,邻避问题是不可避免的、无法杜绝的。在发达国家,邻避问题也普遍存在。

第二,近几年我国城市化推进速度很快。城市的迅速扩张导致原来很多远离市区的工业企业和市政设施慢慢被城市边界包围。原来不应跟城市的生活和消费功能发生严重冲突的,现在发生了冲突。例如,上海浦东的黎明垃圾填埋场原来是在偏远的农村地区,现在不到 1 000 米就是大片的经济适用房。城市猛烈扩张如果有不合理的地方,对邻避问题兴起就会起到推波助澜的作用。

第三,我国民众对环境质量的要求越来越高。这是根本性因素。过去我国居民收入水平较低,居民主要关注如何提高物质生活水平。在改革开放之初,人们追求食品、衣物的充足,而后是希望在家里添置冰箱、彩电等生活物品,再后来则是住房和私人汽车。现在生活水平提高了,居民开始关注户外环境。从经济学角度来讲,原本环境因子在人的消费函数中并未占据重要地位,现在已具有优先性了。

公众对环境要求的提高会给政府带来压力,因为其改善环境的努力难以跟上人们需求提高的步伐。且随着收入提高和知识或眼界的开拓,人们的喜好也是可变的。昨天可接受的,今天会感到面目可憎。更为复杂的是,同样的事物,有居民需要,有居民欢迎,而另外一些居民则嫌之弃之。典型的就是露天集市、摊贩和夜市这样的事物。由此会给政府的环境管理带来很大的麻烦。

邻避情绪针对的对象分为两类。一是对人的健康有害的。一些企业在生产过程中会产生噪声、气味、空气污染等环境影响，如果这些企业建立在居民区附近，就会危害居民身体健康或降低居民生活质量，因此遭受反对。二是某些项目的建立会对居民的不动产价值产生抑制。例如，同样一栋楼房，在旁边建一个公园，房子就会升值，但建立一个垃圾中转站，房子就会贬值。有些工业项目实际上对居民生活不一定有实质性影响，居民只是心理上觉得建在自己家附近不舒服。无论如何，让人感到不舒服的事物，一定会对不动产价值产生抑制。

减少邻避问题的发生，或降低其烈度，可以从两个方面着手。

一是优化城乡规划、产业布局和发展方式，至少可以预防部分邻避问题的发生。我国正处于快速的城镇化阶段，坚持城镇化紧凑原则，在使人口向城镇集中的同时，也需要重构乡村的聚落结构，使农村人口向小城镇和中心村集中。由此可以收获多重红利，增加耕地和自然用地，使公共服务变得更有效率，使村镇更有人气。同时，这一过程可以腾出较大的空间，建设垃圾焚烧厂之类不受人欢迎的设施，实现聚落与邻避设施之间的隔离。

优化产业布局，意味着污染企业进入园区，并尽可能与居民点隔开。对于一个地区来说，最终不应该有任何企业存在于工业区之外。此外，我国的工业区往往过多、过散。以上海为例，在 6 000 多平方公里的土地上正规的工业区就有 104 块，星罗棋布于市域的每个角落，委实过多、过散，很容易与居民发生冲突。因此，工业区的数量要削减，园内工业建筑的容积率应该显著提高，这样可以显著减少邻避问题的发生。

需要注意的是，随着社会经济的发展，人们对工业设施的态度是会发生变化的。20 世纪 50 年代，冒黑烟的工厂曾被视为发展的成就；20 世纪 80 年代，简陋的乡镇企业被视为奋斗的象征。而在已进入后工业化的欧洲国家，工厂，即便是花园式工厂，人们也不希望坐落在自己的家门口。在他们看来，工业将人们固定在流水线上，因而是反人性、反自由的。人类缺少不了工业，但很难因此而喜欢工业。与这些进入后工业化阶段的社会类似，我国各地区民众对工业的看法也在逐步发生变化。诸如在别墅区旁边建工厂之类的怪象会越来越遭到排斥，成为邻避问题新的源头。如果能够对此作出预见，就能够在一定程度上减少邻避问题的出现。

二是加强政府的公信力建设，恢复政府与公众的信任。在很多时候，建设项目引发群众激烈对抗的原因，不在于选址的问题，而是地方政府在环境问题上缺乏公信力。公信力是政府很重要的政治资源，极为宝贵，同时相当脆弱。必须承认，我国政府在许多重大问题上，如抗震救灾等，公信力和号召力是很强的，但是在环境问题上，公信力却出现危机。

例如，经常触发邻避问题的垃圾焚烧厂，在中国无论拟建在哪个区域，都会遭到反对声一片。在日本情况就有所不同。日本地少人稠，对空间资源非常节约，所以其垃圾主要依靠焚烧。而且很多垃圾焚烧厂就建立在居民区里面，就近收集，就近处理，既节能也环保。更重要的是，就近处理生活垃圾能够减少相应的税收。但是在上海有60%以上的垃圾要运输到老港填埋场，上海市每天生产1.8万吨垃圾，全部都需要密封、压缩、运输到码头再中转到老港，不仅成本高，而且加重了城市交通压力。

要建立起相应的制度保障，特别要进行信息立法。关系到人民身心健康和财产安全的公共信息，需要用法律强制规定公示出来。信息透明是建立政府跟百姓互信关系的前提。在环境信息上遮遮掩掩，政府就永远不会有公信力。企业的相关信息也必须公开，凡涉及公共利益的信息，企业不得以商业机密为名而拒绝透露。所有这些应通过法律加以确定。

三、城市环境管理中的市民素质问题

1. 对公共物品负责是现代公民的核心素质

随着城市经济的发展，有关“市民素质”的议论不绝于耳。虽然这些观点不无道理，但需要防止讨论边界过度扩张的现象。我们应该关注以下3类“素质问题”：一是无视他人和公共利益的各种陋习，如随地吐痰、乱扔垃圾、破坏绿化、睡衣上街、在公共场合旁若无人地喧哗；二是缺乏最基本的服从管理和遵从契约的精神，如乱穿马路、乱搭建、乱设摊，也就是说，规则对他们而言不是一种社会契约，而是外在的强制，逃脱是允许的，没有不正当性；三是缺乏合作、宽容、妥协，以及集体解决问题的习惯、意识。

可以发现，这3类问题都与公共物品有关。由此引起的社会损害细小、分散而普遍，属于管理者最为头痛的“聚沙成塔的暴行”。因其细小而容易被忽视，因其分散而政府管理无效，因其普遍而危害巨大。多年来的经验表明，说教、榜样、惩罚等手段之于此类问题，通常只能收到极为有限的效果，相关的专项治理成果不易长期得到巩固，说明我们的对策尚未触及问题的本质。那么，这种问题的本质是什么呢？

我们可以从一个现象切入思考。任何国家，无论是信奉大政府还是小政府，其历史都表现出一个共同的规律，即：经济越发展，公共物品方面的开支占GDP的比重越大。这意味着随着经济的发展，人类生活质量的提高会越来越依靠公共物品的累积。对应于这一经济基础的事实，社会全体成员的生活方式、思想观念也应该发生相应的进步，变得服从规则、爱护公共物品、遵守公共道德。城市的市民素质问题，其实反映了小农社会的文化积淀对现代化进程的不适应。

社会不是一盘散沙般个人的集合，自治性团体（同业公会等）构成市民社会及其活动的另一个要素，它是将个人与国家、私人利益与普遍利益联结起来的中介，它有助于克服个人主义、培养公共精神。如果说国家代表普遍的利益，个人追求的是私人的利益，那么自治性团体维护的则是特殊的利益。与代表普遍利益的国家相对而言，维护特殊利益的自治性团体理所当然构成社会的一个基本要素。

简而言之，现代社会强调个人本位，这也意味着责任的个人本位。社会自身可以从内部建立起必要的秩序，而不必仰仗政府运用强制性力量从外部去建立它。这一点只有在社会成员都能够尊重他人的利益和权利时，才能赢得他人对自己的利益和权利的尊重。认识到只有人人遵守活动规则，才能保证各项活动的正常进行。只有在社会成员都具备了这种思想境界，自觉遵守法律规范和道德规范的情况下，社会才能从其内部建立起必要的秩序来。现代社会的正常运转在很大程度上依靠的正是其成员的道德觉悟和道德自律。反过来，公共物品的累积会促进人们合作的需求，这种合作的需求会推动人们建设合作的组织，并进而培育公共道德和促进道德自律。

2. 关注小农社会的不良文化遗产

中国传统社会的一个重要特点是一盘散沙，这是小农经济历史的产物。在经济上，极端匮乏的资源条件导致小农社会难以累积公共物品，由于缺乏公共物品的黏合，也就难以发育出共建共享的文化。在政治上，一盘散沙与高度集权看似矛盾，然而高度涣散是有利于封建集权统治的。这是因为在小农经济这种极其分散的生产组织形式下，在农户的水平面上很难形成有效的协调机制，也很难发育出保障契约、公约、合作、共同体等能有效运行的法制环境。于是，小农经济就要求自上而下的集权来加以维持。在家庭内，这就意味着家长制和宗族制度，对国家而言，则为中央集权制。传统的小农承受着庞大国家机器的压迫，但也整个地依赖政府维持生产和社会秩序。

在我们的文化中长期存在对清官的崇拜，总是希望“清官大老爷为小民作主”。这种文化本身会遏制社会自治机制的发育，助长国家主义的盛行。客观地说，这一传统是我国现代化进程中最值得关注的负文化遗产。其影响体现在公共领域，就是党政系统指挥市民跟在后面参与。另一方面，市民乐得坐享其成，“白搭车”的风气愈发蔓延。

归结起来，与环境相关的“市民素质问题”本质上是小农生活习性与现代化社会的冲突。西装革履的穿着不能自然消除这些陋习，甚至教育也不能。对这些侵蚀公共利益的行为，严格的执法和管理是必要的，但更重要的是社会自治机制的培育。这种培育过程最重要的是为市民在不同层面上合作处理自己的事务和主动参与公共事务，让我们的公民习惯于合作、尊重他人利益、建设和维护不同意义上的公共物品，包括环境质量。同时，公民社会组织广泛参与发展项目，可以极大地弥补国家能力的不足，并促进以官民合作为特征的治理。沿着这一方向，在城市管理中的许多顽症才能得到根治。下面以居民生活垃圾分类投放为例，探讨城市环境顽症的治理。

3. 从生活垃圾分类看人的发展

大致是在20世纪90年代末，循环经济理念开始进入我国。生活垃圾分类投放作为一种环境友好的行为模式得到提倡。进入21世纪后，一些城市开始推行生活垃圾分类，但公众的动员力度不大，生活垃圾分类运输和分类处置的技术体系也未能完善，因此总体上并不成功。2008年奥运会和2010年世博会后，北京与上海等城市相继推出较为完整的城市生活垃圾分类投放、清运和处置方案。2016年，中央更是将生活垃圾分类写入国家生态文明建设总体方案，这项工作得到前所未有的重视。

在整体上，我国生活垃圾分类的责任主要是由政府承担的。以上海为例，其居民的生活垃圾主要是干湿分类。这种简易的分类方法容易被市民理解接受。政府需要建设湿垃圾末端处置设施和清运力量。再往上游，则是小区的组织管理。由政府出资，小区可能会设指导居民如何正确投放垃圾的指导员或宣传员，以及很普遍的从事二次分拣的小区保洁员。在生活垃圾的源头，也就是千家万户的居民，政府的投入包括各种宣传材料以及垃圾袋和垃圾桶之类。除此以外，尚有官方或半官方的各种宣传活动。

有研究表明，上海90%以上的居民都知道生活垃圾分类的意义，其中绝大部分人也知道如何去做。但未落实在行动上的仍有人在。也就是说，对这样一件只需举手之劳而有利于环境和社会的事，有些居民仍未能做到。

对于此类现象，简单地归咎于居民觉悟是不够的，是3个方面的原因共同造成了这种结果。一是虽属举手之劳，但居民至少要克服旧行为模式的惯性，形成新的行为模式，由此不能完全寄希望于个人的自觉，外部施加的督促、指导乃至强制可能是必须的。二是仅仅知晓一些环境保护知识是不够的，事实证明更为重要的是如何培育人们对公共物品和环境的责任感。在我国，环境公共物品的政府包揽和市民责任心的缺失形成了互动。三是虽然生活垃圾分类属于个人行为，但依然不可缺少适当的组织和管理。

这些问题可以从日本等生活垃圾分类做得较好的国家的经验中得到印证。虽然有公众环境意识较强等原因的作用，但有两个因素是决定性的。

其一，无论何地，凡生活垃圾分类成功的，都有严格的制度法规，违背者会受到严厉的处罚。在强有力的规制下，人们习惯的行为模式得以迅速纠正。这是相关城市生活垃圾分类成功的基础。

其二，它是对应于基层政府社区中生活垃圾处置领域的自治。其含义是基层政府有自己法定的税基，一般会是不动产税。社区对其产生的垃圾负责，而从基层政府的财政开支。处置生活垃圾必须符合国家标准，在此前提下，成本应该最小化。

对于全体居民来说，处置生活垃圾的成本越高，就意味着需要缴纳更多的税，当然也可以实施生活垃圾收费。在基层财政透明的条件下，这一理念能够被全体居民接受，加上人们较强的环境意识，足以动员人们投入于生活垃圾的合理化处置。日本的许多地区人民可以将生活垃圾分出多个类别，进而促进资源化利用，减少末端处置量。更有甚者，许多社区将垃圾焚烧厂建在社区，目的就是就近处置、降低能耗和成本。

以上两个要素是能够让广大居民自觉参与生活垃圾分类的基本原因。其他诸如环保知识宣传和志愿者介入，只能起到有限的积极作用。需要注意，强制性法规的作用不仅仅是作为外力纠正人们的行为，实践中也能够起到教化的作用。而一定程度的生活垃圾自治，能够让老百姓将生活垃圾的处置当成自己的责任，有利于培育其责任感。当然，自治需要良好的组织管理。这样，前面所指出的我们的城市生活垃圾分类缺乏的要素，在这些成功推进生活垃圾分类的城市都得到了解决。

从上述生活垃圾分类的分析中我们能够获得什么？未必简单地是生活垃圾的减量化、无害化和资源化。也许最为重要的，是将生活垃圾分类进程视为构建市场经济条件下社会组织动员机制的抓手，将居民参与垃圾分类视为培育市民公共意识和责任感的过程。越是现代化的城市，公共物品对于提升人民福利的作用就越重要，也就要求居民更尊重公共秩序、更关心环境质量、更注意通过自己日常行为的优化帮助政府以更高的效率建设和维护公共物品。必须承认，与上述要求相比，我们的市民还有相当大的差距。生活垃圾分类要求我们的市民以举手之劳促进环境保护，其任何涓滴进步都不仅是物质上的垃圾减量化和资源化，更内含着千万百姓在理念和行为方式上的进步。

如果我们将千万居民组织起来，让大家习惯乃至乐于自觉进行垃圾分类，就会让我们的城市拥有一代具备公德心和环境良知的现代公民，至少是处于良好的起点。作为一种美好的公共行为，会不断向其他领域溢出。也就是说，一个能够认真进行生活垃圾分类的居民，想必不会往道路上乱丢垃圾，不会去破坏绿化，最终我们的城市文明程度会获得上升的动力，各种城市疑难杂症的治理成本会因此下降。从这一意义上说，推动生活垃圾的分类会是功德无量的。

四、环境物品的社会公平

1. 环境公平涵义的复杂性

社会公平是人类最重要的价值取向。但其含义极为广泛，一般我们承认有权利公平、规则公平、分配公平，或起点公平、过程公平和结果公平等。可以说这些公平的不同侧面都很重要，往往不能同时兼顾。在方法上，由于公平与否不仅取决于客观存在，还取决于人们的主观感受，因此是难以测度的。但是，社会公平问题又是客观存在，不容忽视。这就导致相关研究的复杂性。

环境领域是否存在社会公平问题？答案是肯定的。最为根本的理由是环境保护必然涉及资源配置，需要各种要素的投入，有各种产出。既然如此，公平问题就必然会发生。应该注意的是，我们过去探讨环境社会公平问题时，主要将兴趣放在两个方面：一是代际公平问题，这是可持续发展的核心命题；二是全球环境问题的治理，典型的就是全球气候变化的应对思路，国家之间以及不同国家集团之间的责任如何分配。这两类环境公平问题都非常重要，这里我们只关注一个社会内部与环境治理相关的公平问题。

首先，是话语权和决策权导致的环境公平问题。我国环境保护领域的学者一般会有意无意地忽视不同阶层对环境的需求是有差异的这一事实。所以，我们总是提“天更蓝，水更清”，并默认所有人对此的需求完全一致。更进一步，我们会相信任何涉及环境保护的投入都具有正当性，并默认所有人从中获得的收益是相当的。很明显，现实并非如此。不同人群之间的环境需求差异巨大。对于挤在地下室、违章搭建和群租房内的“北漂”等打工者而言，他们最大的“环境需求”是居住条件的改善。农村青壮年离开空气清新的山间、进入雾霾严重的城市，是因为其效用函数中更为优先的是更高的收入以及更好的营养、医疗、教育和文化条件。所有这些是排列在环境前面的追求。

由此引出的推论当然不是放弃环境保护，而是要求注意到人民群众对于环境质量的要求是有差别的这一事实。对于中下层老百姓和那些普通的打工人口来说，基本的居住条件、卫生条件等，可能是他们更为迫切的“环境需求”。同样是城市绿化建设，普通市民可能更为渴望的是，在家附近有饭后可以散步、能够痛痛快快地跳广场舞的地方，而精英们则希望自己的城市能够拥有与纽约中央公园相媲美的标志性场所。这两种情景实际上提出了两项命题。其一，社会资源如何以人民的福利最大化为导向，在环境保护以及医疗、卫生、教育、文化、住房等各领域之间合理配置。其二，在环境保护领域，社会资源又怎样以人民福利最大化为导向，在各种治理需求之间如何合理配置。总之，不是在环境保护的旗号下，任何决策都是正当的。与任何其他领域的决策一样,我们必须追求效率和公平。

实践中环境保护的效率问题虽然复杂,但还是可以衡量的。以污染控制为例,我们可以追求去除单位污染物的投入最小化。至于什么是环境保护的公平,确实找不到一把尺子来衡量。比较可靠的方式是引导公众参与环境保护领域的公共决策过程,尤其要注重听取中低收入阶层的诉求。

一个最为重要的问题是,公众的主体并不掌握充分的信息,也缺乏表达诉求的渠道。通常拥有知情权、话语权和决策权的只是少数精英,也就是官员、学者、媒体人和企业家。由此会产生所谓精英阶层以自己的口味偷换大众需求的问题。很难想象,一位享受高收入生活的专家,其偏好会与贫困户一致。

这个问题在某种意义上是无解的,但可在一定程度上予以缓解,主要措施包括让环境和公共财政的信息更为透明。无论如何,资源必然是稀缺的,不可能无限投入。这就需要公共选择。在不知情的情景中,老百姓会想当然地认为政府的钱是无穷的,于是会对一切公共投入喝彩,而抱怨一切不如意处。这就是"不当家不知柴米油盐贵"。所以,只有民众充分了解自己的城市或社区的财政家底,以及需要应对哪些问题时,人们才会真正参与权衡和选择过程,真正理解其中的困难所在。尤其是在社区层面,通过民众内部的沟通与妥协,才能兼顾方方面面的利益,达成公平的目标。

其次是因环境保护而导致的社会不公平。最典型的是部分群众因为环境保护的需要而遭受某种损失,如引发邻避问题的那些市政项目。一类普遍的现象是,那些不受欢迎的项目通常会建于中下社会阶层的社区。例如,垃圾中转站这样的设施不可能建在繁华或高端居住区,一般都是建设在低收入阶层聚居的社区。其中虽然有地价等客观因素,但没有人能够否认,即便有地价不高的高端居住区,如近郊的高端别墅区,此类设施也是不可能落地的。

较为普遍发生的因环境保护而遭受损失的是各类保护区,包括水源保护区、水源涵养区、自然保护区、天然林保护区等。由于保护的要求,这些地区的投资受到严格限制。在水源保护区,老百姓甚至不能养鸡养鸭。经济机会的减少导致相关地区群众收入显著低于相邻地区。

类似的问题还发生于地区之间。一般同一流域的下游地区较为富裕,但上游地区在水环境质量、水资源供给的稳定性、防灾减灾等许多方面,对下游有着重大影响。如果上游生态良好,下游因此受惠;反之,下游则蒙受各种生态灾害。但是,如果上游地区因为生态保护而发展迟缓,也是一种显然的不公平。

这就涉及所谓"生态补偿"。其目标是让那些因为环境保护而遭受损失的人群或地区得到合理的补偿,从而产生一种正向的激励,使人们更愿意投入于环境保护。

但是,这一目标又是不易达成的。可以想象,一片水源保护区中的老百姓在未接受补偿时,其收入会显著低于相邻地区。假设对其进行补偿,这里不考虑补偿不充分的情况,因为不充分意味着不公平依然存在。假定补偿是充分的,结果将是原先因收入较低而流出的人口回归,由此导致的是由于“生态补偿”反而强化了保护区内的人口经济压力。于是,“生态补偿”导致了不利于生态保护的结果。

特别要指出的是,经济贫困的山地或其他类型的上游地区,那里的企业、民众乃至政府未必会对生态保护做出主动贡献。更大的可能是,因其传统的生产方式,还在毁坏着当地的生态。例如,大石山区农民的农耕活动无论如何都会对贫瘠的表土造成影响,并且这种破坏是难以恢复的。秦巴山区耕作陡坡地的实践,造成水土流失颇为严重,而人们收获的只是微薄的一点杂粮。这种生产活动的产出能否抵得上由此导致的生态损失都是有疑问的。

当然,造成生态退化的此类经济活动,以及相关的老百姓和基层政府等不应该受到责备。说到底这是发展水平较低造成的问题。但是,“生态补偿”也未必有助于实现社会公平。例如,一个地区因陡坡地较多水土流失较为严重,另一个地区由于山坡平缓而程度较轻,难道应该对后一类地区进行“生态补偿”?况且这种补偿如果真的有利于地方经济的发展,并导致人口经济活动强度的上升,其结果很难说是环境友好的。

在上述情形下,即便补偿是正当的,也必须充分关注后果的复杂性。还需要注意,有效的生态补偿不会是很多人想象的现金交易:你对生态保护做出了多大贡献,或因生态保护吃了多大的亏,就对你做出多大的货币化补偿。最好的补偿应该针对人的发展,帮助人们获得更多的教育和培训,帮助他们实现能力的增强,向他们提供尽可能多的经济机会和城镇就业创业的选择。

2. 公众环境权益

在现实生活中,环境公平正义的落实在很大程度上体现公民能否在法治的架构下有效地维护自身的环境权益。由此又涉及几个问题。其一是环境信息的公开透明。一个有效的环境信息公开体系涉及人民群众的知情权、生存权和发展权,关乎公民切身的利益,是保障公民环境权益的基石。它包括确立环境知情权的基本权利地位、明确环境信息公开的内容范围、优化环境信息公开流程与公开形式等。这也是政府在环境领域公信力建设的重要抓手。

2007 年公布的《政府信息公开条例》是我国环境信息公开制度建立的法律基础。根据该条例,原国家环保总局在不到一周的时间内就发布了《环境信息公开办法》(试行),这是我国立法在保护公众环境知情权方面迈出的一大步,为实现环境保护的社会和公众监督提供了法律基础。目前,尽管我国整个政府环保系统从认识上对环境信息公开已有较大进步,但在具体推进工作上,往往更关注在网站建设等信息体系硬件建设方面的投入,而那些真正关系百姓利益的“敏感”环境污染监管信息,往往是零散的、滞后的、不完整的、不易获取的,还会以国家安全、社会稳定等种种理由被政府当作自己的财产关在密室里。在公民环保知识日益丰富、环境权益意识不断提高的今天,不完善的环境信息公开制度遭到的公众质疑与抨击之声越来越响,政府在这方面的应对举措不及时、不恰当、不能令群众满意,会大大损害政府的公信力。

在我国,民众最为关心的环境信息莫过于环境监测信息、突发环境事件信息和环境核查审批信息的公开。在环境监测信息公开方面,许多地区政府已经开始向社会定期发布大气、水环境等方面的环境质量信息,但是针对企业的超标、超总量排放信息和环保行政处罚记录等日常监测信息披露极为有限。即使是通过相关信息申请公开的渠道,也很难获取此类数据。企业能瞒则瞒,政府顾虑重重,公众难以直接了解身边企业的环境表现。

突发环境事件信息公开最大的问题是信息公开不及时,政府部门的响应太滞后,往往是在公众利益已经遭到威胁甚至受损、媒体铺天盖地报道后才有官员出来证实。此外就是在许多突发性环境事件中,政府部门对污染影响范围、程度及造成的损失等重要信息加以掩饰,对后续如何处置责任主体也语焉不详,其信息的完整性、真实性受到质疑。

在环境核查审批信息中,最令人关注的是项目环评信息的公开。我国实施环境影响评价制度已逾 30 年,总体看来,未能如西方同类制度一样,起到有效地防止污染和生态破坏严重的项目被批准和建设的作用。其中的差距并不在于技术环节,而在于缺乏信息公开和公众参与。根据法律法规,大多数项目确实经过环境核查审批,但其公开的内容不完整,公开的时间过短,直接利益相关的民众事前未能知晓,甚至许多项目环评报告仅在部门网站的某个角落里悄悄待满 10 天就赶紧撤下。于是,近年来越来越多的环境群体性问题发生,与项目环境核查审批环节的信息公开不完善直接相关。

要改变当前环境信息公开制度的鸡肋现象,首先就要明确环境信息公开的内容和范围,避免在实际操作过程出现大量应公开而不公开、或可公开可不公开的模糊地带。《中华人民共和国政府信息公开条例》第八条规定,行政机关公开政府信息,不得危及国家安全、公共安全、经济安全和社会稳定。于是,“三个安全、一个稳定”成为政府部门搪塞、拒绝某些环境信息公开的尚方宝剑。企业则以不得泄露商业秘密为法律依据,反对环保部门将其信息公开。例如,把其治理污染物的设施和排放污染物的情况称为商业秘密,理由是担心申请者通过排放物推测生产原料,从而暴露技术。因此,我们的立法应该更为明确。例如,以国家安全、商业机密等理由可以作为例外的情况究竟包括哪几种情况，而未列入例外的环境信息都应该公开，进而制定环境信息公开目录明确列出。与此相关，信息公开的程度究竟怎样才是恰当的，向民众公布的环评报告书是否能强制性以全本形式出现，此类问题在法律明晰的前提下都可以一一弄清楚。

在此基础上，污染源监管信息的公开势在必行。重点污染源企业的在线监测数据实时发布及历史数据查询首当其冲，各种排污企业的超标超量排放历史记录、投诉举报与处罚信息紧随其后。此外，需要定期公布经审核的企业污染物排放数据，其范围应不少于环评报告中识别的全部特征污染物①。

突发性环境事件信息公开，需要更细致地将应当立即通报的突发性环境污染事件的条件、应当公布的信息内容等具体规定明确下来，增加其可操作性。目前以经济损失作为认定突发性环境污染事件及事故级数的标准，在实际操作中这种认定并不科学，风险评价可能会出现极大的误差，而且即便认定了，也会显现出滞后性。同时，对突发环境事件中企业信息公开法律责任的规定大多数是针对企业谎报环境信息的情形，对于迟报、瞒报事故的法律责任很少提及，这难以适应约束企业履行信息公开义务的现实要求，无法达到预期效果。

此外，环境信息公开的程序有待优化。现有程序上的一些漏洞减弱了环境信息公开的效果。例如，在环评过程中，立法没有明确指出在环评程序中哪个环节进行信息公开和公众参与，造成有关时间、地点、方式、范围等关键性环评信息不能在第一时间及时披露。因此，建议应明确规定在编制环评报告书前就将有关信息公布于众，并全程更新信息。相关立法仅指出公民有权要求行政机关更正有关自身的不准确信息，却没有规定更正的期限。有关法规虽然提出突发环境事件的应急报告要求，却没有明确突发环境事件信息对公众发布的具体时限。2010 年国务院办公厅《关于做好政府信息与申请公开的意见》规定，行政机关对申请人申请公开与本人生产、生活、科研、特殊需要无关的信息可以不予提供，还明确了“一事一申请”原则，即一个政府信息公开申请只对应一个政府信息项目，对公民申请环境信息公开也形成了很大限制。这些程序缺陷都需要有针对性地做出修补和优化。

目前，公众对政府环境信息公开的途径和方式提出了更高的要求。在信息爆炸的时代，公众要求能及时地获取自己所关心的环境信息。PM2.5 的在线监测数据实时网络公布及相关手机软件的大量应用，从一个侧面反映了人们对信息公开渠道多样化的肯定。同时，公众希望政府不仅公开具体的数据，还能将其“翻译”为

① 资料来源：公众环境研究中心，《113 个城市污染源监管信息公开指数(PITI)2012 年度评价结果》，www.ipe.org.cn。

公众理解的语言，重点放在公众关心的内容上进行公开。例如，对企业排污信息的公开，政府应告知不同污染物在不同环境浓度下对周围居民可能造成的影响，以及后续的处置结果。

3. 环境领域的公众参与

第一，需要完善在环境领域公众参与的制度和机制。毫无疑问，公众参与是推进环境质量整体改善的重要动力。事实上，我国的环境保护公众参与机制并不健全，公众参与程度较低。其中矛盾的地方在于，许多政府部门眼中的公众参与，就是政府当导游，举起一面小旗子，指到哪里公众就冲到哪里。在具体工作中，政府部门更乐于开展各种大型宣传活动，通过媒体、广告牌、活动本身来号召每位公民从节约每一滴水、每一度电做起，践行低碳生活，建设资源节约型、环境友好型社会等。其目标和意义被宣扬大到为了整个地球、全人类的生存，小到为了所在城市的形象。但是，这样自上而下地选择部分群众并以被动的方式开展的活动，本质上是偏离公众自身利益的。公众关心环保问题，其出发点就是保护自己的家园，关心自己和居住在其中的亲友不因污染而利益受损。所以，公众参与机制的建设应该紧扣群众关心的环境问题，打开群众进入、参与环境决策制定和环境监督管理的大门，构建和疏通与群众利益密切相关的环境参与渠道。

以近年来饱受关注的建设项目环境影响评价的公众参与为例。根据《环境影响评价公众参与暂行办法》规定，在建设项目环评过程中的信息公开包括两次：第一次是在建设单位确定了承担环境影响评价工作的环评机构之后，向公众公开项目的基本信息，包括项目概况、评价单位名称和环评工作程序等；第二次是在报送环保部门审批之前。同时，应该填写公众参与调查表，以及可选择性地举办座谈会、论证会、听证会等。但是，在实践中遴选公众及公众意见的相关程序并不明确，现有法律对环评公众意见调查的范围、形式、力度所做出的规定十分笼统，大部分环评仅以少量书面调查表作为公众参与的参考意见。各地政府基本不会召开涉及民生的重大环境敏感项目听证会，偶尔有听证会，也只是简单介绍一下项目情况和环评报告结论，公众很难通过听证会充分获取信息并充分表达自己的意愿。参与项目环评决策的多为官员、开发商和专家，受到项目切身影响的社区和公众却信息知悉途径不畅、意见表达参与不足。另外，在环评公众参与权中并不包括意见采纳权或否决权，即便提了意见或建议，法律也没有规定必须对公众意见加以反馈、修正并公布，这样的公众参与无非是走个过场。

公众正常的参与诉求不能得到满足，其表达的意见不能获得反馈，只能寻求更为激烈的途径倒逼政府妥协。公民的环境知情权受损，参与权又不能得到满足，就会采取比较激烈的对抗方式。这样的模式看似逼停了项目，但显然是消极与被动的,其社会成本也是非常高的。更重要的是,在每个事件的全过程中,民众的知情权和参与权到最后仍然被忽视,还会让人们对环境领域公众参与的认识走入歧途,将其与聚众闹事、网络暴力联系在一起,这绝不利于公众权益的维护。

环境领域的公众参与遇到的另一个难题就是缺乏必要的组织。与污染企业相比,受到污染侵害的民众往往是分散的、无组织的,处于弱势。企业具有相对充沛的人力、财力与时间,这些对于单个的公民而言都是稀缺资源。企业所享有的专业信息、法律知识等资源也非居民个体可以企及。于是,分散的个体在进行与企业、政府的对话之前就已经处于劣势。加上个体遭受到的以及环境损害的评价都是不同的,利益诉求会出现多样化甚至出现分歧,政府-企业-公众多方对话变得纷乱繁杂、成本极高。因此,通过组织化的方式推进公众参与,能够令资源集中配置,增强公众意愿的影响力,并有效促进三方共同协商、以低成本的方式预防并解决环境问题。政府应适度放宽条件,给予自发的非政府环保组织合理的发展空间,并给予引导和支持。这些组织代表民众的环境权益,有能力与污染企业和政府进行平等对话,以组织的形式更理性、更专业地表达民众环境意愿,参与环境决策,维护环境权益,缓和社会矛盾。此外,政府还可以将其作为政府向公众进行环保宣传、倡导环保公益活动的最佳协助者,以及重要环境公共政策、法律解释与沟通的平台。

发达国家的经验表明,过程公平可能比结果公平更为重要。因此,在下一阶段的环境治理过程中,政府在规划、决策之时,更需要重视如何通过社区、NGO、网络等平台,推动公众尤其是低收入阶层的有效参与,使环境服务和环境资源的供给能够满足最广大群众的利益,尽可能减少环境不公平,优化政府的决策。

第二,需要建立环境法律救助制度。有句法律谚语:"无救济无权利",环境救济权的意义在于事先防止或事后弥补环境权益受损者的损失,从根本上保障公众环境权益。一般说来,环境救济包括两种方式,即行政救济和司法救济。当环境权益受到侵害后,完善的司法救济制度是公众维护自身权益的最后一道防线。面对政府行政不作为,公民应能提起行政复议或者是行政诉讼;面对企业侵犯公民环境权益,公民应能提起公益诉讼。但是,这些看似理所应当的维权行动却步履艰难,常常遭遇立案难、取证难的困境,最终胜诉的案例也屈指可数。于是,构建有效的环境救济机制,是公众环境权益的最后保障。

首先,为加大对环境污染和生态破坏的惩治力度,应当逐步扩大环境诉讼的主体范围,不应局限于现有的"有直接利害关系的公民、法人或组织",而应从直接受害者扩大到政府环境保护部门,扩大到具有专业资质的其他环保组织,再扩大到更广阔的公众主体,将公众日趋增长的环境权益要求纳入规范、有序的管理。真正要突破诉讼主体的问题,就要对《民事诉讼法》和《行政诉讼法》进行修改。诉讼主体问题直接影响到我国的环境公益诉讼能否得以顺利发展。环境公益诉讼不是为了个人或小群体的利益，而是为了社会公众的环境权益而起诉的案件。环境公益诉讼的原告一般是通过无利害关系的人或组织，对不履行环境保护法定职责的行政机关或者对污染者进行起诉。从某种意义上说，环境公益诉讼可能是公民环境权益得以专业化救济的一个重要发展道路，一方面大大降低了那些分散的、弱势的环境权受损个体主张环境权益的成本，另一方面也普遍加大了公众环境监督对政府与企业的压力。但是，对于投身于此类环境公益诉讼的社会组织，我们应尽可能改善其弱势地位，解决其取证难、诉讼费用高的实际困难，令其保持持续的救济热情，并培育其专业能力。

其次，应明确规定如不履行应尽环境信息公开义务的政府部门和机构应当承担何种法律责任。公民对环境行政不作为的部门，应该有权提起行政诉讼或行政复议。法律应细致规定政府部门无正当理由拒绝提供环境信息或提供不完整、不真实的环境信息，而令有环境知情权的主体遭受人身或财产损害，应该承担怎样的赔偿责任。在政府不履行或者不完全履行环境信息公开法律义务的情况出现后，公众可通过行政救济或司法救济的渠道实现环境知情权。在立法上如存在障碍，需要进行法理解释和制度创新。

[1] 奥尔森.集体行动的逻辑——公共物品与集团理论[M].格致出版社,2017.

[2] 埃莉诺·澳斯特罗姆,澳斯特罗姆,余逊达等.公共事物的治理之道:集体行动制度的演进[M].上海译文出版社,2012.

[3] 林卡,吕浩然.环境保护公众参与的国际经验[M].中国环境出版社,2015.

[4] 王佃利等.邻避困境:城市治理的挑战与转型[M].北京大学出版社,2017.

[5] 戴星翼.城市环境管理导论[M].上海人民出版社,2008.

[6] 张宏艳,刘平养.农村环境保护和发展的激励机制研究[M].经济管理出版社,2011.

思考与讨论

1. 焚烧秸秆是我国农民清理秋收后田地的普遍做法，这样做大幅加重了附近地区的空气污染。2015 年 10 月，环保部在整个北方地区通报了 376 起焚烧秸秆事件，多个省份发起了大规模的“禁烧”秸秆运动，包括经济处罚，甚至拘留焚烧者，但效果并不明显。“禁烧”运动效果不佳的主要原因是什么？为避免焚烧秸杆,除了依靠行政命令,还需要采取哪些辅助手段?

2. 某农村地区水污染问题严重,其中主要污染源之一是未经处理的农村生活污水排放。早期政府没钱管也没法管。近期政府引进社会资本,采用市场化的方式来治理,即:企业负责农村生活污水处理设施的设计、建设、运营和维护,政府每年支付一笔服务费。但是,在实施过程中发现问题依然很大,企业的施工队甚至没法进场,因为村民认为施工会对他们的道路、房屋等造成破坏。市场化的治理模式依然面临高成本、低效率的难题。请结合环境治理的不同机制,分析早期、近期两种农村生活污水处理模式不成功的原因,并思考如何解决农村生活污水治理的高成本、低效率问题。
3. 未来生活垃圾的收集方式是定时、定点、定类型收集。例如,日本的家庭会收到一份"垃圾日历",告知人们在某一天会收集某种垃圾。在我国实行同样的模式会遇到哪些困难?
4. 收集关于"河长制"的信息,思考老百姓在水环境保护中是否应该承担责任,以何种方式落实这种责任。
5. 政府在环保领域的公信力可以通过哪些措施来保障和完善?

第三篇

绿色经济

第九章 城镇化进程与生态环境保护

一、发展视野中的城镇化

1. 城市化的经济学本质

城市化(urbanization)也就是城镇化,在本教程这两者被认为是完全同义的。城镇化意味着随着一个国家或地区的发展,原先以农业为主的传统乡村社会向以工业和服务业等非农产业为主的现代城市社会转变的历史过程。

城市是人类活动的一种组织形式。城市区别于乡村的显著特征,既体现在城市拥有更高的社会分工和专业化水平,也反映在城市人的行为方式更趋向于组织化和制度化。城市化实际上是两个并行发生的过程:一个是人类在空间上的聚集引起分工和专业化不断深化的过程;另一个是人类的组织形式和制度体系不断完善提高的过程。前者有助于降低生产成本,后者有助于减少交易成本。也就是说,城市较高的经济活动效率导致人口和其他生产要素进一步集聚于城市,从而引发更为专业化的分工,由此导致一种互为促进的循环并推动城市的扩张。随着这种集聚进程,城市的内部关系会不断趋于复杂,并带来交易成本的上升。为遏制这一上升趋势,必须使市场组织更为有效,信息更为通畅,制度更为健康,以保障乃至提升城市的运行效率。

城市化是一个人口和产业从分散到集中的发展过程。传统的城市化研究都认为工业化与城市化具有高度的相关性。其理论依据在于工业企业能从城镇获取更多的利益,一方面是生产规模的扩大,另一方面是生产的集中和集聚,前者将带来工业规模经济效益,后者将产生工业集聚经济效益。所谓规模经济效益,是指当一个生产单位的规模扩大时,其长期平均成本下降,从而导致成本节约而产生的效益。集聚经济效益则是来源于经济活动在空间上的集中性;通过生产活动在空间距离上的彼此接近,实现资金周转、商品流通、劳动力培养、企业的技术创新、升级与竞争等方面都能够以较低的成本实现,从而获得效益。

其次,工业化过程之所以对城市化产生要求,在很大程度上是出于基础设施的规模效益。道路、通信、上下水道、垃圾处置和污染治理,都要求工业和居住有一定程度的集中。否则这些设施的投资会是无效的,而投资的无效本身又会抑制投资。例如,有的地区有所谓"走了一村又一村,村村像城镇;走了一镇又一镇,镇镇像农村"之说，从表面上看，这种经济繁荣而集镇建设落后的现象似乎是政府介入过少引起的，如不重视规划等，但根本问题还是投入不足。投入不足的原因虽然很多，但城镇规模过小而使基础设施难以产生规模效益的作用是一大因素。

城市的基础设施规模效益功能对环境保护极为重要，在废水和垃圾处置方面尤为如此。包括上海在内的太湖平原地区人口密集，散居在农村的人口往往也达到每平方公里千人左右。随着就地工业化和群众生活水平的提高，生活污染、农业污染和工业污染齐头并进。由于居住分散和居住点规模过小，诸如污水纳管和集中治理效率太低，使得有效治理很难实现。因此，在这些地区来自农村的上述污染几乎成了环境治理的最大困难。人们不难发现，这些地区的城市污染的治理相对进展较快。其中最重要的原因之一，就是城市的基础设施条件较好。

第三，从第三产业的发展考虑，也应该尽可能地推进城市化。城市化过程不仅仅是居住和生产场所的移动，更为重要的是生活方式的转变。工业化过程提高了人们的收入水平，但收入增量并不必然或同步地使生活质量提高。在传统的农村社区，人们将"生产"的概念局限于物品生产，而服务主体上是通过家庭的自我供给和邻里亲缘网络的互助提供的。在就地工业化方式下，当富起来的农民仍居住在传统农村社区时，其观念、行为和亲缘网络依旧，因而生活方式的转变非常缓慢。在这样的条件下，商业性服务业是很难成长起来的。只有在城市化之后，原有家族和邻里关系淡化，自给自足的生活方式才会随之转向对社会化服务的依赖，这时第三产业在国民经济所占的比重才会达到与国外类似的水平。

第三产业的发展总体上是有利于环境与自然资源保护的。这种生态效益来自各个方面。第三产业总体上以较小的投资、能耗和物耗创造较多的就业机会，进而有较强吸收剩余劳动力的能力。这对于提高城市的人口吸纳能力、缓解人口压力对国土系统的消极作用是有利的。第三产业以较低的能耗和物耗以及较少的污染创造较高的GDP，从而能显著降低单位经济增量的产污系数，直接有利于污染控制。至于其他对环境有利的方面，将在后面的章节中讨论。仅从以上两方面的环境利益，已经可以看到通过推进第三产业发展实现城市化的环境效益是巨大的。

2. 城市群

积聚和辐射是相辅相成的。一座城市集聚各类要素的能力越强，其服务于周边地区的能力也就越强，这座城市从这种服务中能够获得自己更大的发展机遇。反过来，一座城市服务(也就是辐射周边地区)的能力越强，其集聚各类生产要素的能力也就越强。集聚与服务因而互为促进。

城镇之间因这种集聚与服务的能力差异会导致分化。在一个较大的地区内，一群城市中会出现一座中心城市。在市场经济条件下，中心城市的市场是覆盖一个很大地区的资源配置中心，拥有高效的资本、土地、技术、劳动力等生产要素市场，有高效的与这些市场相关联的交通、仓储、金融、教育、科技、信息和其他服务业。周边城市利用中心城市的要素市场获取所需要的资源，相互竞争并分化，逐步形成功能上一体化的城市群。纽约、伦敦、东京和上海就是这样的中心城市。它们对内服务于一个庞大的城市群，使一个广阔地域中的资源配置趋于优化；对外则沟通世界经济，甚至起到世界范围内配置资源的作用。虽然层次较低的区域中心城市的积聚和辐射功能较弱，但作用的性质是类似的。

正因为如此，中心城市在可持续发展中的作用非但不会被削弱，还会进一步得到加强。这是因为可持续发展是承认环境与自然资源价值的发展模式，发展中的环境损失被要求从收益中扣除并用以对环境进行补偿。这样就要求可持续发展具有比传统发展更高的经济运行效率。在提高经济运行效率上，缺少中心城市是无法想象的。尤其可持续发展的最终实现必须是全球性的，于是就需要更强大的全球性经济中心。如果弱化中心城市功能，从理论上讲，会造成资源配置范围的割裂，并由此造成效率的损失。显而易见，效率上的损失意味着创造同样的人类福利需要较多的资源，因而对可持续发展是不利的。

如果一个城市群在世界经济格局中拥有较大影响，其中心城市就是当之无愧的国际大都市。任何一座国际大都市都以其整合和配置全球资源的能力而获得生存发展的空间。这一能力越强，国际大都市的地位也越稳固。大都市不必自己纺纱织布，而是要拥有影响全球纺织品市场的能力；没有必要自己去大炼钢铁，却有对全球钢铁市场的影响力。自己家里生产什么东西，然后拿到市场上叫卖，那是小农社会的集市经济思维，是不可能成为国际大都市的。

对于一座国际大都市来说，其成长需要一些客观条件，最主要的是两个方面：其一，它的周边有联系紧密而经济相对发达的腹地，有数量众多的城市群；其二，它与世界有着紧密的联系。在这两个条件中，前一个更为基础。诸如纽约、东京和伦敦这样的城市，都是周边城市群的经济中心，是整个城市群通向世界的门户。世界之所以视之为地位重要的国际级都市，是因为其背后的城市群的整体实力。

成为一个广大地区的城市群的中心，其环境质量和宜居性会成为最为重要的生产要素。昔日的"雾都"伦敦告别了重化工业，如今已成为世界宜居城市和最有竞争力的城市。优美的环境，对自身历史的尊重，独特而厚重的文化，高度发达的金融业，朝气蓬勃的创意产业，以及高质量的教育医疗和商业，使伦敦吸引了源源不断的世界各国精英。伦敦的经历表明，国际大都市的竞争力并不来自某些制造业。

类似的逻辑也存在于次一级的城市群。在我国腹地有许多省份，由于历史和山川阻隔的原因，往往形成以省会为中心城市的城市群格局。如果要使城市群在功能上一体化，中心城市就必须发挥其服务功能。

3. 城市化率

任何重要的社会经济现象都需要测度。城市化的基本测度指标是城市化率，一般采用人口统计学指标，即城镇人口占总人口的比重。

根据 2010 年 11 月 1 日零时为标准时点进行的第六次全国人口普查，在我国大陆 31 个省、自治区、直辖市和现役军人的人口中，居住在城镇的人口为 665 575 306 人，占 49.68%。同 2000 年第五次全国人口普查相比，城镇人口增加 207 137 093 人，乡村人口减少 133 237 289 人，城镇人口比重上升 13.46 个百分点。仅在 1 年以后，城市化率便上升至 51.27%，2013 年则上升至 53.37%。平均一年一个百分点的提升，意味着我国正处于城市化的高峰期。

但是，关于城市化率有两个问题需要注意。一是城市化率的含义是居住在城市化地区的人口占总人口的比重。什么是“城市化地区”，各国是自行定义的。在我国，“城市化地区”指的是凡列入城镇建设规划且城区建设已延伸到的乡镇、居委会及村委会，并已实现水、电、路“三通”的地区，包括中心城区、县(市、区)及建制镇，都纳入市镇人口计算。在美国则包括以下 6 种地区：①自治市(municipality)或者城市(city)，自治市指的是有一个市政机关来发挥诸如污水处理、犯罪控制和消防等功能的区域。②城市化地区(urbanized area)，至少包括一个大的中心城市(自治市)和人口密度超过 1 000 人/英亩的周边地区，一个城市化地区的总人口至少要达到 50 000 人。③大都市地区(metropolitan area)，包括一个拥有大量人口的核心城区和在经济意义上与这个核心城区结为一体的邻近社区，具体而言包括至少 50 000 人口的中心城区和一个城市化地区。④大都市联合统计区(CMSA)，当一个大都市地区的人口超过 100 万时，这个大都市地区将被划分成两个或更多个初级大都市联合统计区，该大都市地区就被称为大都市联合统计区。⑤大都市统计区(metropolitan statistics area)，是指达不到大都市联合统计区的要求的地区，其人口少于 100 万。⑥城镇(urban place)，是指在相对小的区域中至少有 2 500 人的地区。不难发现，中美两国在城镇人口的统计口径上存在较大差别。其他不说，仅中国存在大量超过 2 500 人的农村都没有计入城镇人口这一事实，就足以实质性地对城镇化率产生影响。

这就意味着城镇化率的国际比较未必真实可信。更重要的是，所谓城镇化率越高经济越发达的观点也是可疑的。例如，极为贫困的波多黎各城市化率为 98%，欠发达的瑙鲁和百慕大群岛城市化率达到 100%，而美国仅为 82%。德国、法国与古巴和秘鲁处于同一城镇化水平。当城市化率高于 50%时，几乎在每个城镇化水平都可以发现发达国家和发展中国家的身影。只有在城市化率低于 50%的区域，才是清一色的发展中国家。这一现象表明，虽然经济发展会带来城镇化水平的提高，但高城镇化率的国家并不一定是发达国家。由此可以得出的启示是，以提高城镇化水平来推动经济发展的路径也许不那么可靠。

4. 关于中国城市化率的争议

前面提到，我国近年来城镇化水平迅速提高。2011 年时已超过 50%，并以每年一个百分点的速度增加。也有观点认为，中国真实的城镇化水平尚不足 35%。其分歧在于如何看待进城务工的 2 亿多农民工，或者说城镇化的统计口径是依据户籍人口还是常住人口。如果依据前者，我国的城镇化率在 35%左右；如果依据后者，2014 年我国的城镇化率已经是 54.77%。

其实这两种统计都有其合理性。以常住人口为口径，其合理性在于至少在形式上我国已经承认农民工作为城市居民的地位，虽然尚不完善，但这已经是对长期以来存在的城乡二元结构的否定。改革开放后的 20 世纪 80 年代，官方和主流媒体对人口的大规模流动持疑虑乃至否定态度，"盲流"至少算得上半官方的称呼。到了 90 年代，东部发达地区逐步认识到农民工群体对城市的伟大贡献。进入 21 世纪后，沿海发达地区开始出现"民工荒"，表明我国"人口红利"将逐步走向终结，进城务工人口的重要性得到广泛承认。在此背景下，以常住人口为城市人口的基本统计口径意味着官方对进城务工人口具有城市居民地位的承认。

以户籍人口为城镇化率的统计口径，并非是对进城务工人口的否定，而是强调城镇化的不完整性。尤其是在让进城务工人口享受与户籍人口同等公共服务（包括医疗、教育和住房保障）的方面，我们的城市还远未做到。虽然各地情况不一，但农民工子女在就学方面受到种种限制是客观存在的，如小学的择校以及中考的户籍要求之类。在住房方面，很少有城市能够让农民工享受廉租房待遇，但贫困的农民工要在城市扎根，居住条件是最基本的要求。在国外，人们认为贫民窟可以作为进城人口的过渡，我国并不认可这一观点。但问题在于如何为进城人口提供低成本的居住条件，我们也没有拿出好的替代路径，因此导致各地群租、蚁族、违章搭建现象的蔓延。同时必须承认，绝大多数农民工在缺乏廉租房的条件下，其生活状况不能说是"有尊严"的。

由于上述因素，多数农民工只是将城市视为打工挣钱带回家的地方，因此将常住人口作为城镇化率的统计口径确有水分之嫌。另一方面，也有越来越多的人将所在城市作为长久居所，并有扎根的打算。对于相当部分的年轻人来说，即使他们并没有长期扎根于某座城市的打算，但更不打算回到农村。对于那些生于城市、长于城市的"农二代"来说，绝大多数已没有回到农村的可能。综合上述现象，也许可以认为，较为客观的城镇化率也许是在两种统计口径之间的某一点。

5. 土地的城镇化与人的城镇化

其实,“土地的城镇化”本来就是一种奇怪的提法。它之所以出现,是为了掩饰我国出现的城市建设泡沫,于是就有了“人的城镇化滞后于土地的城镇化”之说。

“土地的城镇化”之所以奇怪,是因为这种提法不科学。城镇化之所以必然,最重要的理由是其效率较高。在同样面积的土地上,城镇与乡村相比,可以承载较多的人口和其他生产要素。这就意味着随着城镇化的进程,人类的居住用地会趋于减少,而农业和自然用地(即荒地)会增加。同时,城镇化的土地利用方式存在巨大差别。紧凑的城镇化以较少的土地容纳较多的人口,与用地铺张的方式相比,占用的土地不可同日而语。因此,无论以何种方式,“土地的城镇化”在测度上都存在问题。如果以城乡建设用地总面积占国土的比重衡量,则该比重应随城镇化而下降。如果用城镇建成区面积占国土面积的比重来衡量“土地的城镇化”,也会产生可笑的结果。例如,城市化程度很高但又地广人稀的美国、加拿大和澳大利亚,其“土地城镇化”会远低于印度和孟加拉这样人口稠密的发展中国家。这也意味着即使新疆和西藏这样的省区城镇化程度再高,也不可能与人口稠密的河南和山东相比。

更重要的是,如果承认了土地城镇化是城镇化的指标,将会导致怎样的结果。我们是要承认过度占用土地的合理性吗?我们是要承认空城、鬼城只是“适当超前”吗?其实,之所以会出现“土地的城镇化”之说,正是为了替建设泡沫披上合理的外衣而已。

如果一个人从一座城市迁往另一座城市,其过程相对简单,主要涉及的通常只是就业和居住等。这种迁徙最主要的原因就是工作的变动、就学、家人团聚之类,较少涉及生活方式、生产方式乃至价值观。所以,这种迁移往往是完整的。

广义地说,城镇化虽然必将伴随空间的迁徙,但其内涵显然更为丰富。典型的情形是一个进城打工的年轻人在举目无亲的城市,他进城的唯一目标就是找一份收入较高的工作,至于未来他可能扎根于此,可能回到故乡,也可能漂泊到其他城市,这种想法是很多打工的年轻人都有的。在这种情形下,对于打工者来说,这座城市只是给他们带来收入的空间,而不是他们的家。“家”虽然是一种客观存在,但也是一种主观感受。年轻人需要从内心认同这座城市,也要求感受到这座城市对他的认同,因此在他初到这座城市之际,其个人的“城镇化”过程远不是完整的。

从经济学立场看,一个人进入某座城市,必定是权衡后的选择,权衡的是进入这座城市所需付出的成本和收益。如果后者高于前者,就是进入该城市的动力。当然,这样的选择还会在城市之间进行,无论是进入该城市之前还是之后,当发现另一座城市的净收益显著更高时,就会产生进一步选择的动机。而当他遇到很大挫折时,也可能会退回农村。也就是说,这时候的新移民从各个方面讲都是不稳定的。

随着时间的推移，这位新市民在越来越多的方面趋于稳定。他有了满意的工作，甚至有了值得为之奋斗的目标；有了较为稳定的居所，甚至已经或打算购房；有了朋友圈；在城市有了家庭，等等。这些环节如同根须般扎入土壤，促进新市民扎根这座城市，使其继续迁移的成本不断变高。如果这位新市民感到可以完全适应这座城市了，他还可能继续将家庭的其他成员带入城市。最后，他的孩子在城市长大，在城市就学，从小浸润于城市的生活方式。至此，这个家庭的迁移过程才算最终完成，因为他们再也回不去农村了。

无论是新中国成立以前人口向上海这样的新兴城市汇聚，还是改革开放后农村人口向城市集聚，人的城镇化都带有上述特点，是一个覆盖几年乃至几十年的时段，而非发生于一个时间点非此即彼的突变。那种以为通过政府大力推进就可以快速实现城镇化的想法很可能又是一种急躁症。

认真观察农村人口进入城市与经济发展的关系，可以识别出以下 5 个层面的城镇化结果。

一是城市建设。基础设施、公共服务设施、产业投资、住宅建设，由此形成的固定资产都直接转化为 GDP。正因为如此，在人们的直观感受中几乎将城市建设等同于城镇化，导致“土地的城镇化”之类的很容易制造建设泡沫的观念。但是，建设无论如何都是城镇化的第一层面。

二是就业机会的创造。如果不能创造足够的就业机会，再美丽的城市也是一堆泡沫，而缺乏吸引力。农村人口进入城市首先是奔着就业而来。除了投资者可以带来就业岗位、公共服务可以提供岗位外，一座城市还需要有很强的包容性，能够鼓励进城的农村人口创业和自主开业。

三是公共服务。不能将向进城人口提供均等化的公共服务视为公共财政的包袱。虽然地方政府会因向外来移民提供公共服务而支付财政资金，然而我们要注意到企业和个人也会因此有付出。公共服务体系的运行不仅消耗资源，也提供了大量就业机会、拉动了关联产业。均等化的公共服务还会促进新市民对城市的认同，因而是城镇化的关键环节。

四是生活方式的货币化。在农村社区，邻里亲缘是最基本的社会要素，生活所需要的许多服务都通过亲帮亲、邻帮邻的方式获得。农村人口进入城市后，随着原有亲缘邻里关系的切断和货币收入的增加，新市民越来越会通过购买来获得服务。这一过程就是生活的货币化，显然，由此会产生持久的对城市经济的贡献。

五是所谓的“第一代移民效应”。无论在什么地方，第一代移民总是最富有奋斗精神、最吃苦耐劳、最敢于创业的一批人。他们需要为自己的生存发展，为下一代的明天打拼。在很大程度上，第一代移民是一座城市的活力来源。

简而言之，我国当前对城镇化的推进有着较强的合理性，原因在于长期以来城镇化滞后于工业化，导致产业布局过于分散。另外，人口的集聚程度不够，也妨碍了服务业的成长。从环境保护的角度来看，这两者都是非常不利的。工业的分散有利于落后产能的生存，提高了政府环境监管和集中治理的成本。服务业比重过低，则使得我国整体经济的资源消耗较大、污染较重。

但是，推动城镇化又不能过于急功近利，特别是不能为了保增长而过度铺张城镇建设的摊子。由上面的讨论可知，人的城镇化可能会是一个较长的过程，而要完全释放出城镇化对经济的推力，还需要相应的制度建设和公共服务体系的完善。

6. 城市的宜居性

近年来宜居成为许多城市追逐的目标。城市的管理者不再简单地追求 GDP，而是在乎老百姓生活在这座城市的满意程度，这是一种进步。但什么是宜居性，又很难说清楚。为此，国内一些机构纷纷推出自己的评价指标体系，这些指标大致由经济、环境、社会、安全等方面构成。例如，2006 年建设部委托中国城市科学研究会编制的体系，就是由社会文明度、经济富裕度、环境优美度、资源承载度、生活便宜度、公共安全度 6 个方面构成。按一般的研究方法，类似的每个领域都会有细化的指标，并按指标或板块赋予权重，据此对相关城市评分，并形成排行榜。我国的一个特有现象是喜欢一哄而上，许多机构各自为政，都拿出自己的排行榜，其含金量随之贬值。我们真正应该感兴趣的，是对宜居性的理解。

首先，不能用问卷调查居民的满意度来判断城市的宜居性。满意度是一种很奇怪的东西，而且满意度过高和过低也许都不好，数学上把它叫做不具有向量性。满意度很低，固然可以认为是民怨沸腾；但满意度过高也许意味着这座城市过于传统保守，缺乏竞争和向上的动力，也未必是好事。没有对现状的不满，就不会有进步。世界上满意度最高的人民生活在汤加和不丹。我们也许会赞叹那里的人们是如何知足常乐，但不会有几个人愿意迁移到那里。

另一个问题是权重。不同的权重意味着指标之间有着重要性的差别。例如，在中国城市科学研究会体系中，环境指标被赋权 30%，而经济指标只有 10%，这说明编制者心中认为环境比经济更为重要，且前者是后者的 3 倍。无论是用什么办法确定这样的权重，其合理性都是值得怀疑的。当然，这不是说环境不重要，而是不应该用机械、呆板的方式来确定相关变量的权重，或者说合理确定权重有很大的困难。

我们可以援用效用函数的理念。当一个人饿着肚子的时候，一块面包的效用是很高的。如果他不断地吃面包，结果必然是后一块的效用低于前一块。当他完全饱了以后，也许温暖的被窝或者找朋友聊天之类的需求在其效用函数中会处于更为优先的地位。对于城市居民而言，宜居性也有类似的特点。在安全、公共服务、繁荣、环境等要素中谁更重要，会因城市不同或人群不同，优先性自然也不同。

边远贫困地区的人们告别清新的山间，来到空气混浊的城市打工，追求的是较高的收入，以使自己和家人的物质生活质量有所提高。对他们来说，环境显然是次要的。联合国为衡量针对贫困国家的援助效果而出台的生活质量指数由婴儿死亡率、平均预期寿命和成人识字率构成，对应的是营养、医疗和教育条件。他们来到城市打拼，图的是更好的营养和医疗条件，是为他们的孩子能够接受较好的教育。他们中的年轻人还会追求繁华、时尚和热闹。我们也许没有必要过度忧虑上海的环境质量，因为其人均预期寿命已经向 84 岁逼近。在另一个极端，对于生活较为富裕的居民来说，其生命财产安全是第一位的。有外国友人高度赞美上海，不为其他，其第一位的理由就是上海的女孩子半夜也可以放心地孤身外出。

总的来说，随着经济的发展和生活水平的提高，人们提高自身生活质量的追求会从物质消费转向精神文化消费，从数量消费转向质量追求，从私人消费转向公共服务追求，从户内消费转向户外消费。对环境的偏好也体现在这些转变中。

《经济学人》的 EIU 全球城市宜居性指标体系是国际上公认的权威体系，其指标的优先性排列为安全、医疗、文化娱乐、教育、基础设施。有意思的是，环境类指标包含于"文化娱乐"板块，但并无我国指标体系中常见的绿地比例或污水处理率之类，而是关心居民的健身运动、精神文化生活和饮食状况。按照该体系，2014 年位居前列的城市是维也纳、慕尼黑和奥克兰这样的城市，其共性是富裕、安宁、中产阶级占据人口主体、贫富差距较小、城市规模不大不小，具有美丽的自然风光、健全的社会保障、较厚重的文化积淀。这是后工业化阶段一种比较理想的状态。由此可见，不同发展阶段的国家也许应该使用不同的评判标准，过于教条的方式是没有意义的。

二、城镇化的效率与国土资源的优化配置

1. 城镇化的效率是环境友好的

能够为我国带来长远发展动力的内需，是人的发展带来的需求。"以人为本的发展"不是一句空话，其内涵包括提高民众的物质福利水平，以此为发展的终极目标。对于现代社会而言，其责任是让全体公民能够获得基本的教育、营养、医疗、社会保障和就业。以营养为例，社会需要满足人们普遍获得基本的营养条件。具体地说，就是有合理的热量摄入，有必要数量的必需氨基酸、维生素等营养物的摄入，因此在食物结构中有一定比例的动物性食品等。在一个贫困社会中，人民群众普遍达不到这样的营养需求，所以导致较高比例的儿童发育不良、疾病和过早衰老。

使民众普遍获得合理的营养条件，应该成为社会发展、政府需要努力的目标。在其他方面，原则上也是如此。发展的目标与政府的责任，必须是人民群众生存和发展的基本需求。基本的、非歧视的和全覆盖的医疗服务、养老保障、教育和培训机会以及体面的工作和创业机会，是社会目标和政府责任。

我国人口众多、资源禀赋较差，使包括农村人口在内的中低收入阶层能够获得基本但有质量的营养、居住、医疗、教育和技能训练十分重要。从宏观上看，这不仅是社会主义公平正义的要求，也是资源节约、环境友好、摆脱资源要素对我国发展的制约所必需的。其次，需要不断提高国民的人力资本，提升人们的知识和技能水平，并以不断提高的国民知识和技能水平获得更有效的资源认识、开发和利用，从而缓解资源与环境的约束。最后，通过完善的制度和政策体系激发全体国民的创业、创造和创新积极性，以此为发展的动力。

在这样的发展进程中，城市化应该在今后几十年始终处于最为重要的地位，是内需动力的主引擎。这里的城市化不能仅仅被理解为人口从农村向城市的迁移，而是一种更为全面和系统的过程。至少我国应该放弃自中央至乡村层层政府抓经济增长的固有模式，而是要以城市为经济发展的主战场，尽可能地使各类生产要素高度聚集于城市。提出这一要求的理由有很多，至少以下方面是必须提及的。

发展的根本目标就是将一个传统农业社会改变为一个工业化社会。之所以需要如此，是因为传统农业社会没有能力消除贫困，以及与此相关联的文盲、营养不良、疾病、过早死亡。传统农业是低效率的，那种田园诗式的早出晚归、自给自足的悠闲生活只存在于诗人的笔下。事实上，世界上没有哪个国家的传统农业能够给人民带来平静而富裕的生活。依托小农经济的一亩三分地，永远不可能实现现代化，我国也永远不可能解决“三农问题”。说到底，传统农业中人们可役使的能量太少。而大量增加人工能流的投入，必须使人们掌握的技能水平、生产组织、资源配置方式发生本质的改变，这就是工业化。

工业对农业、城市对农村，后者自然地处于弱势地位。如果这一地位不成立或不是必然，工业化也就没有必要性。我们承认工业化是传统农业社会的必由之路，其实就是承认了传统农业的弱势，这一道理在日常生活中随处可见。例如，工业的产能增长总是快于农业。粮食单产从 1 000 斤增加到 1 100 斤，需要花费极大的努力。而冰箱、彩电的产量增加 10%，主要的问题是市场需求，对生产商而言几乎不是问题。类似地，工业的技术创新活动相对更为普及、更为活跃，都是显而易见的事实。另外，这里与工业作比较的农业，已经是工业化的农业，也就是已经普遍采用机械化、人工能流投入和适用技术的农业。如果是传统农业，与工业更加没有可比性。

但是，我们不能将工业化简单地理解为办工厂。工业化是渗透于所有产业的过程，其基本属性包括人工能流的大量投入、不断深化的专业化分工、标准化和大规模的生产。需要注意的是，所有这些特点不仅存在于以制造业为主体的狭义的工业，其实也渗透于农业和服务业、渗透于私人和公共部门。所谓现代农业，本质上就是农业的工业化。现代社会中政府提供的公共服务，也是工业化的服务。反之，如果离开这些基本属性，至少工业化的质量是有问题的。我们很难认为，“村村点火，户户冒烟”的办工业方式，是一种健康的工业化方式。

工业化、城市化和现代化必须是并行的过程。唯有如此，我国面对的许多棘手问题才能在发展的进程中逐步得到解决。

承认了农村和农业的弱势，其实在很大程度上也就承认了工业化和城市化的正当性。一个传统农业社会要挥别贫穷、落后，这是唯一的道路。但是，不是任何工业化和城市化都是天然正当的。发展的目标、路径、动力不同，其结果会大相径庭。

社会上的贫困人群主要分布在农村。如果一种发展是健康的，是符合社会正义的，主要的受益人群应该是农村的贫困人群。当然，这里讲的不是一种简单的施与，不是让农民躺在家里等待天上掉下发展的种种好处。受益是在发展的过程中实现的，方式是多样的。大量农村人口转移为城市人口，从事工业和其他报酬较高的非农经济活动，享有城市提供的各种服务，就是其中的一种方式，而且是主要方式。由于城市和工业的效率较高，城市化和工业化的成果应该由农村分享，也就是政府通过转移支付方式补贴农村，这是另一种重要方式。农村通过农业自身的工业化得到发展，这是最后一种方式。由于农业的弱势性质，这也是不应该寄予过高期望的一种方式。也就是说，用工业化的方式发展农业，其根本目标是强化农业的基础地位。国家在现代化的过程中，虽然农业占 GDP 的比重会不断下降，但其基础地位是不容改变的，而且必须得以强化。但是，这并不意味着传统农民的发展能够通过农业得以实现。“城市反哺农村”的本质是城市经济的自我加强，农村群众的发展最终需要通过城市化才能实现。

根据发展的定义，发展其实是一种传统农业社会向现代工业社会转变的过程。严格地说，增长只是其表象，内在的则是人的进步、社会的转型、生活和生产方式的转变。看不到这一点，发展就会成为洋务运动。清末的大人们只看到人家的船坚炮利，看不到制度、市场、教育和国民技能水平的差别，所以失败了。“二战”以后许多新兴国家在工业化道路上失败，其根本原因也在于此。相反，我们看到“二战”后德国和日本在废墟上迅速恢复，以色列在长期的战争环境中、在一片干旱的土地上建成一个发达国家。所以，发展远不是如它表面那么简单，远不是依靠卖几块地、引进几个项目就能够实现的。

实现人的进步是艰难的，推动数亿人的进步更是前所未有的伟大事业。这里讲的进步指的是两个方面。一是人力资本的普遍积累。在发展过程中，随着大量人口尤其是年轻人进入城市，进入工业、商业和服务业，必须让他们享有充分的接受技能训练的机会，由此获得报酬较高的工作，在城市过一种较有尊严的生活。二是让农民转变为公民，意味着其能够共享社会的公共物品；能够平等地参与规则的制定过程和公共事务的决策过程；能够学会并适应依据确定的规则，与他人谈判、妥协、宽容、合作。

综合上述讨论，发展的某些重要难点会显露出来。如何推动一个社会的人力资本积累，应该说这是政府必须承担的责任。正如贝克尔指出的那样，在一个发达的、中产阶级占人口主体的社会，人们可以依据自己的偏好和对未来的预期确定自己的人力投资策略。但在我们讨论的发展中社会，穷人尤其是农村大众通常缺乏这样的能力。但是，如果农村人口的人力资本水平得不到普遍的提高，这种状况反过来会阻碍发展。于是，对农村大众的普遍的人力投资就成为一种公共物品，而且是基础性的公共物品，政府必须负责。否则，会出现的情况是经济发展会过度依赖廉价的简单劳动力，经济质量的提升会变得困难重重；由于劳动力的廉价，人们不可能有效地对自己进行人力资本的投资。不难发现这是一种恶性循环。

对我国而言，推动系统的和真实的城市化，至少在以下 4 个方面有着重大意义。

第一，是在发展的效率上。与农村相比，城市有着更高的效率，中心城市有着更高的效率。如果弱化中心城市功能，从理论上讲会造成资源配置范围的割裂，并由此造成效率的损失。显而易见，效率上的损失意味着创造同样的人类福利需要较多的资源，因而对可持续发展是不利的。推动城市化，能够使农民群众从根本上摆脱贫困；反之，国家在反贫困上的投入也会更有效率。由于城市化带来的效率提高，国家也会更有能力投入于农村，增强城市反哺的力度。

第二，工业化过程之所以对城市化产生要求，在很大程度上是出于基础设施的规模效益。道路、通信、上下水道、垃圾处置和污染治理，都要求工业和居住有一定程度的集中。否则这些设施的投资会是无效的，而投资的无效本身又会抑制投资。之所以农村简单仿效城市的基础设施不可行，原因就在于此。小城镇之所以难以拥有中心城市的基础设施水平，也出于同样原因。

城市的基础设施规模效益功能对环境保护极为重要，在废水和垃圾处置方面尤为如此。包括上海在内的太湖平原地区人口密集，散居在农村的人口往往也达到每平方公里千人左右。随着就地工业化和群众生活水平的提高，生活污染、农业污染和工业污染齐头并进。由于居住分散和居住点规模过小，诸如污水纳管和集中治理效率太低，使得有效治理变得不可能。因此在这些地区，来自农村的上述污染几乎成为环境治理最大的困难。人们不难发现，这些地区城市污染的治理相对进展较快，其中最重要的原因之一就是城市的基础设施条件较好。

广义的基础设施包括医疗、教育、文化和体育方面的公共设施。它们向广大市民提供的公共服务，是散居于农村的群众不可能获得的。任何国家都不可能在广大农村按照城市乃至中心城市的标准配备这些公共设施，效率上不允许这样做。但是，从社会主义公平正义的原则出发，给予农村群众以城市化的公共服务又应该是我们这个社会为之奋斗的重大目标。这一效率与公平之间的矛盾，只能通过城市化来消除。

第三，从第三产业的发展考虑，也应该尽可能地推进城市化。城市化过程不仅仅是居住和生产场所的移动，更为重要的是生活方式的转变。工业化过程提高了人们的收入水平，但收入增量并不必然或同步地使生活质量提高。在传统的农村社区，人们将“生产”的概念局限于物品生产，而服务主体上是通过家庭的自我供给和邻里亲缘网络的互助提供的。在就地工业化方式下，当富起来的农民仍居住在传统农村社区时，其观念、行为和亲缘网络依旧，因而生活方式的转变非常缓慢。在这样的条件下，商业性服务业是很难成长起来的。只有在城市化之后，原有家族和邻里关系淡化，自给自足的生活方式才会随之转向对社会化服务的依赖，这时第三产业在国民经济所占的比重才会达到与国外类似的水平。

第三产业的发展总体上是有利于环境与自然资源保护的，这种生态效益来自各个方面。第三产业在总体上以较小的投资、能耗和物耗创造较多的就业机会，进而有较强吸收剩余劳动力的能力，这对于提高城市的人口吸纳能力、缓解人口压力对国土系统的消极作用是有利的。第三产业以较低的能耗和物耗，以及较少的污染创造较大的GDP，从而能显著降低单位经济增量的产污系数，直接有利于污染控制。至于其他对环境有利的方面，将在后面的章节中讨论。仅仅从以上两个方面的环境利益，已经可以看到城市化通过推进第三产业发展实现的环境效益是巨大的。

第四，从政府的控制力考虑，大大小小城市、城镇是不同层次的政府统治中心，这一事实说明在城市管理体系的效率较高，可以认为，城市化程度越低，农村居民越分散，政府统治的边际成本越高，其资源统合能力越低。这一矛盾在发展水平低的时候并不突出，因为在传统小农社会，人们的生产和生活对公共物品的要求也很低。但随着人民生活质量的上升，群众对公共物品和社会化服务，如公共设施、基础设施、环境质量、教育文化和户外娱乐条件的要求会越来越高，这时负责公共物品供给的政府如果在税收和公共管理等方面能力不强，矛盾就会凸显。

简而言之，城镇化对于进一步提高人民尤其是贫困人口的福利水平，对于为人民创造更多的就业机会，对于让人们享受更高质量的教育与医疗服务，对于更有效地配置社会资源，都有着重要的意义。这种集聚造成的效率是环境友好的。其表现在于，在缺乏城镇化过程的条件下实现上述目标，肯定需要更多的资源。

中央关于生态文明建设的阐述中有“两个更多”的要求，也就是“给自然留下更多修复空间，给农业留下更多良田”。“更多”是一种含有量的要求。国土面积是固定的，耕地要更多，包括林地、草原、荒漠和湿地的自然用地也要更多，逻辑上其他用途的土地就应该减少。这里的其他用地主要就是城乡各类建设用地。于是，耕地和自然用地做加法，建设用地做减法，这可能吗？

答案是肯定的。原因就在于城镇化。既然城市相对于农村是高效率的，也就应该是节约土地的。在城市化进程中，我国存在的与土地相关的问题主要是大量农业用地的不断流失。这种流失非但严重，而且被认为是天经地义。这种观点是站不住脚的。自改革开放以来，人口向城镇的流动始终没有停止过。大量农村出现空心化现象。一些地区根据山区农户的意愿，多年来将一些山村整体迁出，原先的村落转变为自然用地。所有这些现象表明，城镇化正在重构我国的土地利用格局。

人类与资源环境缓解的基本出路正是城市化。为了保护土地和自然生态，保护生物多样性，人类必须将自己最大限度地集中起来。从根本上讲，自然保护就是要解决人类过度挤占野生生物生存空间的问题。将尽可能多的国土从人类经济活动范围划出去，不允许人口进入。要实现这一点，城市化是唯一的出路。从生态上，城市化是对人的限制，是一种反向的自然保护过程。一般而言，城市在土地使用上比农村有效，大城市比小城镇有效。所以，各种逆城市化的或主张发展小城镇的思路，至少从土地和生态保护的角度是不合理的。

其次，城市化对缓解人口、资源和环境关系的益处来自城市经济活动相对于农村的高效率。城市相对农村的高效是无须论证的经济学常识，而高效则意味着养活同样的人口，或提高人们的福利水平，需要的自然资源较少。如果在遏制城市化过程的情况下实现经济发展，我们的环境代价不会是较小而是更大，这些年我国农村地区普遍的环境污染、土地大量流失和生态退化的事实已经证明了这一点。城市经济的高效率还意味着在经济发展的成果中有可能有较大的蛋糕切给环境与生态保护，也有较大的蛋糕切给教育和科研，所有这些都是有利于可持续发展的。

在空间上，城市的紧凑性导致大量土地被释放。乡村的居住和分散的非农产业活动是过度占据土地的。随着人口和其他生产要素向城市集聚，这些被占据的土地至少可以部分地回归于农业，甚至回归于自然，也就是荒地。各发达国家基本上都经历了这一过程。韩国和日本由于工业化和城市化的同步，其耕地在城市化过程中是增加的，日本甚至出现了部分耕地弃耕抛荒为自然用地的现象。类似地，在最近几十年中，美国“荒地”的面积是增长的。

从理论上，城镇化是节约土地的。但是，如何将其中的潜力充分释放出来，还有待于相应的制度建设。无论如何,城镇化不应该只是一个占用土地的过程,同时应该释放更多的土地。这种释放也不应该只是数量上的农田和自然用地的增长,还必须伴随空间格局的优化。

各发达国家在其城市化进程中,都能不断加大在国土资源整治、农业、村落建设和自然保护等领域的投入。在工业化过程中受到破坏的生态系统得到有效的修复。农村整体上变得更加环境优美,基础设施健全。城市化的结果,不是消灭农村,而是产生了更广大、更富裕美丽的农村。换言之,发达国家优美的景观,浓郁的传统文化氛围,是城市化过程中不断对农村投入和保护的结果。各国的经历也表明,在城市化全过程中始终注重农村的整治和建设,这既是可行的,也是必须的。20 世纪 70 年代初日本开展"日本列岛改造计划"时的人均 GDP 水平大致在 3 000 美元。我们并没有理由拖延此类计划。

美好的农村会使城市更加美好。各发达国家大城市周边的农村基本上是城市居民的精神家园,甚至大量吸收远方的游客;郊野的森林和湿地为城市提供涵养水源和净化环境的服务;农业因基础设施健全和科学技术的普及而变得环境友好,生活污染和农业面源污染得到有效的控制。这样,城市生存于高质量的环境,生存于大自然的怀抱之中,享受着高水平的生态服务,宜居性因此得到显著改善。这种城乡关系,是值得我们为之努力的。

在更宏观的视野中,城镇化可以大幅度减少生态敏感地区的人口经济压力。典型的有生态严重退化的草原、荒漠和半荒漠地区,西南的石漠化地区和高山峡谷区,河流的上游山区等。对于这些地区,只需要将人口密度降到足够低的水平,退化的生态系统就会得到有效的修复。

2. 紧凑城市

但是,并非任何城镇化方式都具有环境友好的作用。一般而言,如果城镇化过程中发生了引人关注的浪费和资源错置,则一定会引发某种生态或环境后果。

以绿化为例,城市绿地越多越好的想法就是荒谬的。绿地不等于生态,更不是"碳汇"。其建设需要占用我国已经极为短缺的农田,加重我国本已严重的石油农业趋势。其维护保养则是高成本的、高耗能的,与低碳风马牛不相及。绿地之所以必要,唯一的理由是市民需要,是一种公共的消费品。大妈需要跳广场舞的场地,孩子需要放学后踢球的草坪,老人需要饭后散步的花径,如此而已。正因为如此,绿地必须做到以人为本。但我们的城市绿地建设在一些方面很难说是以人为本的,许多时候反而像是在满足某种考核所需。

纵观我国的诸多新城、新区,存在两个相当普遍的问题。其一是漫长的成熟期。新城规模越大,距主城区越远,所需成熟期越长,由此造成的问题很多。例如,所谓的空城和鬼城现象，新城人气散淡，导致商业服务业难以进入，由此又阻碍居民的进入，形成恶性循环。又如，空城现象不仅意味着土地资源的浪费，还意味着消耗大量能源和材料建设起来的城市，在相当长时期内只是日晒雨淋，其使用寿命中的很大部分是闲置或浪费的。其二是产城融合问题。现实中绝大多数新城缺乏产业支撑。实践证明，用诸如在新城边上布局一个工业园区之类的办法无助于增加其就业机会。道理很简单，购房者一般不会是工厂流水线上打工的群体，而是就业于主城区的庞大白领群体。

特别要指出，规划界经常批判城市“蔓延式”的增长，但我国似乎将“蔓延”理解为主城区“摊大饼”，即同心圆方式的扩张。这是一种误解或扭曲。因为“蔓延”的对应乃是“紧凑”。这就意味着联合国人居组织等反对的蔓延，是低密度、低效率的城市土地利用。以此观察我国的城市，其主城区的扩张未必是“蔓延”，但低密度的工业园区、新城、新镇、大居到处都是，是真正的蔓延。

总之，营造新城未必能解决主城区面对的挑战，还会造成新的问题，其最大的缺陷就是过于涣散、密度过低。城市的紧凑性是必须要坚持的。密度过低的建成区会降低市政基础设施的效率、浪费土地，更重要的是，由此会导致城市缺乏人气，进而损失商业和服务业的发展机会和就业机会。在新城建设的过程中，可以通过两种途径增强其紧凑性：一是注意依托老城向外拓展；二是在无老城可依托的条件下，以规划中的商业中心为核心，逐步向外发展。需要尽可能避免那种天外飞仙式的项目开发，因为那种孤零零的项目很容易导致商业和服务配套因人气不足而不愿进入，居民则因商业和配套不足而不愿进入，形成两者相互拖累的尴尬局面。

在讨论紧凑城市的时候，不可避免会涉及与之对应的城市理念，其中最为熟知的当属田园城市和花园城市。这两个概念都是由空想社会主义者罗伯特·欧文(Robert Owen)提出的，由社会学家霍华德明确化。对于田园城市，霍华德在其著作《明日，一条通向真正改革的和平道路》中认为，田园城市应该是一种兼有城市和乡村优点的理想城市，是城和乡的结合体。无论何种设想，霍华德都反对大城市，认为田园城市是为健康、生活和产业而设计，其规模足以提供丰富的社会生活，但不应超过这一程度；其四周要有永久性农业地带围绕。他特别强调城市的土地应该公有。

从欧文到霍华德，不难发现与其说他们关注的是城市问题，还不如说是社会问题。19世纪欧洲资本主义的城市之黑暗、肮脏、贫困和污染，是现代人难以想象的。欧文们设想的田园城市或花园城市，并非无的放矢，而是在批判原始野蛮的资本主义的基础上，为人类寻求未来的一种尝试。在他们设想的情景中，城市是一种较为大型的人类社区，而且其分配是平均主义的，生产和消费是相对封闭的，剥削和压迫被极大地限制，诸如此类，带有强烈的空想社会主义的色彩。

在实践中，理想国式的田园城市和花园城市难以成为现实。经济发展要求具有大区域的、国家的乃至世界的经济中心，于是大城市、巨型城市、城市群就不可避免。霍华德设想的花园小镇虽然在形态上也许会在少数地方变成现实，但其设想的运行机制却只能停留在空想状态。随着时间的流逝，田园城市演绎为对城市与乡村关系的重视，而花园城市则变成对城市绿化的重视。

即便如此，争论依然存在。与之对应，最主要的就是紧凑城市理论，最为权威的紧凑城市主张者是欧盟。欧共体委员会(CEC)于1990年发布《城市环境绿皮书》，认为紧凑城市是符合可持续发展要求的。其优点在于对乡村的保护，出行较少依靠小汽车、减少能源的消耗，支持公共交通和步行、自行车出行，对公共服务设施有更好的可及性，对市政设施和基础设施供给的有效利用、城市中心的重生和复兴、创造更多的就业机会，等等。自此，紧凑城市成为城市发展的主流理论。

3. 城市扩张导致的环境影响

任何较大的城市都有一个由小到大的过程。传统社会的典型城市，都是一个地区统治者的权力中心，然后加上必要的商业和手工业。如中国传统的县城，大致就是由一座县衙和一至两条商业较为繁荣的大街为核心构成。由于工业化的推动，人口和其他生产要素开始集聚，城市开始扩大。不难发现，当城市扩张至一定规模时，旧城原先的核心功能就会显得不适应。旧大街过于狭窄，县衙则成为城区中心的梗阻，我们称之为发生了“拥挤”。

这里可以给拥挤下一个定义：一种非竞争性使用的设施或空间，随着使用者的不断进入，会达到某个临界点。在该临界点之前，一个新进入者对该空间的使用不会影响到其他使用者的效率；在该临界点之后，每一个进入者都会使其他使用者产生效率损失。可以想象车辆通过一座大桥的情形。假定大桥上有500辆车是临界点，此时每辆车通过的时间为1分钟。第501辆车进入时拥挤产生，使每辆车通过大桥的时间延长了1秒。虽然对于这辆车而言只是损失了1秒，但全体车辆损失的总和就是501秒。这也就是拥挤的经济学含义，新进入者导致全体使用者的效率损失。

由此可见，拥挤与人口密度大是正相关的，但并不是一回事儿。当某些区域或设施发生拥挤后，通过完善管理和对相关区域进行改造，可以缓解乃至消除拥挤都是可能的。常见的管理手段有收费、管制、配额之类，但根本措施还是对旧城进行改造，如拓宽道路、利用地下空间、修建高架道路等。

中心城区的改造成本很大。更有可能出现的状况是，随着城市进一步扩大，原先改造过的城市中心又会面对新一轮的改造，且成本进一步上升。对此，许多城市会通过建设新的城市中心或分中心来加以避免。但矛盾之处在于：如果相关策略是不成功的，后果是资源错置；如果是成功的，则城市扩张会围绕新的中心展开，于是会导致新的拥挤和城市改造。

在城市化进程中完全避免这一类问题是很困难的。当前我国正处于快速的城镇化阶段，这种拥挤与改造的螺旋也就更容易发生。要避免过大的城市改造成本，首要的还是合理的城市定位。一座城市没有必要"十项全能"，非得要做政治、经济、文化、金融、航运等所有功能的中心。例如，对上海这样的大都市，迄今还保留着相当规模的重化工业和劳动密集型制造业，与纽约和伦敦之类的国际大都市相比，这样的经济结构就显得与众不同，同时也是其成为人口达到 2 400 万规模的重要原因。

拥挤导致的损失是多方面的。从经济方面来看，拥挤导致各种效率损失。假定因为交通拥堵，一座拥有数百万上班族的城市每人的通勤时间损失 10 分钟，合计的人力资本损失足以骇人听闻。当然这种损失并不仅仅体现在通勤时间，而是从所有相关的细节上削弱城市的竞争力。从环境领域来看，拥挤直接导致机动车污染加重。然而，旧城改造则会消耗大量的能源和其他资源。

在一般情况下，高耗能、高排放企业会布局于与商业区和居民区间隔足够距离的地点。但在城市快速扩张的情况下，新城区很难避免逼近、紧邻乃至包围老工业区，并导致工业区尤其是污染企业与商业区和居民区发生冲突的结果。更有甚者，在某些情况下出于短期利益，城市规划甚至会助长这种冲突。例如，为动迁安置和保障房安排土地，规划者可能会选在那些地价尽可能便宜的地区，而这些地区往往存在不能被居民接受的种种问题，如在垃圾填埋场、垃圾中转站或污染企业的附近。

一旦出现这种功能冲突的现象，原有的工业区或相关设施就会面临动迁、转型和改造。有的工业区转型相对容易。例如，上海的市北工业区因其区位优越而完全融入主城区，成为服务业集聚区。但在许多时候，这种转型会遇到困难。较为典型的是那些投产时间不长的企业或资本密集型重化企业。可以设想一家开办不足 10 年的企业，其土地批租年限是 30 年乃至 50 年，现在居民区将其包围，而且居民对这家企业有种种不满，于是就会发生矛盾，或因其噪声，或因其气味。即便企业在环保方面都是达标的，"厂群矛盾"依然不可避免。例如，某涉铅企业的遭遇便是如此，从技术工艺水平来讲，该企业是世界一流的，日常运行也非常重视环保，但随着其邻近区域居民区的扩张，该企业最终不得不停产。

城市扩张还容易造成城中村问题。城中村形成的原因是决策的急功近利。城市建设用地的征地成本存在巨大差异。即便在同一地点，耕地的征用成本显然较低，而农宅的动迁成本很高。于是，地方当局有足够的动机征用耕地而回避村落的动迁，从而形成了城中村。村落被城市包围后，会从 3 个方面造成环境问题：一是基础设施落后，尤其是排水系统不完善，很容易造成污染。二是城中村通常是外来人口高度密集的聚居地。发达地区的城中村农宅甚至有一户租房者达数百口的，一个村落中的人口可以达到数万。在此基础上，又会进一步形成为外来人口服务的餐饮等行业，从而进一步加大区域的环境负荷，"脏乱差"甚至可到污水横流、垃圾遍地的程度。三是原先的乡镇企业用地被不合理改变用途使用，包括分割出租给小加工点和货物堆场、转变为外来人口居住，而且通常会伴随违章搭建。综合上述因素，城中村会成为城市环境治理难度最大的区域。

三、农村空心化与镇村体系重构

1. 农村的空心化

城镇化与农村的空心化是一体两面。我国正处于高速的城镇化阶段，也意味着正处于高速的农村空心化阶段。2014 年，全国农民工总量为 2.74 亿人，这就意味着有同样数量的人口离开了农村。此外，改革开放以来农村人口以其他路径（如读大学和征地动迁等）进入城市，表现于户籍的城镇化，使我国城镇人口从改革开放之初的 18%提升到了 2014 年的 53%。其中，约 18 个百分点由非户籍的打工人口所贡献，余下超过 17 个百分点则是这一时期户籍人口的增量。两者相加可知，改革开放后通过各种途径自农村进入城市的人口累积估计为 5 亿人左右，也就是农村人口少了 5 亿人。

农村的空心化不仅表现在人口的减少，还反映在其他 3 个方面。

其一，进入城市的农村人口以青壮年为主，由此导致人口的老龄化以及劳动力年龄偏大。随着劳动力价格的上升，劳动生产率较低的农业出现了劳动力短缺，也就是谁来种田的问题。其中的含义并非只是传统农业的延续，更意味着农业的产业升级使命由谁来承担。

其二，村落人口不足损害农村的经济活力，导致诸多商业和服务业难以存在。同时，空心化也导致农村公共服务设施的效率下降。尤其是教育、医疗和文化服务点由于服务人口不足会出现严重的能力闲置，由此又阻碍了公共服务质量的提高。我们可以想象一下，一所拥有 1 000 名学生、一所 100 名学生和一所因为高度空心化只余下 10 名学生的小学，提高教学质量的成本差距有多大。

其三，由农村空心化引发的土地问题。土地问题头绪繁杂。首先是农业用地，包括耕地、林地、草场、滩涂和养殖水面，其制度安排已经与农村的空心化趋势产生矛盾。其次是偏远地区废弃的村落和闲置的宅基地未能优化配置。最后是原先集体的经营性建设用地随着农村的空心化，会产生闲置和用途不当的问题。

城镇化导致农村的空心化是历史的必然，正如前面所讨论的，与其说是农村空心化引起的“问题”或负面效应，还不如说理念、制度和政策体系尚不能适应空心化这一历史趋势。客观地说，如果能够合理应对空心化带来的挑战，我国的农业会因此产生生产力的大幅度进步，农村经济能够更好地与城市经济相融合并使农民因此受益，农村污染能够得到有效控制，国家的生态空间能够有效拓展。

2. 重构镇村体系与拓展生态空间

前面已经指出，农村空心化一个重要的副作用是导致农村经济活力不足，某些商业服务业难以生存，以及公共服务效率下降。针对这些问题，基本的出路就是重构农村镇村体系。传统上分散的聚落在此过程中被集中为较大的村镇，因人口大量外出而严重空心化的村落也应该加以合并。需要注意的是，农村空心化后的村落合并在日本和韩国已经大规模发生。由于东亚这几个国家城镇化过程都很快，导致农村空心化更为明显，给社会经济生活带来的冲击更强，因此相关国家也更为重视并村或新村建设。

重构镇村体系并非单纯的并村，而是要依据空心化背景下农村社会经济的发展需求，从公共服务、经济发展、可持续农业和生态保护等多重目标出发，构建新农村。首先是提高公共服务的有效性。农村的公共服务可以分为生产性、生活性和环境保护类。这里主要考虑生活领域的公共设施。在过去几十年，尤其是中央推动新农村建设之后，各级政府对农村公共服务的投入很大，但受到空心化的影响，其中的相当部分效率并不高。例如，如果居住很分散，老年文化活动设施的利用率会很低；医疗点的服务半径会过远，导致患者获得服务的时间增加，甚至会延误病情，而进一步分散医疗点又会导致服务质量下降；学校的情况也类似，学生数量的下降会使教育投入难以合理决策。所以，镇村体系重构的一个至关重要的原则，应该是农村聚落的人口规模能够让公共服务设施具有应有的效率。

虽然地区之间会有差异，但时至今日，农村人口对更高质量的公共服务的渴求已是所有地区的共性。这里之所以强调镇村体系，重点还是与公共服务体系的匹配。在一片农村地区，常规的情况是一个镇周边分布几个村。未来的镇村体系基本上也是这种中心村周边分布若干具有较大规模的村落的格局。但是，在规划布局的时候，公共服务的有效性应该是思考的重点。以医疗为例，老年患者需要的常规医疗考虑在村一级配置，于是村医疗点的医务人员规模与村落人口就需要匹配。农村急病患者需要的急救服务或救护车服务应该在求助后多少时间抵达，于是就决定了中心镇与周边村落的关系。

从生态保护角度看，镇村体系的重构过程需要与地区生态服务体系的建设相整合。在一个县域或更大的范围内，生态服务体系可能包括这样 3 种类型：一是不同级别的自然保护区、国家森林公园、国家地质公园等自然遗产；二是水源保护区或涵养区；三是环绕城市的乡野，其河流、田野、村落、湿地和山林之类如果能够被合理规划与管理，就能够向城市提供良好的净化、景观和休闲娱乐服务。

从空间格局来看，建设高质量的生态服务体系，需要人口的集中。在我国，各类保护区内的人口密度依然过大，甚至在某些自然保护区的核心区，也存在相当强度的农村经济活动，保护目标的落实相当困难。因此，有必要结合镇村体系的建设，将这些不适合发展经济的地区人口迁移出来，集中于中心镇或中心村。以此为群众创造更好的发展条件，使之享受更完善的公共服务，也有效降低各类保护区的人口经济压力。

至于环绕城市的集净化、景观和休闲娱乐功能的城市生态服务体系，也需要人口的集中，同时要求与生态服务目标相悖的经济活动退出。其中包括“散、小、低”的乡村工业，以及被这些工业吸引而集聚的打工人口。种养殖业需要全面转向环境友好，并需要服从乡野景观整体优化的要求。在此基础上，推动环城市的农村地区实现发展方式的转型。简单地说，一是响应城市居民对农产品质量的诉求，推动农业从传统的产量经济向质量经济转型；二是注重第一产业向第三产业的延伸，将城市周围农村地区转变为城市居民的精神家园，以美丽乡野为依托，提供休闲娱乐、体验教育直至居住、工作、会议等各种服务。为此，在新村建设过程中，应重视乡村传统文化的保护和传承，努力避免简单模仿城市居民小区。注重乡村民居的个性化和多样化，吸收和提炼传统民居的风格要素。

3. 土地资源与生态空间的保护与扩大

前面已经指出，城镇化最重要的理由是其效率较高，当然也包括其土地利用效率较高。既然如此，城镇化应该是节约土地的。但在实践中问题会复杂得多。例如，在我国城镇化和工业化进程中耕地是持续减少的。又如，在一般情况下城市占据的都是优质土地，区位优良，土质肥沃。因此，城镇建设会带来土地自然生产力的损失。由此看来，城镇化过程并不会自动地节约土地。要释放其产生的土地潜力，需要制度的创新与完善。

农村的土地资源按用途可以分为3类：一是农业用地，包括耕地、草场、经济林地、养殖水面和滩涂；二是自然用地，包括自然林、荒山、荒滩、荒漠等；三是农村集体建设用地，主要包括乡村工业用地和农民的宅基地。所谓释放城镇化的土地潜力，就是增加农业用地和自然用地，而减少集体建设用地。理论上，在减少的这些建设用地中，部分用来满足城市建设的需要，还有部分会被放归农业和自然，其必然性就在于城镇化的效率。中央关于生态文明建设的要求中，特别强调要为自然修复留下更大的空间，为子孙留下更多的耕地，其可能性和必然性就在于此。

我国一些年来耕地资源下降，直接的原因是城市建设对土地的需求。这些需求有合理的，也有不合理的。后者主要指建设泡沫和低效率的工业用地。但是，土地资源净消耗的根本原因，是我国缺乏将闲置的农村建设用地回归农业和自然的制度。此前，我国保护耕地采取两种主要措施：一是依靠政府主导的土地整理项目，将工矿废弃土地和某些适合于农业开发的荒地开发为耕地；二是依靠审批制度控制耕地的征用。前者的潜力与耕地的减少速度相比是微不足道的。而审批制度无论多么严格，也只能延缓耕地减少的速度，而不可能逆转这一趋势。事实证明，耕地的减少速度出乎人们的意料。1996 年，中国的耕地数量还维持在 19.51 亿亩，到 2006 年 10 月 31 日，中国的耕地面积仅为 18.27 亿亩，10 年间中国的耕地少了 1.24 亿亩。基于耕地保护面对的严峻形势，中央于 2006 年明确了 18 亿亩耕地红线的保护目标。而全面推行土地增减挂钩制度，是保障耕地红线的主要措施。

土地增减挂钩，即城镇建设用地增加与农村建设用地减少相挂钩。依据土地利用总体规划，将拟整理复垦为耕地的农村建设用地地块和拟用于城镇建设的地块等面积共同组成建新拆旧项目区，通过建新拆旧和土地整理复垦等措施，实现耕地有效面积不减少的目标。在实践中，这种“建新拆旧项目区”的可行性不大，理由是建设项目集中的区域可供拆旧的地块通常是不足的。两者不可能在同一区域内实现平衡。于是，增减挂钩必然会跨区域开展。所谓跨区域，可以是跨乡镇和跨区县。

土地整理的对象，除了各类废弃的建设用地外，主要是推动农村居民集中居住或闲置宅基地的流转。我国农村宅基地的总量大致是 2.5 亿亩，如果按照一人一分地的标准，可以装得下 25 亿人。显然，超标准占用的现象十分普遍。另一方面，农村又在经历严重的空心化过程。两者的合并意味着存在大量闲置、浪费的土地资源。盘活农村宅基地的方式大致是以下 3 种。

其一，集中居住模式，意味着将分散的自然聚落归并到农民新村，将原有的宅基地复垦。由于新村用地较为集约，由此会节约大量的土地。所节省的土地为农村建设用地，用途一是被本地或上级土地收储机构收购，最终用于土地的增减挂钩。尤其是跨地区的土地指标流转会带来较大的级差地租收益，因此给企业的参与留下空间。用途二是开发商介入新村建设和地产开发，形成一体化模式。在该模式下，通过新村建设而节约下来的土地指标被用于项目开发。如果涉及的土地未能变性为城市建设用地，相应的房地产就是所谓的“小产权房”。但是，项目也可以是旅游地产、养老地产之类，如果村集体在其中享有股份，其合法性会变得较为难以界定。用途三是在经济较为发达的地区，集体自行建设新村。由此节约的土地在集体经济的名义下进行开发。

其二，承认农民宅基地的财产权基础上的交易模式。该模式的代表是重庆的“地票”。该模式的关键是宅基地使用权的物权化，承认其是属于农民的财产。既然是自己的东西,农民当然就有处置的权力。但是,交易的限制条件还是较为严格的:一是该农户必须在城市拥有稳定的工作和居所,含义是这个家庭已经稳定地城镇化了,在此前提下,该农户将拥有的宅基地复垦,可以获得用以交易的"地票";二是购买者限定于已经立项但需要建设用地指标的开发主体,即购买地票的作用是土地的增减挂钩;三是交易的场所规定于官方的土地交易中心或类似机构。

其三,广州的"三旧改造"模式。严格地说,这已经不属于农村宅基地的盘活,而是城中村改造的机制。在该模式下,原先的农村集体建设用地,包括宅基地和经营性建设用地被变性为城市建设用地。但政府依然将土地的开发权交给社区,在统一的城市规划下,由农村集体自主开发。在该模式下,政府虽然放弃了土地利益,但也规避了城中村改造的高成本和社会矛盾,比较适合于珠三角这样的地区。

以上 3 种模式表明,对于城镇化过程中出现的农村建设用地闲置,我国正努力探索解决的路径,也取得了一定成效。有以下两个问题需要注意。一是城镇化不是一个非此即彼并在一个时点上突变的过程。很可能在农村人口进入城市后的许多年内,人们还保留着农村的宅基地和其他土地权益。在许多城市出台的鼓励城镇化的政策举措中,包括在允许农民保留农村宅基地和其他土地权益的条件下办理城市户籍的条款。因此,城镇化带来的土地潜力释放会是一个长时期的过程,不能操之过急。二是当前我国盘活农村土地的政策,几乎都是为了一个目标,即在守住 18 亿亩耕地红线的前提下满足城市建设用地的土地需求。换言之,我国缺乏增加耕地和自然用地的激励政策。这两类土地的增加不会给地方政府和市场主体带来经济利益,因此有赖于在国家层面建立相关制度体系。

4. 农村污染治理的省力化

污染治理的省力化,意味着废弃物处置、利用和污染控制需要尽可能少地依靠人的劳动。在人口大量流入城市、农村劳动力逐步变得短缺、其价格不断上升的大背景下,省力化是大势所趋,否则农村环境治理很难奏效。我国多年来在禁止焚烧农作物秸秆上遇到的困难,就是一个典型的案例。

秸秆焚烧会导致大面积的严重空气污染。这些年来为了禁烧秸秆,政府不可谓不努力,有的地方甚至撤了监管不力的官员的职。但我们要意识到,如果一种现象长期而普遍存在,必定有某种支配性的因素在稳定地发挥作用,如制度因素、信仰因素或经济驱动力等。要想根治秸秆焚烧这样的顽症,就得将这种支配性因素找出来,然后寻求对症的政策与制度体系,不能简单地诉诸行政手段,更无必要气急败坏地谴责农民"缺乏觉悟"。

在传统农业社会,秸秆是宝贵的资源,普遍作为农户生活燃料和饲料。事实上,人民公社时期的秸秆还存在很大的缺口,以至于许多地区都因过度樵采而导致林地和野生植被发生生态退化。改革开放以后随着农户收入的提高，液化气等更为清洁、高效的燃料不断普及，秸秆被边缘化。特别需要注意的是，收入提高并非农业生产力提高的结果，而是2亿青壮年进城打工带来的。于是，农村空心化和老龄化到来，出现劳动力短缺和价格上涨的问题。

传统社会农村劳动力是没有价值的。即便在官方统计"农民纯收入"时，也不会将农民的劳动记为投入、然后从"纯收入"中扣除。这种忽视农民劳动的惯性一直延续至今。例如，当官员和学者在考虑以怎样的方式处理秸秆时，会习惯性地将农民的时间和汗水排除于成本之外。进一步地，人们就会认为农民焚烧秸秆是"缺乏环境觉悟"。

但是，农民自己知道，如今到城里打一天零工可以挣多少钱，这就立起一根标杆，也就是自身劳动的影子价格，距此太低的劳动回报是不可接受的。在过去的30年，许多低附加值的经济活动就这样被放弃，如人们不再挑大粪，甚至不愿意使用有机肥；放弃对水葫芦的利用；放弃将河道底泥作为基肥的实践；近年来许多地区的农民甚至放弃梯田。人们之所以焚烧秸秆，主要原因只是在于节约劳动投入。

在当前处理秸秆的各种方式中，秸秆发酵乙醇和热化学液化之类的方式成本过高，距实用尚远，在余下可以考虑的方式中可分为两类。

一类是在不把农民劳动当投入的前提下较为经济的处理方式。典型的就是传统农业中最常使用的堆肥法，将作物秸秆和土、粪堆积在一起发酵后还田。沼气利用是另一种方式，由于秸秆产气效率低，必须与人畜粪便混合，清除和利用沼渣要耗费大量劳动，也为农民所不喜。

另一类则是会带来较高成本的方式。如粉碎秸秆直接覆土还田，但这对机械化农机要求高。需要说明的是，由于现在收割多采用联合收割机，因而留下较长的麦茬。许多时候农民焚烧的就是这类麦茬田，原因是将麦茬翻入土中需要更大功率的机械或更多的劳动。

除此以外，还有一些以集中处置为特点的系统，主要有秸秆气化集中供气系统、秸秆成型压块系统和秸秆发电等。现有气化系统产生的燃气热值低、焦油问题严重、投资大、运转时间短、成本高，除个别由国家投资的试点外，难以扩大应用范围。压块成型和发电从技术上讲有较好的前景，但除了技术本身尚需提高完善之外，还有一个组织化问题。以秸秆发电为例，一个以秸秆为原料的电厂服务范围应该是多大？电厂与周边乡镇和农户间是什么关系？电厂究竟是电力生产企业还是服务于消纳秸秆的无害化设施？投资者应该是谁？政府需要向那些环节进行补贴？农户和村基层组织应该承担哪些责任才能使该产业链运行顺畅？所有这些问题都需要有合理的答案。

说到底，秸秆的困境是我国传统农业向现代农业转型出现的症状。我们需要尊重农民的劳动价值，在此基础上致力于以技术和设施替代劳动投入。由于农业的弱势产业特性，以及秸秆处置的环境友好化有着强烈的公益性，相关技术和资本投入主体应该是政府，或者是政府政策鼓励下的产业化运行，而不应该由农民承担主要责任。

省力化的途径之一，是以设施和机械替代劳动。让人们尽可能轻轻松松和干干净净地完成劳动任务。农村废弃物的处置，传统上属于繁重且回报很低的劳动，这是被人们普遍放弃的根本原因。但是，从环境保护的立场来看，相关废弃物又必须得到合理处置，于是设施化和机械化就成为必然。

从环保立场出发，当前农村迫切需要强化设施化、机械化的领域是以下 3 个方面。

一是农作物秸秆的处理。稻麦茬如果禁止焚烧，就必须配备以大功率的拖拉机深翻。问题在于由此提高的生产成本是为了环境保护，而非农民自身的利益。所以，在运行机制上，或者是由政府在乡或村级建立专业队伍为农民服务，或者是由政府补贴，由私人购买相应机械向农民提供服务，并且任何方式都不应该导致耕作成本的上升。另一方面，收割的秸秆如何处理需要因地制宜。如果选择压块和焚烧发电，就必须注意秸秆打包和运输的省力化。

二是河道清淤。尤其在平原水网地区，依靠农民年复一年地将淤泥作为农田的基肥，才使得河网保持生态健康。如今农民已完全放弃这一经济活动，清淤主要依靠吸泥船这样的装备。但村级河道未能形成相应的机制，从而导致水系“毛细血管”的阻塞。因此，在那些需要河道清淤的地区，需要为乡或村一级配备吸泥船，并给予相应补贴，明确基层社区的责任。

三是养殖业，尤其是养牛和养猪业废弃物的处置。当前的养殖业有企业化的大规模养殖、较为分散的养殖户以及养殖专业村等多种形态。无论是哪种形态，如果废弃物得不到适当处理，都会导致严重污染。

企业化养殖规模较大，废弃物和废水产生的数量很大。其好处在于企业通常能够按规定建设运行环境设施，政府的监管也更具有规模效应。可能会面对的问题是禽畜粪便制成的堆肥的出路。在某些地区，如茶叶主产区，茶农为了改善茶叶的口感，会有使用有机肥的积极性。其他如有机蔬菜的生产者，也是潜在的使用群体。但是，要让所有农民群众都具有使用有机肥的积极性，还是会遇到很大困难。理由很简单，与有机肥相比，化肥肥效高几十倍，施用干净、简便。人们选择化肥几乎是必然的。在上海，政府购买了有机肥并免费送到田头，农民才愿意施用。

另一种情况是以农户为单元的个体养殖户。以养猪论，一户养殖规模大致为数十头至数百头。如果这样的专业户集聚于一个村，就是所谓养殖专业村。个体养殖户的问题是，其规模足以导致其废弃物产生严重的污染，但用大型处置设施

(如大型沼气设施等),其规模又是无效的。而传统的方式(如沤肥或直接施用)又因为劳动价格的上升而被农民拒绝。所以,养殖专业村往往陷入污染困境。走出困境的方式是将分散的养殖集中化,如划定集中养殖区,并建设为所有养殖户服务的大型处理设施。

农业面源污染的直接原因是农业投入品的不适当使用乃至滥用。最普通的农业投入品是农药和化肥,也包括动植物生长激素和抗生素。由于化肥的滥用,其流失已经成为我国水体富营养化最重要的源头。调查表明,我国化肥的年使用量达到 4 000 多万吨,占世界年使用量的 35%。而我国耕地面积大约仅占全世界耕地总量的 1/10,由此可见单位面积化肥施用的强度。我国化肥的平均施用水平为 368 公斤/公顷,大大超出发达国家为防止化肥对土壤和水体造成危害而设置的 225 公斤/公顷的安全上限。化肥利用率极低,氮肥平均利用率只有 30%～40%,磷肥平均利用率只有 10%～20%。估计我国每年有 2 500～2 800 万吨肥料流失。同时,由于农药使用的混乱,引起消费者对食品安全的担心。由于养殖业过度使用激素和抗生素,导致我国水体中这两类物质普遍超标。

需要指出的是,所有这些农业投入品都不是"坏东西"。即便是苏丹红和瘦肉精,如果能够得到适当的应用,也自有其价值。"物无美恶,过则为灾",我们需要关注的是如何让投入品不再被滥用。

在个体层面,滥用投入品的原因无非有两条,一是无知,二是贪婪。无知意味着人们未能掌握必要的知识和技能。最常见的现象就是滥施农药和化肥,以及养殖业滥用生长激素和抗生素。人们普遍未能掌握必要的知识。在三聚氰胺事件中,一些农户得到的信息居然是"往牛奶中添加三聚氰胺能够提高蛋白质含量",于是人们添加得心安理得。至于贪婪,其实是贪小便宜。最为典型的是某县千辛万苦地扶持豇豆种植,终于使之成为当地农户的支柱产业,生产的豇豆销往全国。但因为个别农民使用了有机磷农药,检测出之后被媒体曝光,导致这样一个能够使千家万户致富的项目一蹶不振。如果追究那几个农民的最初动机,无非就是有机磷农药便宜而且杀虫效果好而已。

无论什么原因,其共同点是分散。在一亩三分地的小农模式下,政府无法确切关注到是哪些人在滥用农业投入品。同样,要让每个小农都能够掌握必要的合理施用农业投入品的知识技能,成本也会太高,更不可能在每个生产者背后都布置一个监管者,以防止人们的贪小行为。

专业化服务指的是按乡或村或其他地域范围,组织受过良好培训、充分掌握相关技能并有较好装备水平的专业队伍,为农民打药施肥、管理户用沼气池,以及其他容易产生农业污染的生产活动。在我国的一些发达地区农村,此类实践已经相当常见。农户自己对一季作物的劳动投入大致减少到 1～2 个人工,换言之,绝大多数农活都交给专业队伍。在这样的情况下，政府只需要关注专业队伍是否接受合适的培训，以及其装备条件是否环境友好。

农业生产的组织化覆盖的范围更广。为了防止农业投入品的滥用，对相关投入品的市场管制是必要的。措施可以包括提高农业投入品销售市场的准入门槛，甚至实行垄断。在这一事关环境和食品安全的领域，自由放任的市场是行不通的。另一方面，农业投入品更不能谁想买什么就能够买什么、想买多少就买多少。可以考虑的措施除前面提到的专业化服务外，可以考虑农业企业和村一级的专人管理。企业明确专门负责投入品采购和使用的技术人员，村一级可以考虑设技术村官，负责农业投入品的购买、管理和指导农民施用。企业和村都设立投入品的台账，供政府部门或第三方的环境审计。这些措施结合农业设施化的发展，以及不同层面的农业品牌建设，滥用农业投入品的现象可望获得有效控制。

四、人口经济要素的空间集聚与环境容量

环境容量(environment capacity)是一个被广泛关注和应用的概念。狭义的环境容量指的是给定环境中污染物的最大负荷量。广义的环境容量则是一个生态系统在维持生命机体的再生能力、适应能力和更新能力的前提下，承受有机体数量的最大限度。与此相近的另一概念是环境承载力，指的是某一特定环境条件下，某种个体存在数量的上限。

相关概念的起源大致可追溯到草原的合理载畜量。过度放牧会导致草原退化，所以人们必须知道不至于导致草原退化的最大载畜量是多少，从而产生了承载力的概念。将其推而广之，应用到资源环境领域，则是20世纪六七十年代的事情。综合地考虑，某一区域的生态承载力概念，是某一时期、某一地域、某一特定的生态系统，在确保资源的合理开发利用和生态环境良性循环的条件下，可持续承载的人口数量、经济强度及社会总量的能力。也有单一资源环境要素的承载力，较多的是水资源的环境承载力。

在污染控制领域，人们更多地使用“环境容量”而非承载力。两者并无本质差别，都是指承载某种经济活动的上限。但污染物种类太多，对不同类型的污染物的关注也有侧重。部分污染物能够在环境中累积，需要关注的是环境所能容纳的最大负荷量。另一些污染物能够通过分解、稀释和迁移等过程降解，更值得关注的是某一环境在污染物的积累浓度不超过环境标准规定的最大容许值的情况下，每年所能容纳的该污染物的最大负荷量。这两类污染物之间其实并没有一条断然的“楚河汉界”，如果可降解污染物降解速度很慢，就会被列入不可降解的范畴。

环境容量的应用范围在过去几十年中不断扩大，当前最重要的应用还是各类

规划中的环境质量预测和情景分析，在环境评价中更已成为“规定动作”。总的来说，在较为微观的层面上，相关应用能够取得更好的效果，或者说对相关规划和决策更有帮助。典型的就是重化工项目的选址，在特定的区域，包括地形、风向等条件，企业的排放会造成何种程度的影响，是否会超过某种上限。这样的结论对决策是有帮助的。通常单因子的环境容量分析也可能更为有效。如水资源承载力分析，至少在较为缺水的地区，对决策会较有帮助。

但是在其应用中，需要注意环境容量的若干特点，否则可能会导致不当使用。

首先，环境容量的概念适合用于相对孤立或封闭的系统。越开放的系统，使用时越应该谨慎。如上海这样的大城市，很多人通过计算环境承载力，会得出其严重超载的结论。一些报告总是强调大城市依赖外界的能源和其他资源的输入，向环境排放各类污染物和废弃物，甚至责备中心城市是“寄生”的。这种结论来自对环境容量机械刻板的理解，其内在的逻辑是混乱的：既然越大的城市越超载或生态赤字越高，这一结论的推论是否主张逆城市化呢？是否将庞大的城市人口和产业体系打碎、分散更为合理呢？是否特大城市需要被解体为诸多中小城市会更为环境友好呢？显然，所有答案都会是否定的。没有人口与各类生产要素的集聚，抛弃城市化带来的效率，我们的生态系统不会变得更好，而是产生更多的问题。

断言城市环境超载的观点之所以错误，根本的原因是将城市视为独立而封闭的系统，事实上城市是高度开放的。小城市主要服务于周边地区，大城市是一片大区域的资源配置中心，如纽约、伦敦、上海这样的城市可以说是服务于世界的资源配置中心。城市向外部提供服务，从外部获取资源。不同层级的城市乃是不同层级的资源配置场所，资源的利用效率因城市的存在而提高。所以，以生态赤字为由指责城市只能说是一种小农经济思维的产物。

较为适宜的思路是将那些地域性较强的环境要素纳入环境容量的研究范围，而放弃那些可以通过市场机制从外部获得的资源要素。典型的应该纳入环境容量的是水体。

其次，环境容量是动态的，而非固定不变的事物。由于当前环境容量的计算大多依赖已有的模型，久而久之，人们很容易视之为一成不变的东西。在现实中我们很容易观察到，环境容量是可变的。以水体环境容量为例，即便不考虑诸如降雨量的季节和年度变化之类的自然因素，仅从社会经济因素考虑，其动态性也显而易见。

计算环境容量一般会设定一个人为的上限，如水质功能区标准。如果既有地表水质已经低于该标准，则相关研究做出的判断就是环境负荷已经超载；反之，则说明相关水体还有容纳某种污染物的能力。但是，标准是会变动的，而且总是朝更为严格的方向变动。推动这种变化的，从根本上说是公众对更高环境质量的要求。

随着环境标准趋于严格,环境容量会趋于变小。

另一方面,技术进步和管理水平的提高会使同样强度的环境利用产生更高的社会经济效用,这意味着同样的环境可以包容更大规模的社会经济活动。由技术和管理进步的推动,环境容量实质上是可以不断扩张的。

最后,我们可以将环境容量视为一种生产要素。一方面环境容量是自然界的自净能力,这种生态服务是一种资源。另一方面,环境容量的社会性意味着是人类为经济发展而对污染的一定限度的容忍,其本质是全社会的一种投入。

作为一种生产要素,环境容量具有与其他生产要素相同的某些特征,需要追求以尽可能少的环境利用获得尽可能多的经济产出,需要与其他要素一起进行优化配置。此外,还有一个很重要的方面,即要素之间的互相替代。

不同生产要素之间存在互补或替代关系。以能源与土地的关系而言,城市规模的扩大导致更多的土地用于建设,又需要更多的能源,这时两者的关系是互补的。城市空间拥挤,于是盖高楼、建高架、修地铁,其本质是用能源替代土地。环境的自净能力不足,用技术和资本替代,污水处理系统就是这种替代的典型。在现实中,这种替代几乎是无所不在的。所谓生产和消费中的环境友好,无非是用一定的技术和资金去消除那些原先会损害环境的因素。在其他要素的支撑下,给定环境容量可承载的社会经济活动强度可以不断增加。

五、生态城市

什么是生态城市?当前尚无公认而严格的定义。在国际上“生态城市”这个术语并不流行,这并不意味着其他国家的城市不好;反之,我国号称要建设几百座生态城市,也未必就优于其他国家。让生态城市的含义保持一定的模糊性可能反而是好事,其原因是如果真的一刀切,反而会消磨城市的个性,而缺乏个性的城市必定不是生态的。

究竟什么是生态城市?我们可以回归到 20 世纪 70 年代联合国教科文组织“人与生物圈”(MAB)计划中提出生态城市(eco-city)的立场,其中阐述了两个重要的原则:其一是运用生态原理;其二是尽可能降低对能源、水或是食物等资源的需求量,降低废热、二氧化碳、甲烷与废水的排放。前一条是路径,后一条是目标。联合国教科文组织是要求人类城市向自然生态系统学习,更好地贴近自然,与生物圈相融合。这是生态城市的提法出现在“人与生物圈”计划中的动机。

城市向自然生态系统学习什么?

首先是学习自然生态系统的高效率。能量输入自然生态系统,被植物、动物和微生物层层利用。我们走入一片原始森林,可以发现阳光所及之处几乎都有各种植物在接受;随便观察一棵树木,可以发现它的每一片树叶都位于能够接受阳光的空间位置。一旦某片树叶不能接受阳光,它就会很快脱落,因为其继续存在就是一种浪费,而自然生态系统是不存在浪费的。生产者、消费者、分解者的关系错综复杂,能量和各种物质合成各种有机物,最终被彻底分解回归无机环境,系统中不存在"垃圾"。这种物质循环的完整性,值得我们学习。虽然我们的城市很难做到循环的完整性,但这应该成为一种植根于头脑中的思想,并使之渗透于实践。

其次是学习自然生态系统的稳定性。在没有外来干扰的条件下,任何自然生态系统的演进方向是生物多样性的最大化和生物蓄积量的最大化,直至这两个方面都达到顶级状态。随着系统物种的不断增加,群落中物种之间的关系趋于复杂。在一个成熟的自然生态系统中,任何一个生物种群数量都会保持较为稳定的水平,围绕某种平衡水平上下波动,其原因是任何种群都受到以之为食物资源的其他生物种群的抑制。这种种群间的关系越复杂,系统也越稳定。城市的运行能否从中获得启迪呢?

最后,任何一个地方的自然生态系统之所以现状如此,是一个生物群落与其所在的无机环境不断相互作用的结果。环境制约着群落,群落适应着环境,也改造着环境。经过千万年的这种互动,其群落特点、其种群结构一定是这种互动的产物。所谓"道法自然",自然生态系统的"道"就是群落对环境的高度适应。我们的城市从中可以学到的最重要的东西,就是什么叫做"因地制宜",以及如何由此出发塑造自身的个性。

本质上,生态城市就是人类向自然生态系统学习,以实现人类城市的建设和运行能够更为适应环境的目标。在建设生态城市的道路上,如果能够注意并处理好生态城市的 3 个关系,城市的绿色会闪耀出个性的光辉。

一是重视生态城市与其历史的关系。规划界有一个很正确的理念,即城市是有生命的,而生态学界则将城市理解为一种生态系统。与自然生态系统类似,人类聚落也是人类与自然互动的结果。人类适应环境,同时也改造环境。我们将人类的创造称为"文化",所有聚落都是文化与自然的融合。千百年来,每个地方的人类都致力于这种适应和改造过程,形成各自的特点。广泛地说,一个地方人们的生活方式、生产方式乃至思维方式,都会受到自然环境的影响,是文化与自然综合作用的产物。就聚落而言,我国从南方到北方、从山区到平原、从黄土高原到西南高山峡谷,民居、村落和城镇之间都有显著的差别。在更为深刻的层面,日本人对精细的追求,美国人设计中显现的大气,又何尝没有受到其自然条件的影响。

一座城市的历史,从一个侧面看就是人与环境的关系史,其性质与一般生态系统的演进史类似,也可以视为城市生态系统的演进史。系统演进的方向,一般而言是效率。这里的效率,特指人类以最小的成本适应当地的环境,也意味着以最低的代价改造自然环境并使之变得更为宜居。

这意味着我们必须尊重城市的历史，才能够形成真正意义上的生态城市。一座拥有数百乃至数千年历史的城市，传承到我们当代人手中的，无论是其自然环境，还是城市形态，乃至城市与周边的关系，都是宝贵的历史遗产，是人类与自然互动的结果，在现状中含有明显或隐含的生态价值。城市遗留的信念、风俗、工艺、风格，一般既有文化价值，也具生态价值。这些价值甚至不是我们能够认识到的，但并不因此就失去其存在的意义。环保领域的谨慎原则，指的就是这种状况：如果能够不改变的话，就尽可能不去改变

在城市的生态规划和设计中，固然需要注重学习研究相关的原理，但简单搬用他国他乡的做法是不适当的。规划设计者首先要做的是向城市的历史学习，系统梳理本地城镇及其人民的设计、建设、管理乃至民俗、信仰、传说中的所有细节中的生态思想，认真地观察、思考前人处理人与自然关系的思路，观察他们如何防灾减灾、如何增强居所和城镇的宜居性、如何节约自然资源。在此基础上，再合理吸收他国他乡的经验，由此产生的方案才能说得上出色。

以太湖流域的江南水乡为例。近年来几个水乡古镇可以说是闻名遐迩，但这些古镇有一个共同特点，就是历史上林地较少。这是什么原因？是历史上这些地区的居民不注重环境质量，不重视生态的宜居性，还是这一地区的人民在处理与自然的关系上有自己独到的方式？

真实的原因来自最后一条。太湖流域湖泊河荡密布。在生态服务功能上，湖泊湿地并不亚于原始森林。江南一般地区的水体面积在10%以上，在江浙沪交界的典型水网地带，水面的比重更是达到总面积的20%～30%。所以，对于该地区的中小城市而言，湿地提供的生态服务已经足够。更重要的是，根据日本、韩国和我国的学者研究，江南水田的生态服务功能在许多方面并不亚于自然湿地，且远优于人工林。我国学者近年来的测定也表明，水田总体上的生态服务功能不亚于自然湿地。既然如此，号称“锦绣江南”的太湖流域城镇有如生态服务海洋中的一个个岛屿，其内部绿色提供的服务反而是不重要的。另一方面，江南乃寸土寸金之地，人口密集，城镇内部绿色较少确实是可以理解的。

因此，对于江南地区在生态城市的建设上也要求有30%以上的绿地有无必要？也许大城市由于难以享受周边的生态服务，绿地比重可以适当大一些，对于中小城市和广大城镇，大绿地的必要性就值得质疑了。那种将水田转变为林地、营造“城市森林”的做法，更值得质疑。

二是重视城市内部组分与生态服务的关系。如果我们承认城市是有生命的有机体，就应该思考其内部的功能分化问题，以及不同功能的组分所需要的生态服务的特点。城市不可能只扩大而没有内部分化，但这种分化是否合理，对生态服务的

需求是否有别，是值得研究的。

首先，广场和绿地应该有利于居民的共享，其服务人口应该有足够的规模，才能充分体现其公共物品的价值。为广大居民所享所用，应该成为城市生态建设的主要原则。在我国的许多城市，往往最大的广场和绿地是布局于政府大楼的周边，以衬托官方机构的庄严肃穆和气概不凡。特别是在一些新城，这样的布局往往在城市内部制造了一片地广人稀的区域，完全不利于百姓的享受。究其本质，这是生态建设中的社会不公。

从公平和效率的角度，在城市生态布局中有很多细节是值得探讨的。商业区一般不应该有大量的绿地，发达国家城市的商业街通常没有行道树和道路绿化带，其原因在于商业需要人气。适度的拥挤反而有利于激发人气，促进人们的购买欲望。所以，商业街即便有开敞的空间，一般也用于人们购物之余的休息和消费。高密度和繁荣这时是统一的，能够使等量的商业服务设施吸引更多的人口。

至于居住区的生态建设，应该考虑不同阶层的需求。随着市场经济的发育，富人区总是会产生的。一个区域如果存在大片的别墅，也许就无需较多的绿地。因为成片别墅区存在足够的"私人的绿色"，所以，一座城市的别墅区可以考虑相对集中建设。在此类区域，公共绿地适度减少，而面向大众的免费公园之类可以省去，各类会所、诸如草地网球中心之类的俱乐部物品可以间杂其中。综合起来，城市可以因此而获得大片的绿色空间，同时能够省下公共绿色建设和管护所需要的公共投资。这部分节约下来的公共资金和生态建设用地，可以转移至中低收入阶层居住区。在普通大众的居住区，生态建设也应该尊重百姓的需求。免费公园应尽可能建在此类地区，它们是老人们饭后散步消遣的去处，小孩子放学后嬉闹甚至是踢球的地方，在生态建设的布局中应该加以考虑。

从城市生态角度看，不同功能区之间应该是什么关系，也是值得研究的。一个重要的原则是，功能区之间不能相互冲突，而是应该互补。以工业区为例，肯定不适合与别墅区或高档住宅区相邻。如果相邻的话，工业区会对高档居住区的不动产价值产生负面影响。即便工业区的企业是较为清洁的，区内绿化之类做得也很好，但从发达国家的调查来看，依然会对不动产价值产生抑制作用。另一方面，工业区与别墅区比邻也会增加通勤成本，进而增加城市的交通能耗。理由很简单，工厂里的员工绝大多数不会住别墅。合理的布局是工业区附近应该为密度较高的中低档居民区。

如果城市足够大，交通能耗可能会在城市能源总消费中占据较大的比重，因此，通过合理的规划布局减少通勤成本的重要性已经凸显。近年来，我国的造城运动中，新城规划往往对就业不够注意。有的甚至有"睡城"之称，也就是仅用来睡觉的城，给城市造成巨大的钟摆人口，浪费了公众的时间，制造了交通拥堵，增加了城市能耗。

最后，一些可能给老百姓带来困扰的市政设施，在布局上需要特别注意。这些设施包括垃圾填埋场和焚烧厂、污水处理厂和那些造成很大噪音的交通设施。它们是城市功能和百姓生活所必需的，但无人愿意与之比邻，所以被称为“邻避”设施。城市生态建设中对由此产生的问题应给予充分关注，至少应该有充分宽度的林地，将设施与居民区隔开。

三是城市生态与周边农村的关系我们正处于一个大建设的时代。“建设”一词往往被赋予太过广泛的含义。纵观国内外的经验，一座城市的生态质量与其说是建成的，还不如说是保护和处理好城市与自然关系的结果。其中，城市与周边农村的关系更是重中之重。

清洁而绿色的农村给城市带来的，其丰富超出我们的想象。其一，如果广大城市郊区的水质是好的，则城市的地表水环境至少不会很差。空气质量也是如此。在此情形下的城市，如同大自然母亲怀抱中的孩子，享受无穷无尽的生态服务。其二，城市郊区的湿地和森林如果是健康的，村落和农田得到很好的保护，并以环境友好的方式经营，农村不仅在农产品上，还会在景观上为城市增光添彩。其三，欧洲各国和日本的经验表明，农村是民族文化的根。尤其是城市周边的农村，与其说是“自然的”，更不如说是千百年来一个民族与自然环境长期互动的产物，这样的农村是典型的自然历史遗产。

所以，城市郊区的农村应被视为城市的一部分。城市不仅向其周边农村提供各种支持和反哺，其产生的对农业农村的需求更会成为农村发展最重大的机遇。城市规模越大，由此产生的机遇也越大。尤其是在工业化高潮阶段之后，社会逐步进入后工业化阶段。这时基本生活需求乃至高额消费品的需求得到满足之后，城市居民的追求由数量转向质量、由物品转向服务、由室内转向室外。相应地，农村发展方式转型的方向，也是由数量经济转向质量经济，由产品经济转向服务经济。

这里讲的服务经济包括 4 个层面。一是环境净化服务。如果一个农村地区能够全面推行环境友好型农业，如精准施肥、配方施肥、严格控制农药、农业废弃物的资源化利用等，最大程度地削减农业面源污染，这时农村的水体、农田和植被都会具有较强的水和空气的净化能力，能够有效降解各种污染物，城市的水体和空气也会因此受益。二是生物多样性服务。如果有效保护农村区域的鸟类和小型哺乳动物，严格控制农药以保护昆虫，治理受污染水体，该地区会有效恢复生物多样性，并成为城市居民体验和接受自然教育的场所。三是提供景观和野外休闲服务。乡野景观质量越高，此类服务的价值也越高。四是农村乃保护本土文化和传统生活方式的最佳场所，是城市的根。

［1］迈克尔·斯彭斯，罗伯特·M·巴克利等.城镇化与增长：城市是发展中国家繁荣和发展的发动机吗？［M］.中国人民大学出版社，2016.
［2］李扬.中国的城镇化进程及其效率研究：基于中法比较的视角［M］.社会科学文献出版社，2017.
［3］孟健军.城镇化过程中的环境政策实践：日本的经验教训［M］.商务印书馆，2014.
［4］詹克斯，周玉鹏.紧缩城市：一种可持续发展的城市形态［M］.中国建筑工业出版社，2004.
［5］徐新，范明林.紧凑城市：宜居、多样和可持续的城市发展［M］.格致出版社，2010.
［6］王国刚，刘彦随.农村空心化过程及其资源环境效应［M］.科学出版社，2018.
［7］陈秧分，刘彦随.农村土地整治模式与机制研究［M］.科学出版社，2017.
［8］理查德·瑞吉斯特.生态城市：重建与自然平衡的城市［M］.法律出版社，2010.

思考与讨论

1. 为什么说健康的城市化有利于节约土地，并且是环境友好的？
2. 农村空心化对于农村生态环境的保护是利还是弊？如果是利，为什么中央还要提出乡村振兴战略？如果是弊，为什么还要坚持推进人口的城镇化进程？
3. 农村青壮年劳动力的大量外流，对农业废弃物处置提出了怎样的要求？
4. 建设生态城市，是否应该以生态足迹的降低为主要目标？你的看法如何？

第十章 绿色经济

一、绿色经济的理念与实践

关于绿色经济，世界上还没有公认的定义。最为广义的提法是，大致上一切环境友好、资源节约的经济活动都可以纳入绿色经济的范畴。无论学者、政府机构还是公众，都更倾向于将绿色经济理解为一种“好东西”，无论其内涵是生态、环保、节能、循环还是其他什么。例如，绿色农产品，人们会想象出其生产过程会是少施用农药、化肥的，会是节水的，等等，甚至会认为其营养更好。至于生产者和产品之间究竟有怎样的区别，人们其实是不在意的。另外一些绿色的提法，更多地有着环境质量较好和宜人的内涵。例如，绿色城市意味着污染较轻和绿化较多；绿色学校等可能更注重管理，但绿化较多是免不了的。

关于绿色经济较为正式的解释，则与可持续发展同义。2012 年，联合国为纪念 1992 年里约可持续发展峰会，再次在这座城市召开了“里约＋20”峰会，发表了题为“我们期盼的未来”的宣言，其主题是绿色经济。其中的 3 个核心理念分别是绿色技术、包容性增长以及经济与环境的双赢。

对绿色领域的技术进步加大投入，指的是投入于低碳、污染控制、生态保护、节能等领域的技术研发活动。认识其意义的关键在于理解一般技术进步与绿色技术的差别。总的来说，广义的技术进步都会带来效率的提高，表现在生产要素的节约，或同等生产要素产生更高的附加值。从这一意义，一般技术进步在不同程度上都是资源节约、环境友好的。之所以要强调绿色领域的技术研发，根本的原因是外部性。也就是说，当某些技术研发成功后，投资人并不能充分捕获由此产生的经济利益，以至于不能获得市场认可的回报，但对环境保护有明显的好处。这样的技术可以称为真正的绿色技术；反之，有些技术有着非常好的节能环保效果，但研发的投资者也能够获得足够的回报，就不能叫做绿色技术，理由是相关技术可以通过市场机制获得充分的发展空间。

这里需要指出，广义的技术进步和狭义的绿色技术对可持续发展都有着极为重大的价值。两者都值得一个社会全力推进。从公共政策的立场来看，两者的差别只是在于外部性的存在与否。一般技术研发获得成功后，研发者可以从市场获得足够的利益甚至是垄断利润。所以，如果一个社会的市场机制是健康的，企业在利益驱动下，会致力于投入研发以捕获更大的利益。政府对研发的支持，主要政策手段可以是减免税收、建设公共平台、设立众创空间等。绿色技术则不然，其特点是公益性。换言之，研发者不能充分捕获其成果产生的收益，甚至无利可图，因此不会有动力投入。同时，社会出于环境保护目标，又对此类技术有强烈的需求。在此情形下，狭义的绿色技术就必须由政府承担责任，加大资助力度，乃至由政府承担主要责任。

直观地看，包容性增长与绿色经济的关系在于同样的资源环境消耗能够支持更多人口的福利提高。对于一个衣食无着的穷人而言，最重要的是眼前的生计，遥远的未来地球会变成什么样子不是他们所关心的。一个社会只有让广大草根阶层享有了基本的物质生活条件和教育医疗等基础性公共服务，拥有了基本的“有尊严的生活”，环保和低碳才可能成为社会共识。在当前的中国，这一时代显然已成为过去，但经济包容性的价值依然不减。提高广大普通劳动者的技能水平，使他们的劳动能够以更小的资源环境消耗创造更高的价值。让大量草根阶层有机会参与创造、创新和创业的大潮，使社会总是拥有大量生气勃勃、日长夜大的创新型小企业，这是国家自主创新能力的核心。让受到良好教育、拥有体面工作、高度认同环境保护的中产阶级成为人口的主体，使绿色化拥有最坚实的社会基础。

联合国倡导的绿色技术还有一层含义，就是寻求那些对环境副作用较小、同时不那么昂贵的“中间技术”或实用技术，将这些技术广泛普及给普通民众尤其是低收入阶层，使之能够以较小的环境代价取得收入的可持续提升。所以，联合国特别强调绿色技术在发展中国家的应用。虽然我国总体上已有别于一般的发展中国家，但不能否认我们的普通劳动者尤其是农村劳动力的知识技能水平与发达国家相比还有巨大差别，尤其是我国还有数千万贫困人口。通过普及绿色技术实现精准脱贫，具有重大的战略意义。

经济与环境的双赢空间极为广大。我们常说我国过去的发展方式是粗放的。这也就意味着通过推动发展方式的转型，进而纠正这种粗放性，本身就饱含了充分的环境友好。我国现在的污染控制总体上是末端治理思路，待产生了污染再治理。而更为合理的思路是通过革新传统工艺，减少乃至杜绝污染的产生。放眼新产业革命，无论是“互联网＋”，还是 3D 打印，抑或定制化制造，都使得未来的制造业更为智慧、更为精细、更少浪费，甚至在越来越多的行业实现“零污染”。另一方面，合理而有力的环境保护则会助推产业的技术进步和发展方式的转型。通过提高环境标准和严格监管，可以使那些以往以损害环境而转嫁生产成本的企业改弦易辙，走上环境友好的道路。

实现经济与环境双赢的另一重要领域是城镇化。通过推动农村人口向城镇集中以及工业向园区集中，城镇和园区的环境基础设施能够以更低成本消纳污染；产业集中于园区，则使政府的执法监管更有效率；城镇的人口集聚，能够为各种服务业的成长提供大量机会，从而使得我们可以用更少的环境能源代价创造较多的就业机会。另一方面，大量人口向城镇集中会导致农村的空心化，由此带来国土空间系统整治的重大机遇。人口的迁出会缓解原先的人口过密农村和生态脆弱区，由此缓解当地的生态负荷。大量闲置的建设用地和农村宅基地在合适的制度安排下将得以回归农业和自然。所有这一切都将有助于我国生态格局的优化。

近年来我国进一步强调绿色经济。2015 年 4 月推出的《中共中央国务院关于加快推进生态文明建设的意见》提出“绿色化”，要求与新型工业化、信息化、城镇化、农业现代化协同推进。这“五化”之间是可以互为促进和相互渗透的。“绿色化”的精髓是其中的“化”字，如春风化雨一般滋润万物，渗透到工业、农业和城乡建设的一切领域，以绿色为导向改造人们的生产方式和生活方式。

在很大程度上，绿色化的提出是对我国环境和生态领域以工程和项目为主的治理思路的反思。这种倾向已经持续了很长时间，不能否认其初期具有较强的合理性，原因是计划经济时期我国城市与环境有关的基础设施建设严重滞后。绝大部分工业和生活污水都是直排环境，大气污染物的处理也严重不足。20 世纪90 年代开始的大规模城市改造，以及此后更大规模的城市建设过程，使环境相关基础设施建设的必要性和紧迫性得到充分体现。加上范围不断扩大的工业污染，环境治理以工程和项目为主要内容是可以理解的。但由此我国的环境保护也形成明显的路径依赖，甚至到了如果没有某种技术、工程性措施或项目，人们就不知道如何措手的地步。而绿色化的理念意味着环境保护理念如水银泻地无孔不入，这将是全新的环境保护局面。

二、循环经济

1. 循环经济的理论与实践

循环经济以节约资源和循环利用为特征，是一种按照自然生态物质循环方式运行的经济模式，它要求用生态学规律来指导人类社会的经济活动。在现实操作中，循环经济需遵循减量化原则、再使用原则和资源化原则。循环经济的提出，是人类对难以为继的传统发展模式反思后的创新，是对于人与自然关系在认识上不断升华的结果。发展循环经济有企业、产业园区、城市和区域等层次，这些层次是由小到大依次递进的，前者是后者的基础，后者是前者的平台。

我国于 1998 年引入循环经济概念，确立“3R”原理的中心地位，此后其地位迅速上升，受到国家的高度重视。2003 年，循环经济被纳入科学发展观。2004 年，中央提出从城市、区域、国家层面大力发展循环经济。十九大报告则要求“推进资源全面节约和循环利用，实施国家节水行动，降低能耗、物耗，实现生产系统和生活系统循环链接”。

在实践中，引导循环经济的是所谓“3R 原则”。一是资源利用的减量化(reduce)原则。这是循环经济的第一原则。它要求在生产过程中通过管理完善和技术进步，减少进入生产和消费过程的物质和能量。减量化原则要求人类在生产的输入端就充分考虑节省资源、提高单位生产产品对资源的利用率、预防废物的产生，而不是把眼光放在产生废弃物后的治理上。减量化原则也要求产品的包装应该追求简单朴实，而不是豪华浪费，从而达到减少废弃物的目的。二是产品的再使用(reuse)原则，尽可能多次和尽可能多种方式地使用产品。通过再利用，可以防止物品过早成为垃圾。鼓励再制造，以便拆卸、修理和组装用过的和破碎的东西。在生活中反对一次性用品的泛滥，鼓励人们将可用的或可维修的物品返回市场体系供别人使用，或捐献自己不再需要的物品。三是废弃物的再循环(recycle)原则，尽可能多地再生利用或循环利用，尽可能地将“废物”再加工处理为资源。

循环经济一般可以区分为企业或生产基地内部的小循环、产业集中区域内企业之间的中循环，以及涵盖生产和生活领域的大循环 3 个层面。

小循环又被称为“杜邦模式”，是最早由杜邦化学公司创建的单个企业的循环经济。20 世纪 80 年代末，杜邦公司创造性地把 3R 原则发展成为与化学工业实际相结合的“3R 制造法”，以达到少排放甚至零排放的环境保护目标。通过放弃使用某些环境有害型的化学物质、减少某些化学物质的使用量，以及发明回收本公司产品的新工艺，到 1994 年已经使生产造成的塑料废弃物减少了 25%，空气污染物排放量减少了 70%。同时，还在废塑料(如废弃的牛奶盒)和一次性塑料容器中回收化学物质，开发出了新产品。

厂内废物再生循环一般包括下列 3 种情况：将流失的物料回收后作为原料返回原来的工序之中；将生产过程中生成的废料经适当处理后作为原料或原料替代物返回原生产流程中；将生产过程中生成的废料经适当处理后作为原料返用于厂内其他生产过程中。

中循环又被称为卡伦堡生态工业园区模式，其性质是共生企业之间的循环经济。单个企业的清洁生产和厂内循环具有一定的局限性，因为它还可能会形成厂内无法消解的一部分废料和副产品，于是需要扩大范围到厂外去组织物料循环。生态工业园区就是在更大的范围内实施循环经济的法则，把不同的工厂连接起来形成共享资源和互换副产品的产业共生组合，使得一家工厂的废气、废热、废水、废物成为另一家工厂的原料和能源。丹麦卡伦堡是世界上工业生态系统运行最为典型的代表。这个生态工业园区的主体企业是发电厂、炼油厂、制药厂、石膏板生产厂。以这 4 个企业为核心，通过贸易方式利用对方在生产过程中产生的废弃物和副产品，不仅减少了废物的产生量和处理的费用，还产生了较好的经济效益，形成了经济发展与环境保护的良性循环。

以生态工业园区形式出现的循环经济对传统企业管理提出两个方面的挑战。一方面，传统企业管理的全部力量集中在销售产品，总是把废物管理和环境问题扔给次要的善后部门，现在要给予废料增值以同样的重视，要同销售产品一样，组织企业所有物质与能源的最优化交换。另一方面，传统的企业管理在企业间激烈竞争的背景下建立竞争力的信条，而工业生态系统要求企业间不仅仅是竞争关系，而且是建立起一种超越门户的合作形式，以保证相互间资源的最优化利用。

大循环以德国双元系统模式为代表，性质是生产与消费之间的循环经济。从社会整体循环的角度，需要大力发展旧物调剂和资源回收产业（在日本被称为社会静脉产业），只有这样才能在整个社会的范围内形成“自然资源-生产-消费-二次资源”的循环经济环路。德国的双轨制回收系统（DSD）在这个方面具有示范作用。DSD是一个专门对包装废弃物进行回收利用的公司，它接收有关企业的委托，组织收运者对他们的包装废弃物进行回收和分类，然后送至相应的资源再利用厂家进行循环利用，能直接回用的包装废弃物则送返制造商。DSD系统的建立大大地促进了德国包装废弃物的回收利用。例如，对玻璃、塑料、纸箱等包装物，政府曾规定回收利用率为72%，1997年已达到86%；对废弃物作为再生材料利用，1994年为52万吨，1997年达到359万吨。

2. 我国的循环经济

在循环经济理念受到中央的高度重视后，相关实践日益普及。尤其在以下3个方面，取得的成就值得关注。

其一，工业废弃物尤其是灰渣的资源化利用。电力和钢铁等行业会产生数量庞大的粉煤灰、灰渣和矿渣。这些废弃物以往主要的处置方式是堆放，由此造成了严重的环境问题，如占用土地、因雨水的冲刷淋溶而形成严重的地表和地下水污染、因露天堆放而导致的扬尘。近些年在政府的强力推动下，灰渣等固废的资源化利用获得长足进展。我国多数地区灰渣、矿渣的资源化利用率超过90%，一些地区甚至超过100%，即当期的资源化利用量超过产生量。

灰渣、矿渣的利用方式是多样化的。据估计，已经开发的利用技术约200余种，常见的利用方式已达到50余种，其主要的资源化方式包括制砖和水泥等。相对而言，虽然表现为产品生产，但更为重要的，这是一种废弃物的消纳过程，由此产生的环境收益构成其总收益的重要组成。正因为如此，灰渣、矿渣的资源化利用通常会享受政府的补贴。

其二，一些重要的行业，如石化、化工和木材等，企业内部的小循环乃至园区的中循环已变得较为普及。木业中的新企业基本上能够做到零废弃。化工行业的许多企业已成功地通过延长产业链,将原先的废弃物转变为新产品。

一些较新建设的化工园区,在设计上尽可能地以循环产业链为基础。如上海化工区,从90万吨/年乙烯工程产出的乙烯、丙烯、丁二烯,到苯、甲苯、二甲苯等基础化工原料,再到分别制成异氰酸酯、聚碳酸酯等中间化工原料,直至延伸加工成各种各样的合成树脂、软泡材料、黏合剂、涂料等精细化工产品,上游、中游、下游项目相关共生,形成企业之间化工原料、中间体、产品、副产品及废弃物的互供共享关系。在这条循环产业链上,上一环节的产品正是下一环节的原料,上一环节的废气正是下一环节的热源,上中下游实现无缝连接,没有中间过渡装置。

其三,我国的再制造业获得良好的起步。当前,在汽车轮胎、工程机械和汽车发动机等领域,已拥有一些先进的再制造企业。如卡特彼勒的再制造公司,其业务是工程机械的再制造。对于回收的机械设备,进行完全拆解,对所有部件的可用性进行诊断,所有回收利用的零部件都再制造成与新品一样的规格。新的部件以及再制造的部件一起组装、平衡及测试。经过再制造的产品的剩余使用寿命与新品一样,而成本不超过原型新品的50%。

在内燃机尤其是乘用车发动机行业,我国已有一批企业进入再制造领域,包括上海幸福瑞贝德动力总成有限公司,以及奇瑞、武汉东风鸿泰、一汽、重汽集团济南复强动力等。以上海幸福瑞贝德为例,至2015年再制造共约15 000台发动机,销售价格为新品的55%。上海临港地区于2016年获批国家级再制造产业示范基地,上海幸福瑞贝德、卡特彼勒等10家企业成为国家发改委、工信部再制造试点企业。2015年,上海拥有再制造企业超过50家,工业总产值35亿元,其中从事飞机发动机再制造的普惠公司产值为21亿元。

总的来说,再制造的规模还很小,可以容纳的行业也局限于轮胎、工程机械、发动机等较小的领域,未来则可能向电子消费品领域发展。制约再制造产业发展的主要是制度因素。这必须是一个准入门槛很高、规制很严的产业,应该有很高的行业标准和严密的管理,以及有效的政府监管。否则,再制造产业很容易异化为伪劣产品的大沼泽,并因此陷入绝境。国家相关部门之所以对该产业持谨慎态度,原因也在于此。

3. 有关循环经济发展方向的几个问题

客观地说,循环经济理念的主干成长于生态和环境学界,经济学主流对此关注很少。正是由于这个原因,其经济学理论基础相当薄弱。这一现状的一个消极副产品是,循环经济的提倡者往往过于强调政府和技术的作用,忽视从制度层面解决问题,希冀通过市场解决问题。于是,可以有很漂亮的规划,但难以被市场接受;可以有很动人的试点，但难以推广普及。甚至不少试点只是笼统而含糊地谈“效益”，连利润也避而不谈。

循环经济的提倡者将现有不能循环的经济称为“线性经济”。虽然在他们看来，线性意味着落后，但为了构筑循环经济的理论，我们还是需要认真研究线性之所以是线性的原因。将这里面的道理研究透了，才能纠正它、推动它转向循环。

物质在人类经济系统中的运动不是均匀连续的过程，而是通过一系列的交易完成的。在某种意义上，制造业的上道工序与下道工序之间也存在这样的交易过程，只是交易的方式不一样而已。我们还可以把消费视为一种生产过程，其“产品”是“满足”。

于是，物质在经济系统中的流动就被抽象为一系列的交易环节，采掘、加工、运输、仓储、消费等都只是某个环节中的具体内容。这些环节环环相扣，形成所谓的价值链。是价值链引导着物质的流动，包括其流动的方向和强度。

这种物质从一个环节流向另一个环节的过程，同时应该是一个价值增加的过程。对于生产者来说，这意味着相对应的环节能够产生可以接受的利润。对于消费者而言，这意味着消费这样东西让他感到“值”，或者说他能够获得可以接受的消费者剩余。所谓循环经济，意味着存在这样的价值链，在其每个环节能够产生可以接受的价值。这种物质流动与价值生成的统一，是我们谈论循环经济时所要坚持的基本出发点。

这种通过交易形成的价值链，如果其中的某一环节不能产生可以被接受的利益，价值链就会断裂，从而会发生两种情况。第一种情况是物流会改道。在现实生活中并不存在单一的价值链，而是由众多这样的价值链交织而成的网，市场经济就是由无数交易关系构成的网络。当某个环节不能产生足够的利润时，逐利的本质会驱使资本转向其他方面，物流则随资本改道。第二种情况是物流不能改道。于是，就导致废弃，垃圾就是这么产生的。

笼统地说“垃圾是放错地方的资源”虽然鼓舞人心，但并不科学。我们考虑两种情况。

首先，市场缺陷导致废弃的产生或过度增长。或者说是外部性导致物流的错误，进而引起价值链的断裂和垃圾的累积。在源头，第一产业的生产过程通常低估乃至忽略环境和生态成本。例如，采掘业一般不考虑矿区塌陷、污染和生态修复的成本，也不考虑自然资源的本体价值；林木采伐一般不考虑活立木的存在价值；种植业不考虑土地肥力损失、化肥和农药污染的成本。在一般均衡或利润平均化过程的作用下，于是初级产品的价格会比它们应有的价值低。

这种过低的价格发出错误的信号，使人们相信相关资源是充裕的。于是，产生这样的资源错置：为节约其他要素，生产者会更多地使用初级产品，或诱导消费者消费更多资源消耗性的产品。在国际市场上，豪华而耗油的轿车销量增加一般与油价下跌有关，就很好地说明了这一问题。进而整个社会物质消费的增加推动了废弃的增加。在废弃物再利用的层面上，便宜的初级产品则是这种再利用的阻力。

其次，与再生或循环使用资源有关的技术不成熟。这种技术上的不成熟如果导致再生产品质量较低或价格较高，在市场上就会阻断循环过程。严格地说，技术因素并不成为独立阻碍循环的原因。技术本身也是一种产品，其开发方向是服从市场大趋势的，从而在很大程度上是被资本左右的。如果因自然资源的廉价而导致资本转向过度使用初级产品，资源再生领域的研发活动就会遭受资本的冷落。

让资源百分之百地在经济系统内循环是一种不合理的想法，不能把推进循环经济的努力偷换为制造新世纪永动机的尝试。在给定的制度和技术条件下，垃圾就是垃圾。因为在一个自发的市场中，如果垃圾中某些成分的回收能够产生利润，就会有人去干。我们之所以讨论循环经济，是因为废弃现象中存在不合理的成分，存在进一步合理利用物质、促进循环的潜力。但是，潜力与实现之间存在障碍。研究循环经济，就是研究如何铲除它们之间的障碍。随着制度、市场和技术因素的改善，物质的循环利用会不断提高。

同时必须注意，还有两个重大因素会形成废弃物再利用的障碍。一是劳动力价格的上升，二是资源价格的下降，而且这两种变化都是历史发展的大趋势。随着劳动力价格的上升，以及新一代劳动力对更为体面工作的追求，会有越来越多的人不愿进入收集废弃物的行列。美国废旧物质利用率的高峰出现在 20 世纪 20 年代，以后随着劳动力价格的上升江河日下。至于资源价格的下降，本教程已经有充分的讨论。

也就是说，无论怎样努力，废弃物再利用的前景是有限的。在现实中还需要注意由此产生的环境问题以及由环境影响派生的问题。前者说的是在废弃物的再利用全过程中也会产生耗能、排放和污染。例如，在废纸的再生过程中，如果废纸与其他垃圾混杂过，则需要清洗，由此产生污染物排放；印刷或打印过的废纸需要脱油墨，于是又造成污染；废纸的收集运输需要消耗能源和人力。所以，只有系统比较原生与再生纸生产全过程的环境成本，才能确定哪种过程更为环境友好。“环境影响派生的问题”说的是资源再生行业通常会受到各种歧视。例如，废旧物资收购点通常会被居民嫌弃，资源再生企业通常很难获得工业用地。

当然，这并非是说循环经济没有前途，只是说“捡垃圾经济”没有前途。那种将循环经济等同于捡垃圾的思路是狭隘的，可以认为这样的循环经济是没有生命力的。我们应该理解，劳动者回报的上升趋势在一个正常的社会中是不会也不应该逆转的。所以，循环经济的发展趋势不会是利用越来越廉价的劳动力从垃圾中拣回东西，一种有前途的循环经济是尽可能让产品不成为废弃物的经济。

这一过程必须从生产者责任和市场组织开始。由于生产者要对其产品的全生命周期负责，它就面临一种选择：回收消费者不再使用的产品之后，或是作为废弃物处置，同时生产新产品还必须购入原料；或是利用回收品生产新品。在市场经济中，支配其决策的当然总是利益。如果后者的利益大于前者，一种较为完整的循环就产生了。所以，推动生产者走上循环之路的，应该是前面讨论的外部性的内化。购入原料的价格越高，处置垃圾的成本越大，循环越可能产生。

这样的压力会导致一系列市场和工艺革命。首先，生产商会将产品设计得易于重复利用。例如，通用零部件会变得经久耐用，整件被设计得易于拆卸，甚至会出现拆卸旧产品的流水线。拆卸后的部件部分经检测合格后被用于生产新品或价格比较低廉的二次产品，部分则回炉生成原料。

在市场的另一端，在消费者那里，生产商可能会保留产品的所有权。在这种模式下，消费者购买的只是生产商的服务或效用：你买的不是冰箱、空调，而是制冷服务，东西依然是生产商的。消费者享受生产商提供的服务，不再是“售后服务”，而是包括产品在内的“服务期”，并像现在缴纳物业费一样，按期缴纳诸如此类的服务费。在这一模式下，生产商能够从 3 个方向开拓新的利润增长空间。一是专业服务总比消费者的自我产品维护更能够使产品运行更为良好，寿命更为长久。也就是说，如果传统模式下这件产品的寿命是 100 个月，在新模式下是 110 个月，这多出的 10 个月使用期会成为生产商的利益增长点。二是好的服务总会刺激消费者产生新的需求，从而给企业带来新的机会。三是当产品报废时，真正报废的也许只是很小的一个局部，企业依然拥有其有用的大部分价值。当然，这一模式下的一个难点是如何满足消费者多样化、个性化的需求，以及对新颖的追求，其出路是增加产品组合的可能。

高端化还意味着在尊重自然的前提下尽可能地利用好各种自然力。不能将循环经济理解为仅仅是各种物质在人类经济内部的循环。一栋楼宇，如果能够通过改善其设计，从而能够最大程度地利用自然因素采光、通风、调温，其实是在源源不断地利用自然的服务。一块农田，如果合理使用，可以在生产农产品的同时，还能够净化环境、产生景观效果、涵养水源。善于利用这种源源不断的自然界的服务，能够节约大量的投资、能源和原材料，这才是真正的循环、高明的循环。

随着循环经济的推进，会发生越来越多服务对产品的替代，甚至可以说，循环经济的本质是一种服务经济。上述高端化循环经济涉及的每个环节都需要较高的技能，因此，这是一种高端化的产业，能够创造大量的报酬较高的劳动机会。这是一种较多依赖人力资本、较少依赖消耗自然资源的经济运行模式，因此，可以称之为人力资本密集型经济。

在更为宏观的层面，可以将循环经济理解为一种以人力资本替代自然资源、以人的发展替代剥夺自然的发展模式。

这意味着社会经济生活的减物质化，也就是说，发展经济、提高人民福利越来越少地依赖物质资源的消耗，更多地依赖人类自身的努力，依赖人与人之间的服务、人类社会组织和管理的改善、人类知识和技术水平的不断提高，以及生活方式的进步。

在经济运行上，循环经济不应该是冷冰冰的，而应该充满人性关怀。循环经济要求的循环，既要求生产、流通、消费各环节的物质运动的合理化，也要求依托基本的物质条件服务流的数量上升和质量提升。在前者，离开消费者的满意和配合是难以实现的。因此，一种循环的设计应该尽可能地人性化，让消费者感到更方便、更实惠。在后者，则需要理解一个事实：一定物质产品上可以附加的服务在多数情况下是没有极限的，这一点才是可持续发展最大的空间。让服务代替物质的流转，应该被视为一种更高境界的循环。

循环经济最根本的目标，是以尽可能少的资源消耗创造尽可能高的人民福利。也就是说，同时实现节俭和富裕的目标。实现这样的目标并不存在理论和技术上的困难，这正是许多发达国家的发展轨迹。所需要的是发展理念、生活方式和制度的优化，需要坚定地在社会经济生活的所有领域反对奢侈。冬天穿毛衣、夏天穿 T 恤上班值得提倡；反过来，一年中有大半年依赖空调则应该被视为病态。一个社会普遍具有节俭意识、危机意识是强大的表现，奢侈则是一种社会的糖尿病。在这一问题上，政府的表率作用极为重要。如果政府在建筑节能、节俭办公、使用再生性办公用品、高效率公务用车等方面带好头，推动整体社会经济生活走向循环化和节约化就拥有了强大的社会动员能力。

三、低碳经济

1. 低碳经济的必然性

人类经济活动排放大量温室气体，对气候系统形成严重干扰，由此导致的全球气候变化又在困扰着人类，这是几十年来气候变化作为全球性环境问题的基本研究结论。气候问题对人类的挑战，在联合国气候变化专门委员会(IPCC)的工作报告中已得到充分表述。尽管气候变化及其影响在科学上还存在许多不确定性，存在“全球变暖怀疑论”等不同观点，但认为全球变暖客观存在，且这一趋势对人类不利的观点依旧是气候研究的主流。由于温室效应是全球气候变化的主要成因，低碳经济就是人类应对气候变化的基本路径。

客观地说，气候变化主流结论是否完全正确，仍是有疑问的。例如，相关报告可能过度强调气候变暖的负面影响，却不足以解释为何历史上往往气候较暖的时期人类文明更为昌盛，而小冰河期之类的寒冷期通常会造成文明的崩溃。又如，所谓地球平均升温不能超过 2 摄氏度，否则会造成不可逆后果之类的结论也是可疑的，因为即使回看几十万年内的地球史，我们很容易发现有比现在热得多或冷得多的时期。所有这些极热、极冷期都是可逆的，这令我们何以相信所谓“不可逆”？

这些疑问都还不足以动摇低碳目标的正当性。所谓“低碳”，核心就是减轻人类对碳基能源的依赖。其路径是用更为清洁和更为可持续的能源来替代，或是更为清洁和高效地利用能源。之所以要追求低碳，缓解温室效应的影响只是理由之一，此外应该有其他目标。

最重要的理由是能源关系到人类未来。中国特色的社会主义现代化承载着让一个拥有十几亿人口的民族从传统农业社会走向现代工业社会的伟大使命，这是一种文明的提升，而任何文明的进步都很难离开能源的驱动，甚至有所谓“怀特定律”，其核心内涵就是将文明高度看作能源消费水平的函数。当然，这里并不仅仅指的是能源消费数量，而是至少包含 3 层内容：其一是能源的消费数量，包括总量和人均消费量；其二是能源的利用效率，同样的生产量利用更少的能源，等同于拥有更多的能源；其三是生活方式与发展道路的选择。

中国的发展已经是人均能源消费超过世界平均水平，并稳步向发达国家能源消费的下限逼近。无论如何，只要发展在继续，人均能耗水平就会不断上升。在此需要指出的是，党的十七大作出我国将“长期处于社会主义初级阶段”的基本判断，这是明智、冷静的判断。确实，即使经济发展水平如上海，其社会还是具有许多发展中的特征，如缺乏均等化的公共服务、二元结构等。需要思考的是，有“社会主义初级阶段”，就应该有走出这一阶段的时候。如果说经过了改革开放后的发展，我们用世界人均能源消费的平均水平获得了今天的成就，那么，当有朝一日国家走出初级阶段的时候，人均能源消费会是怎样的水平呢？发达国家人均能源消费的下限大致在 3 吨标油的水平。那么，我国能用多少能源实现初步建成中国特色的社会主义发达社会？是比这更多还是更少？再往后呢？中国人均消费 5 吨或 6 吨标油的情形可以想象吗？为什么不能想象？

多年来我们一直强调人口压力和资源约束，强调发展必须符合国情，不能走美国式的发展道路。但是，这样说并不能解决问题。环顾我们周围，为人民生活质量提升做出贡献的一切产品和服务，可以说没有任何东西是不需要消耗能源的。更何况我国还有一半的人口生活在农村，大量的中低收入人口还只是勉强达到小康水平。所以，人均能源消费还有很大的提升空间。

中国之外的另一个发展中人口大国印度也在努力促进经济增长。事实上在过去一些年，除了少数长期陷入战乱和社会动荡的国家之外，绝大多数发展中国家都保持或快或慢的发展速度。这就意味着几乎所有发展中国家都有能源消费不断增长的需求。

这里不得不提及一个看似正确的说法，也就是美国前总统奥巴马所说的，中国和印度如果也像美国那样消耗资源，是地球不能承受的。类似的观点流行于西方政界和学术界，也流行于我国。之所以称它“看似正确”，是因为其背后冷酷而落后的思维逻辑。

之所以称它冷酷，是因为没有为发展中国家人民留下空间。按这些学者或政客的思路，温室气体的排放不应再增加。那么，如何保证发展中国家不断上升的能源需求呢？中国和印度人民的能源消费不能提升到发达国家的水平，那么，有没有一条既能够保证两个大国人民过上高度富裕发达，而又将能源消费维持在足够低水平的道路呢？或者美国人民如何大幅度削减自己的能源消费，而将份额让给发展中国家人民？诸如此类的问题都是没有答案的，在忧虑地球未来的气候时精英们说起穷人从来轻描淡写。不能否认，这种对发展中国家人民的冷漠是缺乏正当性的。

低碳发展的道路意味着人类可以摆脱对化石能源的依赖，可以让“金砖国家”乃至所有发展中国家的人们达到较高的能源消费水平，而又不突破地球承载力。这里讲的承载力，既包括能源供给的可持续性，又包括能源利用导致的环境后果。

对于我国来说，低碳发展的意义更为现实，这就是如何从根本上治理我国的重大环境问题，尤其是打赢“蓝天保卫战”。我国华北、华东地区环境污染严重是由多方面因素造成的，如以煤为主的能源结构、规模庞大的能源消耗、经济活动尤其能耗活动在地理上的高度集中等，都是导致“蓝天保卫战”之所以艰难的原因。这些年的治理也告诉我们，从末端治理很难从根本上解决问题，治本之策就是走低碳发展的道路。

2. 替代能源和可再生能源

“新能源”是一种不够准确的提法。如果将化石能源称为“传统能源”或“常规能源”，其问题是排放二氧化碳和其他污染物。替代化石能源的其他所有能源称为“替代能源”可能更合适些。在各种替代能源中，除核能之外，太阳能、风能、水能、生物质能、潮汐能、地热能和海洋能等属于可再生能源。低碳的实现路径，也是最为基本的路径，就是以这些能源尽可能地取代化石能源。

从社会科学的立场来看，替代能源和可再生能源归根到底是一个能源的发展问题。也就是说，无论对于全人类还是一个国家，其可以驾驭的能源决定了文明的高度和可持续性。无论能源的总量还是种类，都是值得一个国家去不懈追求的，值得为此付出巨大投入。其实，无论是不是为了碳减排，能源的发展都是必须的。这是因为化石能源是可耗竭的，难以永远支撑人类的需要，也难以无限制地满足人类需求的增长。

我国的情况更为特殊一些，不仅化石能源储量不算富裕，且以煤为主的能源结构还造成严重的环境问题。庞大的石油和天然气需求导致很高的进口依赖。如此种种，我国能源发展的必要性和迫切性不言而喻。但是，能源发展有其自身的规律，来不得急功近利，不能搞大跃进。以下两个方面尤其值得注意。

其一，能源发展的本质是持续的技术进步。这一过程的外在表现是某种类型能源的利用成本下降。一种新能源能够替代传统能源之日，就是两者的成本基本相当之时。所以，"新能源"的真实含义是其利用技术的不成熟性，进而导致过高的成本。当然，影响能源成本的除直接的开发技术之外，还有一些因素。如规模经济，一种能源的开采利用规模越大，占据的市场份额越大，其成本也越低。无论如何技术进步是这一过程的根本因素。以光伏发电和风电为例，其发电成本从常规电力的十几倍到两者大致相当，都经过了 20 年左右的时间。在这一相对漫长的阶段内，无数技术创新铺就了两种主要的可再生能源利用成本下降的道路。

在这一过程的前期，政府需要承担重大责任。原因是常规能源的遮蔽效应，具体地说，常规能源的利用成本处于很低的水平，让"新能源"在市场上完全无力与之竞争。由此产生的后果是企业作为市场主体，对长期投入新能源技术开发没有兴趣。尤其是在传统能源的储量还相当丰富的条件下更是如此。一个必须注意到的事实是，化石能源的储量并不如许多人想象的那样已经到了快耗竭的地步。由于勘探开采技术的巨大进步，人类拥有的石油储量自 20 世纪 70 年代以来是在不断增加的。更由于页岩气的大规模开发，国际油气市场的价格一直稳定在较低水平。这种供给稳定乃至过剩的局面是不利于新能源发展的。在这里我们可以为"新能源"作一个较为适当的定义：指的是那些利用成本显著高于常规能源，但未来成本会随着技术进步可以出现重大下降，直至可以进入常规能源队列的能源。由于新能源在发展期成本过高，企业不会有很强的动力投入相关技术研发。这就需要政府承担起帮助和引导企业的使命。

在激励企业投入新能源发展方面，政府常用的手段包括 3 个方面：一是直接的财政支持，包括对新能源产品的补贴、对研发的补助；二是通过政府采购的方式，为新能源产品提供市场份额，使之具有一定的规模效应；三是强制性规定能源企业尤其是电厂生产一定份额的"绿色电力"，也就是利用可再生能源生产的电力，并为这种责任的让渡创建市场。这 3 类政策工具可以精妙地组合，从而有效地推动能源发展。例如，对绿色电力的补贴和强制性责任及其市场可以结合在一起。最为理想的状况是，这 3 种政策的共同作用可以使那些在可再生能源领域具有明显技术优势的企业获得可观的盈利，而多数企业难以从绿色电力获得利益，更愿意将这种责任让渡出去。在这样的市场格局下，那些从中获得利益的企业会更愿意继续投入研发，以扩大自己的技术优势。于是，可再生能源技术的发展就获得强劲的动力。

当然，政策工具的不当使用则会造成资源配置的扭曲。典型的案例是对太阳能光伏发电的补贴。补贴的对象或是制造环节，或是末端应用环节，两者的效果会有巨大差别。补贴制造环节会导致光伏制造的迅速扩张，也很容易导致制造业的产能过剩。补贴末端应用环节，尤其是户用光伏，工作琐碎，管理成本很高，且见效较慢，但对应用端的补贴能够有效拉动整个产业链的均衡发展和技术的全面进步。

由世界各国的经验可知，能源发展是艰苦而漫长的过程。因此，最重要的是坚持。例如，与可燃冰的开发利用相关的技术进步就需要长期坚持下去。每一种前途远大的能源都是如此，无论有多少技术难点需要克服，坚持都是必须的。另一方面，能源发展之路又不能心浮气躁，不能总想着短期内可以获得重大突破之类。尤其是不应该在一种新能源价格很高的时候强行普及，原因是如此操作就相当于对经济活动征收高额的能源税，会伤及经济。

其二，世界上没有不存在缺点的能源。低碳虽然是我们的目标，但不能教条化和宗教化，不能乱贴标签说这种能源是"好的"、那种能源是"不好的"。任何能源的利用都有代价，其中有经济上的成本，也有生态或环境上的成本。即使是被视为"高污染"能源的煤炭，由于我国致力于发展的超低排放技术，先进的煤电机组产生的排放甚至已低于天然气机组的排放。这就意味着长期被视为"脏能源"的煤炭已经有条件成为地道的清洁能源。反之，那些被视为清洁的乃至无污染的能源，其实都存在一定的环境负面作用。

以通常被认为是"清洁能源"的水电为例，虽然江河中流淌的水流确实是一种强大的可再生能量，但其利用的代价依然是巨大的。水电建设的最大问题是需要占据河谷盆地。一般而言，这些土地是一个地区最肥沃、人口密度最高、经济最发达的区域。所以，修一处水电对这个地区的农业会造成损害，可能会危及河流生态系统的健康性，而且最大的问题还是移民的安置。由此可见，水电的"清洁"只是一种表面现象。

又如光伏发电，看似太阳能转化为电力的过程是清洁的，这导致许多地区为标榜自己的"低碳"，总是建设一些屋顶光伏电站或风光互补路灯之类。但是，在光伏板制造的产业链中，多晶硅的生产是典型的高耗能产业，而电池片的制造污染较重。光伏的应用需要占据空间资源，由此会加剧空间使用的竞争性。例如，屋顶可以安装光伏，也可以用于绿化和职工的文体活动，很难说什么用途更为重要。事实上，租金已经成为我国光伏发电最大的一块成本。

所以，能源革命的目标不应该是彻底摆脱化石能源，而是摆脱对化石能源的过度依赖。丹麦和挪威等国可以确定其完全摆脱化石能源，是因为其风力资源丰富和人口规模很小。对于我们这样一个人口大国来说，未来更为值得追求的目标是确保国家能源安全前提下的低碳。换言之，未来的能源结构应该更为多元化，我国过度依赖进口石油的格局应该改变，人民群众提升生活质量的能源需求得到满足，又能够避免由此产生的环境压力。这一综合性目标的实现路径大致是化石能源的高效利用，核电、风电和光伏电力适度发展，并互补成为符合我国国情的低碳能源结构。

3. 无尽的能效之路

在较长的一段时期，我国节能的主战场是在工业，并以节能改造为主要手段。“十一五”期间是我国节能减排技术改造的高潮。随着这一进程的不断深化，其效果的递减难以避免。单纯通过技术改造来实现碳减排的道路会越来越窄。

但是，这并不意味着在工业领域实现碳减排就会变得不现实，而是要求我们将目光转向更广阔的领域。我国承诺的是强度减排，其核心要求是以较少的碳排放增量获得更大的产出。由此产生的一个问题是，我们如何理解“产出”。这里有两把尺子：一是单位产品生产所消耗的能源和由此引起的碳排放，二是一定价值的产品或服务的生产所需要的能源和碳排放。传统上我们更为强调的是第一把尺子，如吨钢生产消耗的能源。在过去相当长的时期内，这一思路是有效的，原因是与发达国家相比，我国的生产工艺技术确实存在较大的改善空间，但这一局面正在发生变化。以第二把尺子衡量，可以发现更为广阔的碳减排空间。

吨钢的能耗下降确实有积极意义，但指的是什么钢？如果我们生产的是粗钢或螺纹钢，而人家生产的是大风机主轴使用的钢、航空母舰甲板或其他特殊用途和高附加值的钢，两者的可比性又有多大？我们许多企业的工艺确实已较为先进，但或者其核心技术是人家的，或者只是拥有先进流水线的代工企业，或者缺乏自己的品牌，于是只能在产品的附加值中分到很小的利益。

对于企业来说，这些问题其实就是相对减排的空间。未必要上技术改造工程，通过完善管理和提高员工技能水平，可以有效地节能降耗；创建和提升自主品牌，力争拥有自主知识产权，从而使企业在产品附加值中获得更大的份额。所有这些，都符合强度减排的原则。

在较为宏观的层面，如一座城市，强度减排则有更多的选择。推动企业在上述方面取得进步，是强度减排的一个重要渠道。其次，致力于通过招商引资和支持本地先进企业的发展壮大，让先进生产力“稀释”存量经济的碳强度。最后，重视发展服务业。一般而言，服务业的能耗只是制造业的 25％～33％。所以，服务业的增速高于制造业，也能够有效实现强度减排。

在更高的层面上，通过经济结构的轻型化，更多地发展轻工业和服务业来取得结构减排的效果虽然可行，但这一思路并不总是合理的。我们这样一个大国，或一个拥有数百城镇的广大区域，一定需要足够规模的重化工业，因此一定会存在重工业城市。不应该因为低碳目标而减少重化工业的存在，也不能因为拥有重化工业而判定一座城市是“高碳”的。更为合理的思路是，重工业城市有其自己的低碳路径。那种制定统一的指标体系，引导城市调整产业结构、增加服务业比重、发展战略新兴产业的做法，并没有积极的意义。

所以，站在大区域、庞大城市群乃至全国的层面，更应该重视一些我国容易发生的重大问题，如重复建设、产业同构和产能过剩。过去在追求 GDP 的引导下，一方政府通常热衷于上项目、上重化项目。经济基数越大，拉动 GDP 越依赖大项目。于是，经济结构向重化倾斜，“吊车经济”就成为必然的选择。近年来重视环境保护，于是“煤改气”又一哄而上。所有这一切都意味着资源错置和严重浪费，都会导致大量而无谓的能源消费和碳排放。通过深化改革，消除这些导致国民经济中容易出现的严重浪费现象，是宏观层面重要的低碳策略。

这里需要特别注意产能过剩对碳排放的复杂影响。总之，无论是重化工业还是轻工业，产能过剩都是不利于碳减排的，其原因有三。一是产能过剩本身意味着用过多的能源和排放，生产了社会不需要的产品和服务。过度生产意味着过度排放。二是产能过剩会显著削弱企业的盈利水平乃至导致亏损，从而产生规避治理的动机。三是在业绩不理想的情况下，企业对通过技术进步和产品升级换代而实现相对减排的能力和动机不足。

除了工业节能之外，提高能效的主要领域还有交通和建筑。尤其是在工业化高潮之后，随着城市人口的增加，工业和建筑耗能会在社会能源消费中的比重不断上升，相关领域的节能也更为重要。在这里我们不详细讨论相关技术问题，而是着重探讨几个重大问题。

从根本上讲，是中国人的生活方式的选择。2014 年，我国能源消费总量为 42.6 亿吨标准煤，人均 3.12 吨。世界人均一次能源消费量为 2.8 吨标准煤，OECD 国家人均为 6.0 吨标准煤，非 OECD 国家大致为人均 1.9 吨标准煤。由此可以得到的一个基本判断是，我国的人均能源消费已经达到较高水平。发达国家也分不同档次。例如，加拿大和美国等消费水平较高，达到人均 9 吨标准煤以上，而意大利和西班牙人均仅 3.75 和 3.87 吨标准煤。这就意味着我们的人均消费水平已经很接近发达国家的下限。另一方面，绝大多数发展中国家已经与我国拉开了距离。2011 年，同为“金砖国家”的印度人均能源消费量仅为 0.86 吨。

要研判中国经济与能源的趋势，人均 3.12 吨的能源消费这一事实极为重要，由此会引出一系列问题。中国的发展水平也已经很接近发达国家的下限吗？如果不是，那为什么能源消费水平如此之高？其中有哪些合理和不合理的方面？如果我们能够去除那些不合理的方面，其中就包含着重大的节能潜力。

总的来说，我国民众的生活还是很节俭的。其直接生活用能大致为 5%～10%，其他国家基本上在 20%的水平。未来可再生能源的巨大发展会为我国人民生活质量的不断提升提供坚实的能源基础，无需担心我国人均碳排放水平扶摇直上。即便如此，我们也没有任何理由奢侈浪费，我们需要一种简朴而发达的生活方式、一种资源节约和环境友好的生活方式。这样的生活方式究竟是什么模样，尚缺乏研究。但由此产生的影响是弥散的，影响到方方面面。

在交通节能方面，较为一致的低碳政策是公交优先，并鼓励新能源汽车和小排量汽车等。真正的挑战是，我们真的要走向一个汽车社会吗？无论承认与否，在现实中几乎所有政府部门似乎都在鼓励汽车的发展，鼓励民众买车，甚至买更多的车。至于如何避免一个汽车社会，我们的政策体系似乎是无能为力的。进一步说，一个城市可以通过产城融合、混合型社区、智慧城市等降低能源消费和碳排放，但究竟如何实施乃至如何评估，当前的手段都是不成熟的。

在建筑节能领域，我们当前主要是通过各种技术来降低建筑能耗。最近十多年来，我国新建楼宇中的节能技术应用已越来越普遍。然而，存量建筑的节能改造相对滞后，更为滞后的是楼宇管理的节能。除此以外，我国的住房战略也有一个生活方式的选择问题。在中国资源节约的住房模式是怎样的？当前，我国城市居民的人均住房面积早已超过日本，超过我国的香港、台湾，究竟我们的住房多大才是合适的？我们是不是要追求一种低碳的居住模式？这些问题也有待整个社会的探索。

[1] UNEP. Towards a green economy: Pathways to sustainable development and poverty eradication. A synthesis for policy makers[R]. Nairobi Kenya Unep, 2011.

[2] 盛馥来，诸大建.绿色经济：联合国视野中的理论、方法与案例[M].中国财政经济出版社，2015.

[3] 让-克洛德·乐伟.循环经济：迫在眉睫的生态问题[M].上海科技教育出版社，2012.

[4] 彭莱，雅各布·鲁特奎斯特.变废为宝：创造循环经济优势[M].上海交通大学出版社，2015.

[5] 理查德·S·J·托尔.气候经济学：气候、气候变化与气候政策经济分析[M].东北财经大学出版社，2016.

[6] 厉以宁,傅帅雄,尹俊.经济低碳化[M].江苏人民出版社,2014.
[7] 魏一鸣,刘兰翠,廖华等.中国碳排放与低碳发展[M].科学出版社,2017.

思考与讨论

1. 为什么说绿色经济本质上并不与经济增长相冲突?
2. 请思考发展绿色产业与产业绿色化发展的区别在哪里?
3. 能否将共享经济视为一种绿色经济,为什么?
4. 技术进步既可能推进资源节约,如各种节能技术的涌现,也可能加速自然资源的消耗,如不断发展的石油勘探技术和钻井技术,大大降低了石油勘探和开采成本,石油开采量快速增长。请思考为什么每次发生全球石油危机时,上述两类技术都会迅速发展?要推进资源节约型的技术进步,需要哪些关键制度或政策辅助?

参考文献

[1] Kneese A V. The economics of natural resources[J]. *Population and Development Review*, 1988, 14: 281-309.

[2] Anderson T L, Leal D. *Free Market Environmentalism*[M]. Bouder: Westview Press, 1991.

[3] Asheim G B. Hartwick's rule in open economies[J]. *Canadian Journal of Economics*, 1986, 19(3): 395-402.

[4] Barbier E B, Markandya A, Pearce D W. Environmental sustainability and cost-benefit analysis[J]. *Environment and Planning A*, 1990, 22(9): 1259-1266.

[5] Barnett H J, Morse C. *Scarcity and Growth: The Economics of Natural Resource Availability*[M]. Baltimore: Johns Hopkins University Press, 1963.

[6] Barrett C B, Arcese P. Are integrated conservation-development projects (ICDPs) sustainable? On the conservation of large mammals in sub-Saharan Africa[J]. *World Development*, 1995, 23(7): 1073-1084.

[7] Barrett S. *International Environmental Agreements as Games*[M]. Berlin: Springer, Berlin, Heidelberg, 1992.

[8] Baumol W J, Oates W E. *The Theory of Environmental Policy: Externalities, Public Outlays and the Quality of Life*[M]. New Jersey: Prentice Hall, 1988.

[9] Berndt, E R. Energy price increases and the productive slowdown in United States manufacturing[J]. The Decline in Productivity Growth. MA. Federal Reserve Bank of Boston, 1980, 225-249.

[10] Block W. A critique of the legal and philosophical case for rent control[J]. *Journal of Business Ethics*, 2002, 40(1): 75-90.

[11] Blundell R. Consumer behaviour: theory and empirical evidence — A survey[J]. *The Economic Journal*, 1988, 98(389): 16-65.

[12] Boulding K E. The economics of the coming spaceship earth[J]. *Environmental Quatity in A Grouting*, 1966, 58(4): 947-957.

[13] Breheney M J. *Sustainable Development and Urban Form*[M]. London: Pion, 1992.

[14] Brekke K A. *Economic Growth and the Environment: on the Measurement of Income and Welfare*[M]. Cheltenham: Edward Elgar Publishing Ltd, 1997.

[15] Brundtland Comission. *Report of the World Commission on Environment and*

Development: "Our Common Future."[M]. New York: United Nations, 1987.

[16] Buchanan J M. An economic theory of clubs[J]. *Economica*, 1965, 32(125): 1-14.

[17] Bulte E, Rondeau D. Compensation for wildlife damages: Habitat conversion, species preservation and local welfare [J]. *Journal of Environmental Economics and Management*, 2007, 54(3): 311-322.

[18] Cairns J. Protecting the delivery of ecosystem services[J]. *Ecosystem Health*, 1997, 3(3): 185-194.

[19] Carraro C, Siniscalco D. *New Directions in the Economic Theory of the Environment*[M]. Cambridge: Cambridge University Press, 1997: 261-266.

[20] Carson R T, Jeon Y, McCubbin D R. The relationship between air pollution emissions and income: US data[J]. *Environment and Development Economics*, 1997, 2(4): 433-450.

[21] Chen H, Jia B, Lau S. Sustainalble urban form for Chinese compact cities: Challenges of a rapid urbanized economy[J]. *Habitat International*, 2008, 32: 28-40.

[22] Chenery H B, Bruno M. Development alternatives in an open economy: the case of israel [J]. *Economic Journal*, 1962, 72(285): 79-103.

[23] Chenery H B, Strout A M. Foreign assistance and economic development [J]. *The American Economic Review*, 1966, 56: 679-733.

[24] Clark C W. *Mathematical Bioeconomics*[M]. New York: Wiley, 1976.

[25] Cleveland C J, Costanra R, Hall C A, et al. Energy and the US economy: a biophysical perspective[J]. *Science*, 1984, 225(3): 119-206.

[26] Cole M A, Rayner A J, Bates J M. The environmental Kuznets curve: an empirical analysis[J]. *Environment and Development Economics*, 1997, 2(4): 401-416.

[27] Common M, Perrings C. Towards an ecological economics of sustainability[J]. *Ecological Economics*, 1992, 6(1): 7-34.

[28] Common M. *Sustainability and Policy: Limits to Economics*[M]. Cambridge: Cambridge University Press, 1995.

[29] Costanza R, d'Arge R, De Groot R, et al. The value of the world's ecosystem services and natural capital[J]. *Nature*, 1997, 387(6630): 253.

[30] Costanza R. *Ecological Economics: the Science and Management of Sustainability*[M]. Warrenton: Columbia University Press, 1992.

[31] Crocker T D. The structuring of atmospheric pollution control systems[J]. *The Economics of Air Pollution*, 1966, 61: 81-84.

[32] Crook C, Clapp R A. Is market-oriented forest conservation a contradiction in terms? [J]. *Environmental Conservation*, 1998, 25(2): 131-145.

[33] Cropper M, Griffiths C. The interaction of population growth and environmental quality [J]. *The American Economic Review*, 1994, 84(2): 250-254.

[34] Dales J H. Pollution, *Property & Prices: An Essay in Policy-Making and Economics*

[M]. Toronto: University of Toronto Press, 1968.

[35] Daly H E. The economic growth debate: what some economists have learned but many have not[J]. *Journal of Environmental Economics and Management*, 1987, 14(4): 323-336.

[36] Daly H E. The economics of the steady state[J]. *The American Economic Review*, 1974, 64(2): 15-21.

[37] Daly H E. Toward some operational principles of sustainable development[J]. *Ecological Economics*, 1990, 2(1): 1-6.

[38] Daly H. *Steady State Economy*[M]. San Francisco: W. F. Freeman, 1977.

[39] Dasgupta P S, Heal G M. *Economic Theory and Exhaustible Resources*[M]. Cambridge: Cambridge University Press, 1979.

[40] Dasgupta P. *An Inquiry into Well-Being and Destitution*[M]. Oxford: Oxford University Press, 1995.

[41] Dasgupta P. *The Control of Resources*[M].Oxford: Basil Blackwell, 1982.

[42] De Bruyn S M, van den Bergh J C J M, Opschoor J B. Economic growth and emissions: reconsidering the empirical basis of environmental Kuznets curves [J]. *Ecological Economics*, 1998, 25(2): 161-175.

[43] Denison E. Explanations of declining productivity growth[J]. *Survey of Current Business*, 1979, 57(6): 224-252.

[44] Denison E. *Trends in American Economic Growth*[M]. Washington DC: The Brookings Institution, 1985, 335-370.

[45] Domar E D. Capital expansion, rate of growth, and employment[J]. *Econometrica*, 1946, 14(2): 137-147.

[46] Durning A B. *Poverty and the Environment: Reversing the Downward Spiral* [D]. Washington, D. C.: Worldwatch Institute, 1989.

[47] Eecke W V. Public goods: an ideal concept[J]. *The Journal of Socio-Economics*, 1999, 28(2): 139-156.

[48] Egli H. Are cross-country studies of the environmental Kuznets curve misleading? new evidence from time series data for Germany [J]. *Wirtschaftswissenschaftliche Diskussionspapiere*, 2001, 16(1): 21-26.

[49] England R W. Natural capital and the theory of economic growth [J]. *Ecological Economics*, 2000, 34(3): 425-431.

[50] Farmer M C, Randall A. Policies for sustainability: lessons from an overlapping generations model[J]. *Land Economics*, 1997, 73(4): 608-622.

[51] Faucheux S, Muir E, O'Connor M. Neoclassical natural capital theory and "weak" indicators for sustainability[J]. *Land Economics*, 1997, 73(4): 528-552.

[52] Fisher A C. *Resource and Environmental Economics* [M]. Cambridge: Cambridge

University Press, 1981.

[53] Freese, C. H. *The "use it or lose it" Debate: Issues of a Conservation Paradox*[M]. Baltimore: John Hopkins University Press, 1997.

[54] Fusefled D R. *The Age of the Economist*[M]. Glenview(IL): Scott, Foresman and Company, 1982.

[55] Georgescu-Roegen N. *Energy and Economic Myths: Institutional and Analytical Economic Essays*[M]. New York: Pergamon Press, 1976.

[56] Goeller H E, Weinberg A M. The age of substitutability[J]. *Science*, 1976, 191(4228): 683-689.

[57] Goldin K D. Equal access vs. selective access: a critique of public goods theory[J]. *Public Choice*, 1977, 29(1): 53-71.

[58] Gordon Irene M. *Nature function*[M]. New York: SpringerVerlag, 1992.

[59] Gorgon H S. The economic theory of common property resource: the fishery[J]. *Journal of Political Economy*, 1954, 62: 142.

[60] Gray L C. Rent under the assumption of exhaustibility[J]. *Quarterly Journal of Economics*, 1914, 28(3): 466-489.

[61] Gray L C. The economic possibilities of conservation[J]. *Quarterly Journal of Economics*, 1913, 27(3): 497-519.

[62] Grossman G M, Krueger A B. Environmental impacts of a North American free trade agreement[R]. National Bureau of Economic Research, 1991.

[63] Grossman G M, Kreuger A B. Economic growth and the environment[J]. *Quarterly Journal of Economics*, 1995, 110(2): 353-337.

[64] Hamilton J D. *Time Series Analysis*[M]. Princeton: Princeton university press, 1994.

[65] Hanson D A. Increasing extraction costs and resource prices: some further results[J]. *The Bell Journal of Economics*, 1980, 11(1): 335-342.

[66] François P. A *New Concept of Development: Basic Tenets*[M]. London: Croomhelm, 1983.

[67] Harrod R. An essay in dynamic theory[J]. *Economic Journal*, 1939, 49(193):14-33.

[68] Hartwick J M. Intergenerational equity and the investing of rents from exhaustible resources[J]. *The American Economic Review*, 1977, 67(5): 972-974.

[69] Hartwick J M. Natural resources, national accounting and economic depreciation[J]. *Journal of Public Economics*, 1990, 43(3): 291-304.

[70] Hartwick J M. Substitution among exhaustible resources and intergenerational equity[J]. *The Review of Economic Studies*, 1978, 45(2): 347-354.

[71] Hartwick J M, Olewiler N D. *The Economics of Natural Resource Use*[M]. New York: Haeper and Row, 1986.

[72] Hawken P, Lovins A B, Lovins L H. *Natural Capitalism: Creating the Next Industrial*

Revolution[M]. New York: Back Bay Books, 2000.

[73] Heal G. The relationship between price and extraction cost for a resource with a backstop technology[J]. *Bell Journal of Economics*, 1976, 7(2): 371-378.

[74] Heal G. Fisheries, extended jurisdiction and the economics of common property resources [J]. *Canadian Journal of Economics*, 1982, 15: 405-425.

[75] Heal G M. Economics and Resources[A]. *Economics of the Environment and Natural Resource Policy*[M]. Boulder: Westview Press, 1981.

[76] Herfindahl O C. Depletion and Economic Theory[A]. *Extractive Resources and Taxation* [M]. Madison: University of Wisconsin Press, 1967, 63-90.

[77] Herrick B H, Kindleberger C P. *Economic Development* [M]. New York: McGraw-Hill, 1977.

[78] Hettige H, Lucas R E B, Wheeler D. The toxic intensity of industrial production: global patterns, trends, and trade policy[J]. *The American Economic Review*, 1992, 82(2): 478-481.

[79] Hirschman A O. *The Strategy of Economic Development* [M]//*The Strategy of Economic Development*. New Haven: Yale University Press, 1958, 1331-1424.

[80] Holdren J P, Ehrlich P R. Human population and the global environment: population growth, rising per capita material consumption, and disruptive technologies have made civilization a global ecological force[J]. *American Scientist*, 1974, 62(3): 282-292.

[81] Hotelling H. The economics of exhaustible resources[J]. *Journal of Political Economy*, 1931, 39(2): 137-175.

[82] Howard P C. Guidelines for the selection of forest nature reserves, with special reference to Uganda[J]. *National Parks*, 1996, 7(8): 799.

[83] Howarth R B, Norgaard R B. Intergenerational transfers and the social discount rate[J]. *Environmental and Resource Economics*, 1993, 3(4): 337-358.

[84] Johannesen A B, Skonhoft A. Tourism, poaching and wildlife conservation: what can integrated conservation and development projects accomplish? [J]. *Resource and Energy Economics*, 2005, 27(3): 208-226.

[85] Komen M H C, Gerking S, Folmer H. Income and environmental R&D: empirical evidence from OECD countries[J]. *Environment and Development Economics*, 1997, 2 (4): 505-515.

[86] Krautkraemer J A. Optimal growth, resource amenities and the preservation of natural environments[J]. *The Review of Economic Studies*, 1985, 52(1): 153-169.

[87] Kula E. *History of Enviromental Economic Thought* [M]. London and New York: Routledge, 1998.

[88] Nafziger E W. From seers to sen: the meaning of economic development[J]. *Working Paper*, 2006, 36(4): 344-350.

[89] Lélé S M. Sustainable development: a critical review[J]. *World Development*, 1991, 19(6): 607-621.

[90] Lewis W A. Economic development with unlimited supplies of labour[J]. *Manchester School*, 1954, 22(2):139-191.

[91] Lim J. The effects of economic growth on environmental quality[J]. *Seoul Journal of Economics*, 1997, 10(3): 273-292.

[92] Lombroso G. *Tragedies of Progress*[M]. New York: E. P. Dutton and Co., 1931.

[93] Ludwig D, Hilborn R, Walters C. Uncertainty, resource exploitation, and conservation: lessons from history[J]. *Science*, 1993, 260(5104): 17-36.

[94] Mäler K G. National accounts and environmental resources[J]. *Environmental and Resource Economics*, 1991, 1(1): 1-15.

[95] Mäler K G. *Environmental Economics: A Theoretcal Inquiry*[M]. Baltimore: Johns Hopkins University Press, 1974.

[96] Marmolo E. A constitutional theory of public goods[J]. *Journal of Economic Behavior & Organization*, 1999, 38(1): 27-42.

[97] Meadows D H, Meadows D L, Randers J, et al. *The Limits to Growth: A Report for the Culb of Rome's Project on the Predicament of Mankind*[M]. New American Library, 1972.

[98] Mincer J. Investment in human capital and personal income distribution[J]. *Journal of Political Economy*, 1958, 66(4): 281-302.

[99] Mishan E J. *The Costs of Costs Economic Growth*[M]. London: Staples Press, 1967.

[100] Montgomery W D. Markets in licenses and efficient pollution control programs[J]. *Journal of Economic Theory*, 1972, 5(3): 395-418.

[101] Munro G. The Economics of Fishing: An Introduction[A]. *The Economics of Environment and Natural Resource Policy*[M]. Boulder: Westview Press, 1981.

[102] Musgrave R A. *The Theory of Public Finance*[M]. New York: Mac Graw Hill, 1959.

[103] Daily, Gretchen C. *Nature's Services: Societal Dependence on Natural Ecosystems (1997)*[M]. New Haven: Yale University Press, 2013, 454-464.

[104] Nelson R R. A theory of the low-level equilibrium trap in underdeveloped economies[J]. *The American Economic Review*, 1956, 46(5): 894-908.

[105] Nurkse R. *Problems of Capital Formation in Underdeveloped Countries*[M]. New York: Oxford University Press, 1953.

[106] Oates J F. The dangers of conservation by rural development—a case-study from the forests of Nigeria[J]. *Oryx*, 1995, 29(2): 115-122.

[107] Olson L J. Environmental preservation with production[J]. *Journal of Environmental Economics & Management*, 1990, 18(1): 88-96.

[108] Page T. On the problem of achieving efficiency and equity, intergenerationally[J]. *Land*

Economics, 1997, 73(4): 580-596.

[109] Panayotou T. Empirical tests and policy analysis of environmental degradation at different stages of economic development[R]. International Labour Organization, 1993.

[110] Panayotou T. Environmental Degradation at Different Stages of Economic Department [A]. *Beyond Rio: The Environmental Crisis and Sustainable Livelihoods in the Third World*[M]. London: Macmillan Press, 1995.

[111] Panayotou T. Economic Growth and the Environment[R]. Working Paper Center for International Development at Harvaral University, 2000.

[112] Panayotou T. Demystifying the environmental Kuznets curve: turning a black box into a policy tool, special issue on environmental Kuznets curves[J]. *Environment Development Economics*, 1997, 2(4): 465-484.

[113] Pearce D W, Barbier E, Markandya A. *Sustainable Development: Economics and Environment in the Third World*[M]. Brookfield VT: Edward Elgar Publishing, 1990.

[114] Pearce D W, Markandya A, *Barbier E. Blueprint for a Green Economy*[M]. London: Earthscan, 1989.

[115] Pearce D W, Moran D. *The Economic Value of Biodiversity* [M]. London: Earthscan, 1994.

[116] Pearce D W, Turner R K. Economics of natural resources and the environment[J]. *American Journal of Agricultural Economics*, 1991, 73(1): 211-218.

[117] Pearce D W, Turner R K. *Economics of Natural Resources and the Environment*[M]. Baltimore MD: Johns Hopkins University Press, 1990.

[118] Pearce J M. A model for stimulus generalization in Pavlovian conditioning [J]. *Psychological Review*, 1987, 94(1): 61.

[119] Perrings C. *Economy and Environment: A Theoretical Essay on the Interdependence of Economic and Environmental Systems* [M]. Cambridge: Cambridge University Press, 1987.

[120] Pezzey J C V. Sustainability constraints versus "optimality" versus intertemporal concern, and axioms versus data[J]. *Land Economics*, 1997, 73(4): 448-466.

[121] Pezzey J. Sustainable development concepts[J]. *World*, 1992, 1(1): 45.

[122] Pindyck R S. The optimal exploration and production of nonrenewable resources[J]. *Journal of Political Economy*, 1978, 86(5): 841-861.

[123] Rasche R H, Tatom J A. Energy Resources and Potential GNP[J]. *Federal Reserve Bank of St Louis Review*, 1977, 59(6): 10-24.

[124] Redclift M. The meaning of sustainable development[J]. *Geoforum*, 1992, 23(3): 395-403.

[125] Redford K H. The empty forest[J]. *BioScience*, 1992, 42(6): 412-422.

[126] Renshaw E. Energy efficiency and the slump in labor productivity in the USA[J]. *Energy*

Economics, 1981, 3(5): 114-152.

[127] Repetto R. *Paying the Price: Pesticide Subsidies in Developing Countries* [J]. *Washington D*, 1985, 15(11): 114.

[128] Roberts J T, Grimes P E. Carbon intensity and economic development 1962-1991: a brief exploration of the environmental Kuznets curve[J]. *World Development*, 1997, 25(2): 191-198.

[129] Rosenstein-Rodan, P. N. *Notes on the Theory of the "Big Push"* [M]//Economic *Development for Latin America*. London: Palgrave Macmillan, 1961.

[130] Rostow W W. The take-off into self-sustained growth[J]. *The Economic Journal*, 1956, 66(261): 25-48.

[131] Rubio S J, Goetz R U. Optimal growth and land preservation[J]. *Resource and Energy Economics*, 1998, 20(4): 345-372.

[132] Samuelson P A. Diagrammatic exposition of a theory of public expenditure[J]. *Review of Economics & Statistics*, 1955, 37(4): 350-356.

[133] Samuelson P A. From GNP to new[J]. *Newsweek*, 1973, 4: 9.

[134] Samuelson P A. The pure theory of public expenditure[J]. *Review of Economics & Statistics*, 1954, 36(4): 387-389.

[135] Sandler T, Tschirhart J T. The economic theory of clubs: an evaluative survey[J]. *Journal of Economic Literature*, 1980, 18(4): 1481-1521.

[136] Schultz T W. Investment in human capital[J]. *Economic Journal*, 1961, 82(326): 787.

[137] Scott A D. The fishery: the objectives of sole ownership[J]. *Journal of Political Economy*, 1955, 63: 116-124.

[138] Seers D. The meaning of development[D]. IDS Communication 44, Brighton: IDS, 1969.

[139] Sen A. *Development as Freedom*[M]. Oxford: Oxford University Press, 2001.

[140] Shafik N, Bandyopadhyay S. Economic growth and environmental quality: time series and cross-country evidence[D]. Policy Research Working Paper Series 904, The World Bank, 1992.

[141] Shafik N, Bandyopadhyay S. *Economic Growth and Environmental Quality: Time-Series and Cross-country Evidence*[M]. World Bank Publications, 1992.

[142] Simon J L, Kahn H. *The Resourceful Earth: A Response to Blobal 2000*[M]. Oxford: BasilBlackwell, 1984.

[143] Simon. H. A. The Sciences of the Artificial (2nd Ed.)[M]. Cambridge: MIT Press, 1981.

[144] Smith V K, Krutilla J V. Economic growth, resource availability, and environmental quality[J]. *American Economic Review*, 1984, 74(2): 226-230.

[145] Smith V L. On models of commercial fishing[J]. *Journal of Political Economy*, 1969, 77(2): 181-198.

[146] Solow R M. Intergenerational equity and exhaustible resources[J]. *The Review of Economic Studies*, 1974, 41: 29-45.

[147] Solow R M. On the intergenerational allocation of natural resources [J]. *The Scandinavian Journal of Economics*, 1986, 88(1): 141-149.

[148] Solow R M. The economics of resources or the resources of economics[J]. *Journal of Natural Resources Policy Research*, 2008, 1(1): 69-82.

[149] Stern D I, Common M S, Barbier E B. Economic growth and environmental degradation: the environmental Kuznets curve and sustainable development[J]. *World Development*, 1996, 24(7): 1151-1160.

[150] Stocking M, Perkin S. Conservation-with-development: an application of the concept in the Usambara Mountains, Tanzania [J]. *Transactions of the Institute of British Geographers*, 1992, 17(3): 337-349.

[151] Toman M A, Pezzey J, Krautkraemer J. *Economic Theory and "Sustainability"*[M]. Univ. College London, Department of Economics, 1993.

[152] Vincent J R. Resource depletion and economic sustainability in Malaysia[J]. *Environment and Development Economics*, 1997, 2(1): 19-37.

[153] Weitzman M L. Sustainability and technical progress[J]. *The Scandinavian Journal of Economics*, 1997, 99(1): 1-13.

[154] Wells M, Bradon K. *People and Parks: Linking Protected Area Management with Local Communities*[M]. World Bank, 1992.

[155] Westman W E. How much are nature's services worth? [J]. *Science*, 1977, 197(4307): 960-964.

[156] 安东尼·B·阿特金森,约瑟夫·E·斯蒂格里茨.公共经济学[M].生活·读书·新知三联书店,1992.

[157] 巴泽尔.产权的经济分析[M].上海三联书店,1997.

[158] 保罗·萨缪尔森,威廉·诺德豪斯.宏观经济学(第 16 版)[M].中国人民大学出版社,1999.

[159] 贝克尔.人力资本(第 3 版)[M].机械工业出版社,2016.

[160] 毕淑娟.华北平原地下水污染触目惊心 55 家企业是罪魁祸首[N].中国联合商报,2013-05-27.

[161] 戴利,汤森,马杰.珍惜地球:经济学、生态学、伦理学[M].商务印书馆,2001.

[162] 戴维·L·韦默,艾丹·R·维宁.政策分析——理论与实践[M].上海译文出版社,2003.

[163] 戴星翼,董骁.五位一体推进生态文明建设[M].上海人民出版社,2014.

[164] 戴星翼,唐松江,马涛.经济全球化与生态安全[M].北京:科学出版社,2005.

[165] 戴星翼.节俭的发展[M].复旦大学出版社,2010.

[166] 戴星翼.生态服务的价值实现[M].科学出版社,2005.

[167] 黛安娜·科伊尔.极简 GDP 史[M].浙江人民出版社,2017.

[168] 德内拉・梅多斯,乔根・兰德斯,丹尼.增长的极限[M].机械工业出版社,2013.
[169] 蒂坦伯格.环境与自然资源经济学(第10版)[M].中国人民大学出版社,2016.
[170] 弗里德里希・李斯特.政治经济学的国民体系[M].商务印书馆,2009.
[171] 顾春林.体制转型期的我国经济增长与环境污染水平关系研究——环境库兹涅茨理论假说及其对我国的应用分析[D].复旦大学,2003.
[172] 郭庆旺,贾俊雪.中国全要素生产率的估算(1979—2004)[J].经济研究,2005,6:51-60.
[173] 郭熙保.论发展观的演变[J].学术月刊,2001,9:47-52.
[174] 赫尔曼・E・戴利.超越增长:可持续发展的经济学[M].上海译文出版社,2006.
[175] 胡秋平.2003年世界石油勘探技术发展态势[J].中国石油勘探,2004,9(1):47-52.
[176] 江静,刘志彪.全球化进程中的收益分配不均与中国产业升级[J].经济理论与经济管理,2007,7:21-28.
[177] 金德尔伯格,赫里克.经济发展[M].上海译文出版社,1986.
[178] 孔善广."土地财政":地方政府增收的理性行为与相关制度的缺陷[J].学习与实践,2007,5:18-25.
[179] 蕾切尔・卡森.寂静的春天[M].中国青年出版社,2015.
[180] 李智广.中国水土流失现状与动态变化[J].中国水利,2009,7:8-11.
[181] 刘进军,伏竹君.试论消费主导型经济增长模式[J].甘肃社会科学,2009,6:111-114.
[182] 罗杰・珀曼,马越,詹姆斯・麦吉利夫雷等.自然资源与环境经济学(第2版)[M].中国经济出版社,2002.
[183] 洛伦佐・费尔拉蒙蒂.GDP究竟是个什么玩意儿:GDP的历史及其背后的政治利益[M].台海出版社,2015.
[184] 迈克尔・P・托罗达.经济发展(第六版)[M].中国经济出版社,1999.
[185] 曼昆等.经济学原理(微观经济学分册)[M].北京大学出版社,2015.
[186] 曼瑟・奥尔森.权力与繁荣(第2版)[M].上海人民出版社,2014.
[187] 齐晔.中国环境监管体制研究[M].上海三联书店,2008.
[188] 邱川.上海郊区农民集中建房住宅设计研究[D].同济大学,2006.
[189] 让・鲍德里亚.消费社会(第4版)[M].南京大学出版社,2014.
[190] 舒尔茨.对人进行投资[M].商务印书馆,2017.
[191] 税尚楠.资本的傲慢:我们为何不幸福[M].中国发展出版社,2012.
[192] 孙彬,管建涛等.大地之殇[N].经济参考报,2012-06-11.
[193] 孙英兰.提高耕地质量的有效途径[J].瞭望,2010,38:40.
[194] 汤在新,颜鹏飞.近代西方经济学[M].上海人民出版社,2002.
[195] 王金南,於方,曹东.中国绿色国民经济核算研究报告2004[J].中国人口・资源与环境,2006,16(6):11-17.
[196] 王世玲.达标率65%:环保部督察饮用水源地保护[N].21世纪经济报道,2009-06-11.
[197] 王五一,杨林生.全球环境变化与健康[M].气象出版社,2009.
[198] 威廉・J・鲍莫尔,华莱士・E・奥茨,鲍莫尔等.环境经济理论与政策设计[M].经济科学

出版社,2003.
[199] 文婧,熊贝妮.中小企业成污染“主力军”[N].经济参考报,2005-11-29.
[200] 文森特・奥斯特罗姆,艾莉诺・奥斯特罗姆.公益物品与公共选择[M]//多中心体制与地方公共经济.上海三联书店,2000.
[201] 谢晨阳,江盈盈.税收、用工、环境、安全——给“低小散”企业算算四笔账[N].温岭日报,2011-09-30.
[202] 休・史卓顿,莱昂内尔・奥查德.公共物品、公共企业和公共选择[M].经济科学出版社,2000.
[203] 亚当・斯密.国富论(修订本)[M].中华书局,2012.
[204] 余丰慧:经济增速第一带不来幸福感[J].经济研究信息,2010,8:15-16.
[205] 喻言.油气勘探技术的发展与革新[J].技术与市场,2016,23(11):136-136.
[206] 约瑟夫・E・斯蒂格利茨,阿马蒂亚・森,让-保罗・菲图西等.对我们生活的误测:为什么GDP增长不等于社会进步[M].新华出版社,2011.
[207] 约瑟夫・E・斯蒂格利茨.公共部门经济学[M].中国人民大学出版社,2005.
[208] 臧旭恒,曲创.从客观属性到宪政决策——论“公共物品”概念的发展与演变[J].山东大学学报(哲学社会科学版),2002,2:37-44.
[209] 张军.资本形成、工业化与经济增长:中国的转轨特征[J].经济研究,2002,6:3-13+93.
[210] 张丽君.可持续发展指标体系建设的国际进展[J].国土资源情报,2004,4:7-15.
[211] 张亮.公众环境觉悟提高是当前我国经济发展阶段的必然趋势[N].中国经济时报,2013-06-10.
[212] 张庆华.水土流失,比想象的更严重[N].人民政协报,2009-03-06.
[213] 仲武冠.我国全要素生产率在降低[N].经济参考报,2013-01-28.
[214] 周绍杰,胡鞍钢.理解经济发展与社会进步:基于国民幸福的视角[J].中国软科学,2012,1:57-64.
[215] 周伟丽等(译).可持续性的度量指标和研究方法[M].上海交通大学出版社,2017.
[216] 朱大鸣.雾霾天气拷问中国模式[J].中国产业,2013,1:11.

图书在版编目(CIP)数据

环境管理/戴星翼,董骁编著.—上海:复旦大学出版社,2022.8
ISBN 978-7-309-15902-8

Ⅰ.①环… Ⅱ.①戴…②董… Ⅲ.①环境管理-研究-中国 Ⅳ.①X321.2

中国版本图书馆 CIP 数据核字(2021)第 178465 号

环境管理
戴星翼 董 骁 编著
责任编辑/梁 玲

复旦大学出版社有限公司出版发行
上海市国权路 579 号 邮编:200433
网址:fupnet@fudanpress.com http://www.fudanpress.com
门市零售:86-21-65102580 团体订购:86-21-65104505
出版部电话:86-21-65642845
常熟市华顺印刷有限公司

开本 787×960 1/16 印张 16.25 字数 309 千
2022 年 8 月第 1 版
2022 年 8 月第 1 版第 1 次印刷

ISBN 978-7-309-15902-8/X·38
定价:49.00 元
